YOU HAI SHENG WU RU QIN
YU FANG KONG YAN JIU

有害生物入侵与防控研究

——黄岩植物检疫33年

主　编　余继华

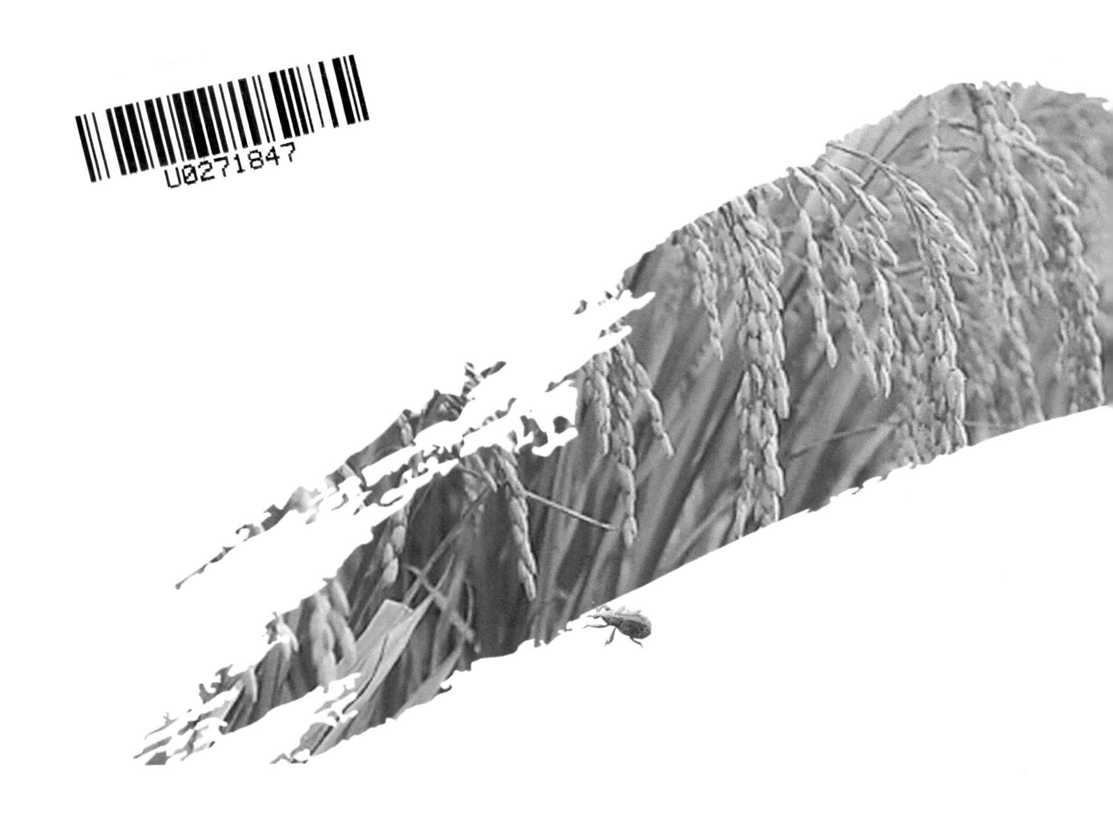

中国农业科学技术出版社

图书在版编目（CIP）数据

有害生物入侵与防控研究：黄岩植物检疫33年 / 余继华主编．— 北京：中国农业科学技术出版社，2017.8

ISBN 978-7-5116-3216-6

Ⅰ.①有… Ⅱ.①余… Ⅲ.①外来入侵动物－防治②外来入侵植物－防治 Ⅳ.①S44②S45

中国版本图书馆 CIP 数据核字（2017）第190102号

责任编辑　闫庆健
文字加工　李功伟
责任校对　马广洋

出 版 者　中国农业科学技术出版社
　　　　　北京市中关村南大街12号　邮编：100081
电　　话　（010）82106625（编辑室）（010）82109704（发行部）
传　　真　（010）82106625
网　　址　http://www.castp.cn
经 销 者　各地新华书店
印 刷 者　北京建宏印刷有限公司
开　　本　889mm×1194mm　1/16
印　　张　16.25
字　　数　457千字
版　　次　2017年8月第1版　2017年8月第1次印刷
定　　价　280.00元

主编简介

余继华　男，1960年4月生，浙江黄岩人，在职硕士，农业技术推广研究员，从事专业技术工作35年。1992年赴日本作农业研修。担任浙江省台州市黄岩植物检疫站站长，中国昆虫学会、中国植物保护学会会员，台州市昆虫植病学会理事，中共台州市黄岩区第十届、第十二届党代表。主持黄岩重大农业植物疫情防控的具体工作连续13年获全省考核优秀。在省级以上学术期刊及学术会议上发表论文80余篇，其中第一作者49篇，主编出版著作6部。获市级以上科技进步奖（科学技术奖）20项，省、部农业丰收奖6项。获国家专利6项。获农业部全国先进工作者，浙江省农业系统先进工作者、省农业技术推广贡献奖、省植物检疫先进工作者，台州市第五届、第七届拔尖人才、台州市优秀科技工作者，黄岩区第六届拔尖人才、区级先进工作者和区"十佳"科技工作者等荣誉。

编辑委员会

主　　编　余继华

副 主 编　张敏荣　包祖达　杨　晓

编写人员　（以姓氏笔画为序）

卢　璐　包祖达　杨　晓　李　萍

汪恩国　余继华　张　宁　张敏荣

金罗漪　俞永达　贺伯君　陶　健

主　　审　林云彪

本书主编单位

余继华陪同浙江省原副省长李德保调研柑橘黄龙病防控示范区建设

全国农业技术推广服务中心的相关专家来黄岩调研

余继华陪同浙江省农业厅领导来黄岩调研柑橘黄龙病防控工作

余继华陪同浙江省植保局领导调研

余继华陪同浙江省农业植物疫情防控考核组来黄岩考核验收

余继华在台州市植物疫情防控现场会作介绍

余继华在主持植物检疫技术培训会

余继华在台州市植物检疫技术培训班讲课

余继华与吴金卢博士(英国)做试验

余继华在朝鲜蓟田间检查

余继华在考察马铃薯害虫

余继华在秧田检查稻水象甲

余继华在指导柑橘木虱防控

浙江省农业厅张火法副厅长调研县级植物检疫工作

浙江省黄岩市植检检疫站

在植物检疫工作中成绩显著，被评为全国植物检疫系统先进集体。

中华人民共和国农业部

一九九二年[illegible]月廿日

全国先进集体

1988全省植检宣传先进集体

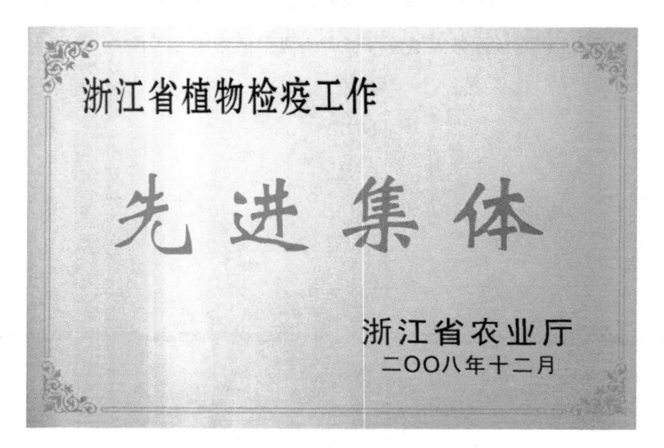

省先进集体

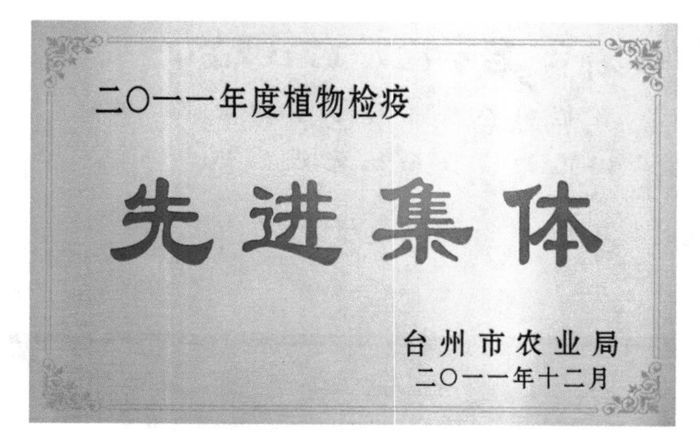

台州市先进集体

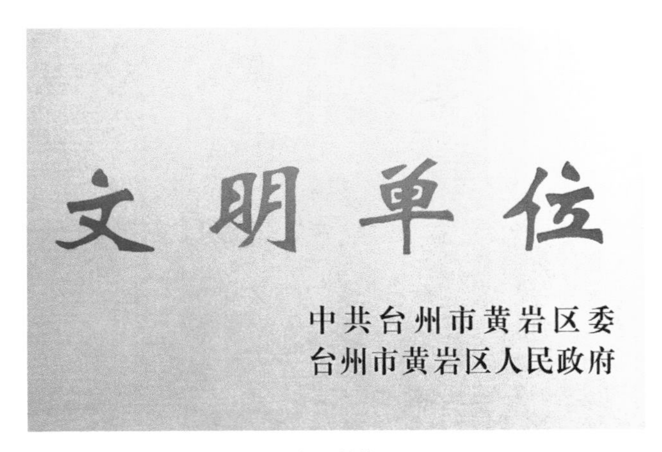

文明单位

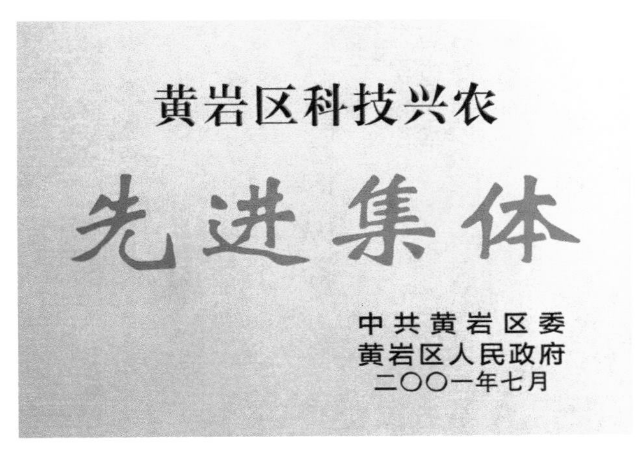

2001区科技兴农先进集体

区级先进单位

余继华编撰的书籍

序

有害生物是指在一定条件下，对人类的生活、生产甚至生存产生为害的生物；是因数量多而导致圈养动物和栽培作物、花卉、苗木受到重大损害的生物，包括动物、植物、微生物乃至病毒。随着全球贸易和旅游业的迅猛发展，有害生物入侵在世界范围内对生物多样性和农林生态环境构成了巨大的威胁，已经成为一个困扰世界多数国家的问题。浙江省是我国重要的沿海省份，对外贸易频繁，人口流动性大，从20世纪90年代以来，稻水象甲、柑橘黄龙病菌、水稻细菌性条斑病菌、美洲斑潜蝇、加拿大一枝黄花等一批外来生物的不断入侵，对浙江省的生物多样性，乃至自然生态系统安全构成了严重的威胁。

黄岩植物检疫站在防控外来有害生物入侵的无烟战争中，余继华和他的同事们充分履行了植物检疫工作者的岗位职责，每一种外来有害生物一经发现，立即组织普查，开展系统研究，提出相关扑灭或防控措施。自1984年以来，黄岩植物检疫站先后发现了15种外来有害生物，对每一种有害生物的发生史、特征和特性、发生规律与影响因子、防控措施等都进行了详细的调查和研究，防控措施到位，防控成效显著，使有害生物在黄岩地区的为害得到了有效遏制，保障了农业生产的安全。《有害生物入侵与防控研究》一书系统叙述了黄岩植物检疫站建站以来的工作成果，收录了余继华和他的同事们在有害生物防控中总结发表的论文和研究报告，这些论文和报告也从一个侧面深刻纪录了33年来黄岩植物检疫站在外来有害生物的防控工作中的重要经历，对后人有一定的借鉴和启迪作用。

黄岩植物检疫站在植物检疫中出色的工作成绩，使他们先后获得了全国农牧渔业丰收奖、浙江省科学技术奖、浙江省农业丰收奖等多项成果奖励；也获得了全国植物检疫先进集体、浙江省植物检疫先进集体、台州地区植物检疫先进集体、黄岩区模范集体、黄岩区文明单位、黄岩区农业行政执法先进集体等多项荣誉，重大农业植物疫情防控工作全省考核连续13年优秀，是浙江省县级植物检疫的一颗明星。

有感于基层植物检疫工作者的辛勤劳动，特作序！

浙江省农业厅副厅长 [signature]

2017.5.17

前 言

为阻截有害生物入侵，国家采取了相关法律手段和技术措施。自1984年重新建立黄岩植物检疫站以来，先后至少对15种入侵有害生物组织了广泛的防控行动，展开了持续的无烟战争，取得了显著成效。其中最为突出的有20世纪80年代后期的水稻细菌性条斑病防控，90年代中期的稻水象甲防控和21世纪初期至今的柑橘黄龙病防控。当前，随着国际贸易自由化，国内农产品流通的加速和旅游业的日益繁荣，交通道路四通八达，物流业蓬勃发展，外来有害生物传入风险提高、频率增加、速度加快，有害生物入侵形势依然严峻，针对入侵有害生物的防控工作任重道远。

本书记录了黄岩植物检疫站33年来入侵有害生物防控工作情况和植物检疫历史数据。收录了主编和合作者自20世纪90年代初期至2017年所撰写的，在国家级和省级学术期刊发表及学术会议交流的主要文稿37篇，详尽记录了30多年来黄岩植物检疫和入侵有害生物防控技术研究应用的重要经历。

本书第一篇黄岩植物检疫概述，简单叙述了黄岩植物检疫站重新建站与发展过程，重点记述了20世纪80年代以来植物检疫法制化建设、种苗和农产品检疫、植物检疫检查站以及主要入侵有害生物防控工作。第二篇入侵有害生物防控研究，重点记述了对水稻细菌性条斑病菌、稻水象甲和柑橘黄龙病菌等入侵有害生物防控技术研究和推广应用。尤其对柑橘黄龙病防控技术研究和推广应用及时总结经验并发表了许多文章，为黄岩连续13年获得全省重大农业植物疫情防控工作考核优秀提供了技术支撑。第三篇入侵黄岩的有害生物，重点介绍了30余年入侵黄岩的13种重要有害生物的发生史、特征和特性、发生规律与影响因子、防控措施。

本书适于农业院校学生、农业干部、植物检疫工作者和其他农技人员阅读和参考。

本书收录的文稿中有部分为同事们撰写，在编辑出版过程中得到了台州市黄岩区科学技术局的大力支持，浙江省农业厅张火法副厅长为本书作序，浙江省植物保护检疫局林云彪副调研员给予了热情帮助，并对本书进行主审，在此一并致谢。

由于编者水平有限，书中难免有不当之处，恳请同行和读者指正！

编 者

2017 年 6 月

第一篇　黄岩植物检疫概述

第二篇　入侵有害生物防控研究

第三篇　入侵黄岩的有害生物

第一篇

黄岩植物检疫概述

HUANGYAN ZHIWU JIAN YI GAISHU

第一章　植物检疫法制化建设

第一节　植物检疫法定机构职责

1983年1月3日国务院正式发布了《中华人民共和国植物检疫条例》(以下简称《植物检疫条例》)，10月20日中华人民共和国农牧渔业部(简称农牧渔业部)颁布《植物检疫条例实施细则(农业部分)》，10月31日浙江省人民政府发布《浙江省植物检疫实施办法》。浙江省农业厅根据《植物检疫条例》《植物检疫条例实施细则(农业部分)》和《浙江省植物检疫实施办法》的贯彻执行情况，及时提出建立各级植物检疫站。1984年6月5日经原黄岩县人民政府黄政〔1984〕136号批复同意恢复建立“浙江省黄岩县植物检疫站”，建站之初与植保站两块牌子一套人马。1985年1月11日经上级植检部门同意、县人民政府黄政〔1985〕13号批准，将原植保站划归农业技术推广中心，从此，县植物检疫站成为一个单独的植物检疫执法主体。根据1988年修改发布的《浙江省植物检疫实施办法》，植物检疫执法机构实行“双重领导”体制，这是维护检疫法制的组织保证。即各级植物检疫站受同级人民政府农业行政部门和上级植物检疫站双重领导。根据1992年5月13日《国务院关于修改〈植物检疫条例〉的决定》，为了防止为害植物的危险性病、虫、杂草传播蔓延，保护农业生产安全，新发布的《植物检疫条例》第三条明确规定县级以上各级农业主管部门所属的植物检疫机构负责执行国家的植物检疫任务。这些法律规定确立了植物检疫站执法主体法律地位，确保了黄岩1989年撤县设市和1994年撤市设区时植物检疫站机构保持到现在没有变，一直是法人单位。1997年11月12日黄岩区农业行政执法大队正式挂牌成立，执法大队下设畜牧业执法中队、种植业执法中队、农机执法中队、渔业执法中队、基本农田保护监察中队，种植业执法中队与植物检疫站两块牌子一套人马。2002年11月8日，黄岩区农业局决定植物检疫站与种子管理站合署办公，一套班子两块牌子，人、财、物实行统一管理。2005年5月31日，黄岩区农业局调整了区农业行政执法大队体制，不再下设执法中队，种子管理站与植物检疫站分开办公。2010年7月30日，黄岩区编委核定区植物检疫站编制6名(黄编〔2010〕20号)，2012年6月30日，因区政府机构改革，区府办《关于印发台州市黄岩区农业局主要职责内设机构和人员编制规定的通知》文件确定区植物检疫站为行政管理类事业单位，全额拨款，事业编制6名，机构规格相当于股级，股级职数2名（黄政办发〔2012〕86号）。根据《台州市委办公室、市政府办公室关于印发〈台州市黄岩区人民政府职能转变和机构改革方案〉的通知》（台市委办〔2015〕4号），组建台州市黄岩区农业林业局。2015年9月29日，区府办《关于印发台州市黄岩区农业林业局主要职责、内设机构和人员编制规定的通知》明确，区植物检疫站为承担行政职能的事业单位，全额拨款事业编制6名，机构规格相当于股级，股级职数2名（黄政办发〔2015〕111号）。30多年来，虽然经历了行政区域的几次变动，但机构一直保持不变，而且从1989年开始至今一直实行二级预算，形成了具有事业法人资格、有办公场所、有专职会计和出纳、对外行使植物检疫职权的一个比较完整的执法主体。

根据农业部《植物检疫条例实施细则（农业部分）》第四条规定，区植物检疫机构的主要职责：一是贯彻《植物检疫条例》及国家地方各级政府发布的植物检疫法令和规章制度，向基层干部和农民宣传普及检疫知识。二是拟订和实施当地的植物检疫工作计划。三是开展检疫对象调查，编制当地检疫对象分布资料，负责检疫对象的封锁、控制和消灭工作。四是在种子苗木和其他繁殖材料的繁育基地执行产地检疫；按照规定承办应施检疫的植物、植物产品的调运检疫手续；对调入的应施检疫的植物、植物产品，必要时进行复检；监督和指导引种单位进行消毒处理和隔离试种。五是监督指导有关部门建立无检疫对象的种子、苗木繁育基地和生产基地。六是在当地车站、机场、港口、仓库及其他有关场所执行植物检疫任务。

第二节　植物检疫部门协管监督制度

建立植物检疫协管部门监督制度，是建站后植物检疫工作法制化的一项重要内容。根据国务院《植物检疫条例》规定，交通运输和邮政部门一律凭《植物检疫证书》（正本）承运或收寄必须检疫的植物和植物产品。但是，由于基层交通运输、邮政工作人员调动频繁，上岗时有些同志不了解国家有这方面的规定，因此，无证收寄的现象时有发生。为堵此漏洞，按照《浙江省植物检疫实施办法》规定，交通运输和邮政部门不仅要凭证承运或收寄植物及其产品，而且要凭证交付货物。通过实施此项规定，效果十分明显。黄岩交通运输、邮政部门在收寄承运种子、苗木时严格遵守《浙江省植物检疫实施办法》的有关规定，如果未附《植物检疫证书》一律拒绝收寄，就是1株杨梅苗也不例外。1985年在查处院桥镇唐家桥村3位农民擅自从柑橘黄龙病疫区调入未经检疫的枳壳苗案件中，得到了公安机关的大力支持，依法对当事人采取了强制措施，限期收回已出售的全部枳壳苗，并于6月30日集市日在院桥大操场召开群众大会，当众烧毁枳壳苗28.48万株，这在当时反响强烈，为今后开展种苗调运检疫打下了良好的基础。这样既维护了植物检疫法规的严肃性，消除了柑橘黄龙病入侵隐患，又教育了当事人。

设立植物检疫公路检查站，是建站后植物检疫工作法制化的又一项重要内容。浙江省从1983年春季开始，适应柑橘黄龙病疫区封锁和消灭的需要，加强对柑橘苗木调运的检疫检查工作，在疫区周边交通要道设立季节性临时植物检疫哨。为加强对各种检疫对象防治扑灭、封锁控制和对应施检疫的植物及产品的监管，1984年后增加设立植物检疫公路检查站，整顿调运检疫秩序，打击违法调运行为。在12个主要交通要道设立了黄岩长塘等长期性植物检疫检查站，并在检查站上配备专职检疫干部，做到现场检验和打击违法活动相结合。黄岩从1984年在长塘设立公路检查站以来，在交通与林业部门的配合下，在打击违法调运水果类苗木和阻截检疫性有害生物方面发挥了积极作用。据统计1984—2004年长塘公路检查站共查处违章调运并实施行政处罚的水果苗木629批次，1 457.46万株。目前随着公路基础设施的不断建设发展，公路运输呈网络化，道路四通八达，检查站的阻截监管作用明显减弱，因此，今后须加强源头管理，开展流动检查。

建立健全检疫行政案件审理制度，是建站后植物检疫工作法制化的发展要求。1990年10月1日《中华人民共和国行政诉讼法》的实施，对植物检疫机构工作提出了更高要求，特别在审理检疫行政案件时有必要建立一套完整的程序，从立案、调查到作出处罚决定都应制度化、法律化，真正做到有法必依，执法必严，违法必究。按照《浙江省植物检疫实施办法》规定，植物检疫机关审理违反植物检疫法规的案件，受国家法律保护，可以查阅与案件有关的档案资料和原始凭证；可以申请公安机关强制传唤当事人；对罚款、没收非法所得等行政处罚，依法制作行政案件处理决定书等等。《浙江省植物检疫实施办法》还规定，对违反植物检疫法规的当事人，需要给以行政处分的，由植物检疫机关提出处理意见连同案卷移送监察机关或当事人的主管部门决定；需要追究刑事责任的，由植物检疫机关将案卷移送司法机关，这就在一定程度上提高了植物检疫机关的权威，充分体现了植物检疫工作的法制性。

根据植物检疫法规赋予的职责，黄岩植物检疫站在政府的重视下，在交通运输、邮政、公安等各有关协管部门的密切配合下，植物检疫的各项工作开展顺利，在植物检疫法规培训与宣传、产地检疫、调运检疫、检疫执法、疫情防控等方面做了大量的工作，1988年被评为全省植物检疫法制宣传活动先进集体，1999年全国人大常委高德占同志来黄岩作农业执法调研时，对黄岩的农业执法工作，给予高度评价。

在做好植物检疫工作的同时，依靠自身经费积累，分别于1987年征用城关镇公园经济联合社橘地410m^2、1988年征用城关镇九峰经济联合社橘地707.75m^2，合计征用土地1 117.75m^2，并于1988年和1989年建造办公生活用房建筑面积499.26m^2。1995年因城区九峰路的第二次拓宽，于同年7月经黄岩区计划经济委员会批准立项（黄计经基字〔1995〕第108号），建房288m^2，辅房144m^2；1996年2月经黄岩区城乡建设委员会同意（建设工程规划许可证（95）浙规证编号1133315）在九峰路门面改建两层楼房1幢6间，建筑面积298m^2，在院内建平房52.74m^2，建筑总面积为850m^2，改善了植物检疫办公、检测和生活条件。

第二章　植物检疫主要业务

第一节　种苗检疫

1984年中共中央1号文件下达后，农村普遍进行了产业结构调整，种植柑橘的地区和面积迅速扩大，到黄岩调运橘苗的人员不断增加，繁育苗木的农户和出产的苗木也成倍增长。据1985年统计，全县繁育橘苗的农户有4 860户，遍及47个乡(镇)345个村。1985年下半年至1986年春季，全县共调出柑橘等各类苗木2 040万株，各类苗木大量调往长江中下游地区及其他宜种植柑橘的地区，黄岩被称为“苗木之乡”。柑橘黄龙病和柑橘溃疡病是柑橘的主要检疫性病害，为了严防这些危险性病害的传入、传播蔓延，植物检疫站重点抓苗木产地检疫、调运前检查和建立无病苗木基地等工作。从1985年开始，以乡(镇)农科站为主，组织兼职检疫员，对生产苗木地区进行分村、分户、分品种，逐块田调查登记，建立橘苗生产档案，做到柑橘溃疡病病区分布清楚。1987年又采取了橘苗挂牌出运的措施，每一捆橘苗都挂上产地检疫标签，杜绝橘苗调运中货主少报多运和夹带病苗、劣苗出运的不法行为发生。在调运时，植物检疫站凭产地检疫单和调入地植物检疫部门的植物检疫要求书，经复检后给予签发调运检疫证书。1985年院桥镇唐家桥村3位苗农从柑橘黄龙病疫区温州市瓯海区茶山乡调入5批未经检疫的枳壳苗28.48万株，出售给橘苗繁育户。植物检疫站发现这一严重情况后，立即向黄岩县人民政府报告，并提出果断的处理意见。县政府办公室专门下达了黄政办发〔1985〕65号和黄政办发〔1985〕70号两个文件，在县政府领导的高度重视下，在县公安局、院桥区公所等部门的大力支持配合下，限期收回了全部枳壳苗并予彻底烧毁。

黄岩曾经有“苗木之乡”美誉，每年都有大量各类水果苗木调往外地，从有资料记载的1981年开始至今水果类(主要是柑橘、杨梅和枇杷)苗木平均每年调运检疫签证数量达300万株。为做好调运检疫工作，30多年来始终坚持在水果苗木调运季节，开展全天候签证服务；不定期不定时地对苗木产地开展源头巡查，提高源头办证率；对调运果苗数量较大的育苗户，实行电话预约上门办证服务；节假日轮流值班；加强检查点检查力度，打击违章调运；

公布举报电话，鼓励广大群众积极举报。据统计1981—2016年经调运检疫签证累计调出水果类苗木9 867批次，10 663.56万株，其中，柑橘类苗木2 155批次，4 798.01万株(全部都是2002年以前签证调运的)；杨梅苗木5 529批次，4 146.64万株；枇杷等其他苗木2 153批次，1 718.91万株。

第二节　农产品检疫

1989年之前调运检疫工作的重点是水果类苗木，从1989年开始对柑橘果实等实行检疫签证以后，由于大量鲜活农产品跨省(市)调运，导致一些植物检疫对象的传播扩散速度加快，当时根据《植物检疫条例》和农业部两个名单(全国农业植物检疫性有害生物名单和全国应施检疫的农业植物、植物产品名单)的规定，对一些鲜活农产品，在运出疫情发生区之前实行调运检疫，加上从2005年开始在全省范围内开通鲜活农产品运输“绿色通道”，凡本省车辆，在运输本省生产的鲜活农产品(新鲜蔬菜、新鲜水果、鲜活水产品、活的畜禽和新鲜的肉、蛋、奶)时，凭动植物检疫证书或农产品产地证明免费通行本省包含高速公路在内的收费公路(含桥梁、隧道)。这样调运检疫签证的数量急剧增加，最多的年份达到1.2万多批次，10万余t数量。面对繁重的农产品检疫签证任务，积极采取有效措施：一是做好宣传。黄岩区农业局印制了《黄岩区鲜活农产品运输“绿色通道”公告》，分发到各乡镇、街道，张贴在显眼位置，黄岩电视台、黄岩广播电台在黄金时间进行播放，台州商报也作了专题报道，使这项惠及普通百姓的大好事，家喻户晓，人人皆知。二是合理设立办证服务点，方便广大农民办证。在高速公路进出口处、大宗农产品主产区、水果批发市场和农产品集散地等，设立9～11个办证服务点。三是召开会议部署。在“绿色通道”开通期间，召开办证点负责人会议，贯彻省政府关于开通鲜活农产品运输“绿色通道”的精神，要求各办证服务点，本着对广大农民高度负责的态度，在办证之前要认真核实鲜活农产品的种类，要按规定填写单证，切实做好办证工作。四是加强有关单证的管理，防止票证流失，严格做到“一车一证”和“一票一证”。为了方便广大贩运户就近办理鲜活农产品“绿色通道”的有关单证，还安排节假日值班，开展全天候服务。

1989—2016年，经检疫签证调运的鲜活农产品总量为852 920.95t，147 689批次，其中柑橘鲜果668 022.5t，97 513批次，蔬菜等农产品184 901.45t，50 176批次。2010年后随着国家农产品“绿色通道”政策的调整，鲜活农产品调运检疫的数量开始下降，2016年全年鲜活农产品调运检疫签证只有2批次，8t。

第三节 植物检疫检查站

根据国务院《植物检疫条例》和农业部《植物检疫条例实施细则(农业部分)》规定，在发生疫情的地区，植物检疫机构派人参加道路联合检查站或者经省人民政府批准，设立植物检疫检查站，开展植物检疫工作。为了强化植物检疫法规，防止检疫性有害生物传播蔓延，打击违法调运种苗，保护农业生产安全，从1983年开始，在橘苗调运旺季，经县政府批准，参与交通公路管理站、澄江税务检查站，在长塘开展季节性植物检疫检查工作，1993年开始经省人民政府批准在长塘设立临时植物检疫检查站。植物检疫检查站是植物检疫系统对外服务的一个窗口，检查站工作好坏直接关系到植检执法的信誉和形象。为此，要求上路检查人员严格遵守浙江省植物检疫职业道德规范，按季节统一穿着制服，戴大沿帽，佩戴“公路检查证”上岗，仪表整洁，检查车辆时先敬礼，使用文明语言，做到文明检查、礼貌待人。对运载应施检疫的植物、植物产品的过往车辆，用停车牌示意停车。对违章的车主耐心请他们学习植物检疫法规和有关规定，使他们能自愿接受处理。对货证相符、检疫证书规范有效的盖查讫章后放行；发现违章调运的，经检查未发现检疫性有害生物的或虽发现检疫性有害生物但经除害处理合格后补证放行。植物检疫检查站十分重视廉洁自律，除了严格按照省纠风办的要求做好检查外，还加强了内部管理，制定有关规章制度，要求上路检查人员严格遵守。同时，还做到不该收的钱，坚决不收；不该罚的款，坚决不罚。在上路检查期间，全站同志忠于职守，克服了种种困难，努力完成检查任务。严格按照物价部门核定的收费项目和收费标准收取检疫规费，坚决杜绝乱收费、乱罚款现象，经受住了省、市、区各级纠风办的明查暗访，维护了植检执法的良好形象。据统计，1984—2004年公路检查站共查处违章调运各类水果苗木和农产品26 814批次，其中实施行政处罚的水果苗木629批次，1 457.46万株，补办证书的农产品26 185批次，209 383.4t。

第四节 入侵有害生物防控

1980年代以来农产品的大流通导致了外来有害生物的不断入侵和传播扩散。1984—2016年已经传入的主要外来检疫性(危险性)有害生物种类有：水稻细菌性条斑病菌 [*Xanthomonas oryzae* pv. *oryzicola* (Fang et al.) Swings et al]、稻水象甲(*Lissorhoptrus oryzophilus* Kuschel)、柑橘黄龙病菌(*Candidatus liberobacter asiaticum* Jagoueix et al)、柑橘溃疡病菌 [*Xanthomonas axonopodis* pv. *citri* (Hasse) Vauterin et al]、柑橘木虱(*Diaphorina citri kuwayana*)、柑橘小实蝇 [*Bactrocera dorsalis* (Hendel)]、美洲斑潜蝇(*Liriomyza sativae* Blanchard)、蔗扁蛾 [*Opogona sacchari* (Bojer)]、加拿大一枝黄花(*Solidago canadensis* L)、四纹豆象 [*Callosobruchus maculates* (Fabricius)]、黄瓜绿斑驳花叶病毒(*Cucumber Green*

Mottle Mosaic Virus）、菟丝子属（*Cuscuta spp*）、甘薯茎腐病菌（*Erwinia chrysanthemi*）等。在疫情防控方面主要以水稻细菌性条斑病菌、稻水象甲、柑橘黄龙病菌等重大入侵检疫性有害生物为主。

一、水稻细菌性条斑病防控

水稻细菌性条斑病于1989年入侵，首先在原黄岩市的峰江乡谷岙村和苍西村及蓬街镇的徐三村发现，面积4.63hm^2。发现疫情后，原黄岩市人民政府专门下发了黄政〔1989〕239号通令，通令要求组织区、乡（镇）农技人员，发动群众，采取果断措施，对发病的稻草全部就地烧毁，稻谷就近加工，谷糠就地烧毁，仅峰江乡的谷岙村、苍西村两个村就焚烧病田稻草2.4万kg，集中加工稻谷2万kg，烧毁病谷糠0.65万kg，最大限度地消除了隐患。同时大面积推广使用强氯精浸种消毒处理和发病初期喷药保护等综合治理措施，有效地控制了水稻细菌性条斑病的扩散蔓延，取得了很好的效果；水稻细菌性条斑病防治技术推广工作也分别获得台州地区和黄岩农业丰收奖。

随着耕作制度的改变，双季连作稻面积已经逐年减少，普遍采用单季稻种植方式，加上抗病品种的推广，采用无病种子和及时采取药剂预防等措施，水稻细菌性条斑病现在黄岩处于零星，间歇性发生状态。据调查：1999年水稻细菌性条斑病发生乡镇（街道）10个，发生面积331.4hm^2，其中零星发生40.41hm^2，轻发生237.53hm^2，中发生43.47hm^2，严重发生10hm^2。2000年发生乡镇（街道）10个，发生面积694.67hm^2。2001年发生乡镇（街道）12个，发生面积81.22hm^2，其中轻发生61.19hm^2，中发生15.7hm^2，严重发生4.33hm^2；发病区域主要分布在头陀、北城、沙埠、平田等老病区，发病品种以协优914、协优46、汕优63为主。2002年，全区有9个乡镇（街道）发生水稻细菌性条斑病，发生面积423.72hm^2，发病区域、发病品种仍以老病区、老品种为主。2006年8月，水稻细菌性条斑病突然在院桥、沙埠、高桥和茅畲等地暴发，发生面积252.8hm^2；2007年在院桥镇、沙埠镇和高桥街道发生面积101.33hm^2；2008年发生面积333.5m^2；2010年和2011年没有发现水稻细菌性条斑病；2012年发生面积为3.07hm^2；2013—2016年没有发现水稻细菌性条斑病。

二、稻水象甲防控

1993年5月在玉环县首次发现稻水象甲，浙江省人民政府于当年8月在温岭县召开专题会议，研究部署防治和扑灭稻水象甲问题。会议提出“封锁控制、分割围歼、逐步压缩、综合治理、限期扑灭”的二十字方针，针对稻水象甲疫情发生于玉环、洞头、乐清、温岭等乐清湾地区，会议还要求“设卡封锁，坚决杜绝害虫扩散”，并要求各植物检疫检查站（包括黄岩长塘检查站）要加强对过往车辆、船舶进行检查，严禁疫情发生区稻种、稻草、杂草、芦苇及其制品、包装物外运。稻谷要经过加工，确认无害后才能运出，防止疫情扩散。

经连续几年田间普查，黄岩于1996年5月10日首先在江口街道芦村、北城街道新宅村发现稻水象甲，当年全区只在2个街道、2个村发现，发生面积为58.8hm^2，涉及面积2 439.27hm^2。稻水象甲是新传入我国的三大毁灭性害虫之一，被列为国家“九五”期间重大检疫性害虫。疫情发现后，立即引起了区、乡镇两级政府的高度重视，区政府成立稻水象甲防控工作领导小组，加强对疫情防控工作的领导；农技部门加强了疫情监测和技术指导，取得了当年发现当年予以控制的成效。

对稻水象甲防控工作，黄岩区严格按照省政府提出的“封锁控制、分割围歼、逐步压缩、综合治理、限期扑灭”的二十字方针，和省、市提出的在稻水象甲第一代成虫发生期，百丛虫量控制在0.1头以下的基本扑灭标准。按照这一目标要求，在发生稻水象甲的江口、城关、院桥、沙埠、茅畲等乡镇，根据稻水象甲成虫为害早稻秧田和本田初期的特点，抓住越冬成虫防治这一关键，采取“狠治越冬代成虫、兼治一代幼虫、挑治第一代成虫”的防治策略，打好两大战役，即抓好秧田期和本田初期的防治工作。在防治过程中组织专业队进行统一时间，统一药剂，统一行动，做到村不漏户，户不漏田，保证防治工作全面彻底不留死角，对控制越冬代成虫和第一代幼虫取得了显著效果。在1997年7月上旬和1998年7月上旬，浙江省农业厅组织有关专家和技术人员在稻水象甲第一代成虫发生高峰期进行了检查验收。1997年黄岩区5乡（镇）18村发生稻水象甲，平均密度每百丛成虫量0.084头，1998年黄岩区5个乡（镇）16个村发生稻水象甲，平均密度每百丛成虫量为0.046头，连续2年达到了基本扑灭标准，实现了省里提出的3年内不越过黄土岭这一目标，得到了省政府嘉奖。黄岩植物检疫站参加的《稻水象甲检疫防治技术推广》项目分别获全国农业丰收奖二等奖、浙江省农业丰收三等奖，黄岩植物检疫站主持的《稻水象甲综合防控技术推广》项目获黄岩区农业丰收奖二等奖。

根据历年调查结果，黄岩于1996年5月首次发现稻水象甲后，1997年5月在黄岩南部边缘沿线的院桥、沙埠、茅畲3个镇（乡）又发现稻水象甲疫情，当年发生范围有5个乡镇、18个村，稻水象甲发生面积366.13hm^2，涉及面积4 562.13hm^2；1998年有5个乡(镇)20个村，发生面积425.73hm^2，涉及面积仍为4 562.13hm^2；1999年有6个乡(镇)28个村，发生面积593.33hm^2，涉及面积5 097.8hm^2；2001年有8个乡(镇、街道)30个村，发生面积289.47hm^2，涉及面积2 127.2hm^2；2002—2005年在原发生区未发现稻水象甲。2006年发生面积39hm^2。2007年发生面积32hm^2。2008年发生面积14.67hm^2。2010年发生面积2.87hm^2。2011—2016年没有发现稻水象甲。

三、柑橘黄龙病防控

柑橘黄龙病于2002年在院桥镇和沙埠镇首次发现，当年发现病株数为8 510株，黄岩区政府高度重视柑橘黄龙病的防控工作，成立柑橘黄龙病防控工作指挥部(后改名为黄岩区重大农业植物疫情防控指挥部)，分管农业的副区长任指挥长。区政府每两年与乡镇(街道)签订《重大植物疫情防控工作目标管理责任书》，区政府办公室每年秋季都发文要求各地切实抓好柑橘黄龙病的防控工作。柑橘黄龙病防控工作，一直得到区人大、区政协和社会各界的高度关注，在2004年被列为区十三届人大二次会议一号议案，2005年区政协十一届三次、2006年区政协十一届四次会议被列为政协重点提案，2006年中共黄岩区第十次党代会第四次会议又被列为党代会提案，这样为柑橘黄龙病防控工作营造了良好的氛围。植物检疫机构认真贯彻落实“挖治管并重，综合防控”的方针，坚持宣传培训，普及疫情防控知识，2004年开展“一户一宣传”，印制柑橘黄龙病宣传资料12.57万份分发到橘区每一农户，2005年继续开展黄龙病防控知识宣传周活动，制作《柑橘黄龙病科教CD片》，分发到各地，进行集中播放和进村巡回播放，2006年与黄岩电视台联合制作电视专题片“决战黄龙病”，在黄岩电视台黄金时间连续播放5次。坚持疫情普查与病株挖除，做到“五不漏”，即：乡(镇)不漏村、村不漏户、户不漏园、园不漏块和块不漏株，不留死角，2002—2016年共调查柑橘面积79 296hm^2，砍挖病树2 077 548株。坚持抓春夏秋3个梢期的木虱防治，2002—2016年木虱防治面积268 653.3hm^2。加强种苗管理，柑橘类苗木只进不出，禁止黄岩境内柑橘类苗木调往外地防止疫情扩散，严禁未经检疫的柑橘类苗木调入黄岩，防止传入新的疫情。加强健身栽培，增施有机肥和加强以防治柑橘木虱为重点的病虫害综合治理，培育健壮树体，提高橘树抗逆力，从而减轻了柑橘黄龙病的发生。坚持财政投入，区财政从2003年开始，每年都安排柑橘黄龙病防控专项经费，并列入年度财政预算，最多的一年达210万元，2003—2016年累计投入防控经费983万元。从2007年开始建立黄龙病综合防控示范区，示范区选择在南城街道蔡家洋村、民建村，北城下洋顾村，澄江街道凤洋村和山头舟村，头陀镇断江村和新岙村，上垟乡董岙村和前岸村，总面积为156.67hm^2，其中核心区面积63.33hm^2，示范区柑橘黄龙病病株率控制在1%以下。

2016年实施农业部柑橘黄龙病(木虱)防控补助试点项目，该项目按照省农业厅《关于印发2016年浙江柑橘黄龙病防控补助试点实施方案的通知》(浙农专发〔2016〕16号)文件安排给黄岩的任务，项目实施柑橘面积1.0万亩(1亩≈667m^2，15 亩=1hm^2，全书同)，总经费118万元，在春季和秋季各防治柑橘木虱1次，每亩每次补助59元，全年每亩118元。项目下达后区政府及时成立实施领导小组，由副区长任组长，各有关乡镇(街道)分管领导为成员。黄岩区农业林业局把柑橘黄龙病防控补助试点项目的实施作为全年植物疫情防控的重点工作。区政府办公室及时印发了试点项目实施方案(黄政办发〔2016〕22号)，将项目任务分解到澄江、头陀、新前、北城、南城、江口和上垟等7个乡镇(街道)街道，32个村，5 310户，实际实施面积10 839.49亩，并将分村到户面积在乡镇(街道)公示的基础上，分别于5月4日和9月9日在黄岩农林信息网公示了2次，提高了项目实施的透明度。在上级有关部门的精心指导下，按照实施方案，在柑橘春梢期和秋梢期，统一时间，统一药剂，统一行动，采取组织专业队和橘农自己防治相结合的方式，对柑橘木虱进行了统一防治。经采用黄板监测木虱成虫数量，从8月29日至9月26日5次观测的结果分析，累计诱虫量：统防区0.237 5头／张，非统防对照区3.525头／张，统防区比非统防对照区减少93.26%；统防区病株率0.43%，非统防区病株率1.54%，2016年统防区病株率比2015年的0.66%减少34.85%。区农林局分别于5月6日和11月27日邀请省柑橘研究所和市植物保护检疫站等单位专家对春防和秋防工作进行了验收，专家组通过听取汇报、查阅有关资料，并实地现场调查没有发现柑橘木虱，试点项目已按照实施方案全面完成取得了预期效果，一致同意通过验收。区农林局与区财政局联合发文拨付了柑橘黄龙病防控补助试点项目经费118万元(黄农林〔2016〕156号)，圆满完成了省下达给黄岩的农业部柑橘黄龙病防控补助试点项目任务。

2011年9月台州市柑橘黄龙病防控示范区建设现场会在黄岩召开，2015年11月省农业厅副厅长、2012年10月全国农业技术推广中心植检处同志参观考察植物疫情防控示范区，对黄岩柑橘黄龙病防控工作给予了肯定。2004—2016年连续13年在全省重大植物疫情防控工作综合考核中被评为优秀。黄岩区植物检疫站主持的《柑橘黄龙病监测与防控技术研究》项目于2007年分别获台州市科技进步奖三等奖和黄岩区科技进步三等奖，其推广工作获浙江省农业丰收奖三等奖。黄岩区植物检疫站作为主要完成单位参加的《柑橘黄龙病入侵扩散流行规律与监测预警防控技术研究推广》获2016年浙江省农业丰收奖一等奖，全国农牧渔业丰收奖三等奖，台州市科学技术进步奖二等奖。

四、黄瓜绿斑驳花叶病毒病防控

在2012年4月通过采取走访西瓜种植大户与组织技术人员普查相结合方法，全区共普查西瓜面积231.67hm^2，在南城街道吉岙村首次发现黄瓜绿斑驳花叶病毒病，发生面积0.73hm^2，株发病率19%～28%，平均25.5%，发病田块西瓜苗均来自台州柑橘场（路桥）的嫁接苗。黄瓜绿斑驳花叶病毒病在我区发生后，区乡两级政府高度重视，植检部门及时提出处置措施，种植农户积极配合，将病园西瓜藤蔓全部拔除，集中就地销毁，此后在2013—2016年没有发现新的疫情，取得了当年发现当年扑疫的成效。

五、加拿大一枝黄花防控

2004年首次在院桥镇上春村和下春村一带发现加拿大一枝黄花入侵，主要是因为台州机场建设工程泥土外运倒在上春村和下村村而传入，当时发生面积不到1亩；2005年在院桥、江口、东城、高桥、沙埠和澄江等6个乡镇（街道）16个村发生加拿大一枝黄花，发生面积2.19hm^2，除了院桥上春村、下春村和澄江桥头王村发生面积稍大外，其他13个村都属零星发生状态；2006年全区有7个乡（镇、街道）26个村发现加拿大一枝黄花，发生面积2.68hm^2；2008年在院桥、沙埠、江口和高桥发生面积2.63hm^2；2009年在院桥、沙埠、江口和高桥发生面积为1.43hm^2；2010年发生面积1hm^2；2011年发生面积0.93hm^2；2012年发生面积2.47hm^2；2013年发生面积3.2hm^2。2014年发生面积3.97hm^2；2015年发生面积4.13hm^2，2016年发生面积4.2hm^2。对加拿大一枝黄花主要的防除措施是春季苗期喷除草剂和秋季开花期种子成熟前人工拔除或喷除草剂，对于能翻耕复种的荒地进行翻耕复种。

第三章　成果荣誉

第一节　科技成果奖与农业丰收奖

1994—1996年，稻水象甲发生规律和防治技术研究，由浙江省植物检疫站等单位主持，该课题查清了稻水象甲在我国南方稻区的分布范围和扩散情况，明确了浙南双季稻区每年可发生两代，一代成虫大多进入滞育，一代对早稻的为害重于二代对晚稻的为害；明确了一代和二代成虫均可越冬，山坡草地是稻水象甲的重要越冬场所；明确了成虫和幼虫在稻田和土下的分布格局；利用有效积温预测成虫迁飞期，确定防治适期和对象田；提出了总体防治策略，以秧田期和大田初期为防治关键时期。稻水象甲发生规律和防治技术研究总体达国内领先水平，获1997年省科学技术进步奖一等奖。1998—1999年，稻水象甲检疫防治技术推广，获2000年全国农牧渔业丰收奖二等奖，黄岩区植物检疫站作为主要完成单位之一。黄岩区植物检疫站叶志勇和余继华共同主持的稻水象甲防治扑灭技术研究获1997—1999年度黄岩区科技进步奖三等奖，其推广项目获1997年黄岩区农业丰收奖二等奖。

2003—2006年，柑橘黄龙病监测与防控对策研究，由黄岩区植物检疫站余继华主持，该课题建立柑橘黄龙病疫情扩散数学模型，明确了黄龙病与高接树、栽培管理和木虱虫口密度等的关系，以及木虱带毒率与发病率的相关性，建立了"柑橘木虱监测防治、疫情普查、病树挖除、种苗监管、健身栽培"等一整套监测与防控的技术体系，对柑橘黄龙病防控具有普遍指导意义，研究成果总体达到国内同类先进水平。该研究成果获2007年台州市科技进步奖三等奖，并获2007年黄岩区科技进步奖三等奖。省同类课题获2007年省科技进步奖三等奖，黄岩区植物检疫站作为主要完成单位参加。

2008—2011年，柑橘小实蝇发生规律与绿色防控技术研究，由台州市植物保护检疫站主持，该课题查明了橘小实蝇发生分布与为害特点、主要寄主和嗜好寄主；系统研究了个体发育阶段特点、发生代次、转主寄生关系、种群消长规律及影响因子等，明确了入侵扩散空间分布呈塔型分布趋势及成虫、幼虫空间分布特征，建立了理论抽样数学模型和中长期预测模型，在国内首先提出了防治指标，研究形成了以农业防治为基础，引诱、套袋、捡拾虫落果为重点，化学防治为辅助的绿色防控技术。该研究成果获2012年台州市科技进步奖三等奖，黄岩区植物检疫站作为主要完成单位参加。

2011—2016年，柑橘黄龙病入侵扩散流行规律与监测预警防控技术研究推广，由台州市植物保护检疫站钟列权主持，该课题明确了自然感染果园、失管果园和新感染果园黄龙病入侵扩散流行规律，建立了三者入侵扩散流行的数学模型，探明了黄龙病疫情自然扩散流行周期，创建了一套黄龙病入侵扩散流行要素监测和模型预警技术；完善了柑橘黄龙病防控技术，创制了首张黄龙病综合防控模式图，创新推广“九坚持防控”模式和“一挖两治”为主体的“三防五关”立体防控模式；经大面积应用推广，有效地控制了黄龙病发生为害，保障了柑橘产业安全，总体达到国内同类研究领先水平。获2016年全国农牧渔业丰收奖三等奖和省农业丰收奖一等奖，并获台州市科技进步奖二等奖。黄岩区植物检疫站作为主要完成单位参加。

1986年以来获得的科技成果奖与农业丰收奖

项目名称	时间与类别
拟除虫菊酯类农药防治棉花主要害虫技术研究	1986年浙江省农业厅科技成果三等奖
水稻大面积应用强氯精防治种传病害	1990年度台州市地区农业丰收奖四等奖
水稻细菌性条斑病综合治理研究	1991—1992年度黄岩市科学技术进步奖四等奖
棉花枯萎病优化治理措施研究	1993年台州地区科技进步奖三等奖
稻水象甲防治扑灭技术研究	1997—1999年度黄岩区科技进步奖三等奖
稻水象甲防治技术推广	1997年度黄岩区农业丰收奖二等奖
稻水象甲发生规律和防治技术研究	1997年度省科学技术进步奖一等奖
稻水象甲检疫防治技术推广	1999年度浙江省农业丰收奖三等奖
稻水象甲检疫防治技术推广	2000年全国农牧渔业丰收奖二等奖
美洲斑潜蝇发生规律与防治技术研究	2000年浙江省科学技术进步奖三等奖
柑橘黄龙病防控对策研究与推广	2006年度浙江省农业丰收奖三等奖
柑橘黄龙病监测与防控策略研究	2007年浙江省科学技术奖三等奖
柑橘黄龙病监测与防控对策研究	2007年台州市科学技术进步奖三等奖
柑橘小实蝇发生规律与绿色防控技术研究	2013年台州市科学技术进步奖三等奖
柑橘黄龙病入侵扩散流行规律与监测预警防控技术研究推广	2016年浙江省农业丰收奖一等奖
柑橘黄龙病入侵扩散流行规律与监测预警防控技术研究推广	2016年全国农牧渔业丰收奖三等奖
柑橘黄龙病入侵扩散流行规律与监测预警防控技术研究推广	2016年台州市科学技术奖二等奖

第二节　集体荣誉

1984年重新建立植物检疫站以来，黄岩植物检疫检查站坚持上路检查20余年没有发生违纪违法事件，没有接到有关投诉；1980年代开展的柑橘苗木产地检疫和水稻细菌性条斑病防控扑疫，1990年代的稻水象甲阻截与防控，2000年代以来的农业植物疫情普查、柑橘黄龙病、梨树病害防控工作等等，一直得到当地政府和省、市业务上级的肯定和系列表彰，黄岩植物检疫站1992年被评为全国植物检疫工作先进集体，曾多次被评为浙江省和台州市植物检疫工作先进集体，同时也是黄岩区级先进集体、区级文明单位和区级科技兴农先进集体。

1988年以来获得的各级各类集体荣誉

荣誉名称	获得年份	发授单位
全国植物检疫先进集体	1992年	中华人民共和国农业部
全省检疫法制宣传活动先进集体	1988年	浙江省农业厅
浙江省植物检疫先进集体	1996—1998年	浙江省农业厅
浙江省植物检疫先进集体	2000—2002年	浙江省农业厅
浙江省植物检疫先进集体	2007年	浙江省农业厅
浙江省植物检疫先进集体	2008年	浙江省农业厅
台州地区植物检疫先进集体	1990年	台州地区农业局
台州市植物检疫先进集体	2008年	台州市农业局
台州市植物检疫先进集体	2011年	台州市农业局
创建文明单位先进集体	1988年	中共黄岩县委，县人民政府
创建文明单位先进集体	1989年	中共黄岩市委，市人民政府
黄岩县模范集体称号	1989年	中共黄岩县委，县人民政府
区双文明竞赛先进集体银奖	1998年	中共黄岩区委，区人民政府
区文明单位	1995—1998年	中共黄岩区委，区人民政府
区先进基层党员组织	2000年	中共黄岩区委
区科技兴农先进集体	2001年	中共黄岩区委，区人民政府
创先争优先进基层党组织	2012年	中共黄岩区委
黄岩农业局先进集体	1992年	黄岩市农业局
区农业行政执法先进单位	2000年	中共黄岩区农业局党委
区农业信息工作先进集体	2004年	黄岩区农业局
区农业信息工作先进集体	2005年	黄岩区农业局

第三节 植物检疫历史数据

一、黄岩历年水果苗木调运检疫情况统计

黄岩历年水果苗木调运检疫情况统计见表1。

表1 黄岩历年水果苗木调运检疫情况统计

年份	合计		柑橘		杨梅		枇杷及其他	
	数量（万株）	批次	数量（万株）	批次	数量（万株）	批次	数量（万株）	批次
1981	1.037	5	0.917	2	0.01	1	0.11	2
1982	433.08	216	406.32	188	6.265	10	20.493	18
1983	491.22	157	421.93	118	38.918	19	30.37	20
1984	125.29	53	102.3	30	3.2	5	19.79	18
1985	1 266.58	535	1 022.06	314	110.24	85	134.28	136
1986	1 473.56	659	1 065.68	347	186.48	154	221.4	158
1987	1 254.04	933	701.53	313	233.77	262	318.74	358
1988	647.23	591	342.21	175	139.46	187	165.56	229
1989	421.58	369	266.17	153	73.19	93	82.22	123
1990	136.63	283	76.79	90	54.66	100	5.18	93
1991	341.95	380	172.93	161	0	0	169.02	219
1992	193.16	291	27.72	128	75.73	139	89.71	24
1993	186.23	151	51.08	53	60.36	68	74.79	30
1994	94.83	117	25.4	30	51.09	68	18.34	19
1995	71.71	119	17.02	8	44.94	81	9.75	30
1996	93	88	14.85	6	56.93	56	21.22	26
1997	117.35	67	64.92	15	39.47	32	12.96	20
1998	101.02	69	3.09	5	67.09	38	30.84	26
1999	150.9	125	1.96	3	82.29	104	66.65	18
2000	285.55	266	1.63	2	252.35	237	31.57	27
2001	201.26	345	1.7	4	158.46	271	41.1	70
2002	339.8	392	9.8	10	310.69	328	19.31	54
2003	340.95	371	0	0	330.17	311	10.78	60
2004	149.67	283	0	0	136.97	232	12.7	51
2005	198.74	159	0	0	197.49	145	1.25	14
2006	114.32	168	0	0	106.48	159	7.84	9
2007	148.8	120	0	0	146.56	115	2.24	5
2008	52.37	126	0	0	51.13	108	1.24	18

（续表）

年份	合计		柑橘		杨梅		枇杷及其他	
	数量（万株）	批次	数量（万株）	批次	数量（万株）	批次	数量（万株）	批次
2009	102.11	253	0	0	101.43	235	0.68	18
2010	136.79	302	0	0	135.82	290	0.97	12
2011	205.36	269	0	0	188.9	243	16.46	26
2012	95.31	262	0	0	87.88	223	7.43	39
2013	188.83	408	0	0	167.76	359	21.07	49
2014	146.24	327	0	0	138.69	298	7.55	29
2015	201.49	329	0	0	185.62	270	15.87	59
2016	155.57	279	0	0	126.15	233	29.42	46
总计	10 663.56	9 867	4 798.007	2 155	4 146.64	5 559	1 718.9	2 153

二、黄岩区历年橘果与蔬菜等调运检疫情况统计

黄岩区历年橘果与蔬菜等调运检疫情况统计见表2。

表2　黄岩区历年橘果与蔬菜等调运检疫情况统计

年份	合计		柑橘果		蔬菜及其他	
	数量（t）	批次	数量（t）	批次	数量（t）	批次
1989	292	50	292	50		
1990	10 688	2 619	10 684	2 618	4	1
1991	19 235	3 960	18 020	3 652	1 215	308
1992	42 283	8 990	41 371	8 734	913	256
1993	26 061	5 125	25 709	5 023	352	102
1994	23 663	4 829	22 944	4 640	719	189
1995	20 558	3 854	20 536	3 849	22	5
1996	24 107	4 123	24 043	4 107	65	16
1997	75 851	10 142	75 669	10 095	182	47
1998	107 571	12 888	106 996	12 724	575	164
1999	76 972	9 606	74 924	9 295	2 048	311
2000	72 373	10 106	69 563	9 356	2 810	750
2001	33 114	3 737	29 213	3 140	3 902	597
2002	39 583	5 649	36 524	4 889	3 059	760
2003	9 521	1 224	8 400	971	1 121	253
2004	23 134	3 203	15 534	1 662	7 600	1 541
2005	32 035	6 831	10 531	1 428	21 504	5 403

（续表）

年份	合计		柑橘果		蔬菜及其他	
	数量（t）	批次	数量（t）	批次	数量（t）	批次
2006	39 102	8 829	14 164	2 174	24 938	6 655
2007	55 645	14 301	13 028	2 719	42 617	11 582
2008	38 876	9 346	15 076	2 515	23 800	6 831
2009	47 639	9 686	22 725	2 236	24 914	7 450
2010	23 686	5 517	8 858	880	14 828	4 637
2011	10 749	3 012	3 133	717	7 616	2 295
2012	53	27	32	18	21	9
2013	21	14	16	9	5	5
2014	8.5	6	8.5	6		
2015	86	11	21	4	65	7
2016	14.45	4	8	2	6.45	2
总计	852 920.95	147 689	668 022.5	97 513	184 901.45	50 176

三、黄岩历年公路检查站检查处理数据汇总

黄岩历年公路检查站检查处理数据汇总见表3。

表3　黄岩历年公路检查站检查处理数据汇总

年份	小计			苗木		鲜活农产品	
	批次	苗木（万株）	农产品（t）	批次	数量（万株）	批次	数量（t）
1984	52	169.62		52	169.62		
1985	74	305.59		74	305.59		
1986	112	409.43		112	409.43		
1987	76	374.26		76	374.26		
1988	49	33.58		49	33.58		
1989	30	47.91		30	47.91		
1990	1	0.9		1	0.9		
1991	335	3.82	1 173.6	12	3.82	323	1 173.6
1992	1 482	13.85	5 785.8	56	13.85	1 426	5 785.8
1993	901	10.21	3 385	8	10.21	893	3 385
1994	4 837	16.75	25 156.9	17	16.75	4 820	25 156.9
1995	701	7.1	4 164.5	4	7.1	697	4 164.5
1996	1 998	3.17	94 715	2	3.17	1 996	94 715
1997	4 452	11.75	21 525.36	15	11.75	4 437	21 525.36

（续表）

年份	小计			苗木		鲜活农产品	
	批次	苗木（万株）	农产品（t）	批次	数量（万株）	批次	数量（t）
1998	2 865	2.58	15 907	7	2.58	2 858	15 907
1999	413	0.9	2 016.5	1	0.9	412	2 016.5
2000	1 513	0.7	7 819.5	3	0.7	1 510	7 819.5
2001	2 130	11.78	9 209.9	13	11.78	2 117	9 209.9
2002	1 714	10.19	6 880.88	34	10.19	1 680	6 880.88
2003	1 514	16.36	5 349	33	16.36	1 481	5 349
2004	1 565	7.01	6 294.45	30	7.01	1 535	6 294.45
合计	26 814	1 457.46	209 383.4	629	1 457.46	26 185	209 383.4

四、黄岩区历年柑橘黄龙病发生情况和防控经费投入汇总

黄岩区历年柑橘黄龙病发生情况和防控经费投入汇总见表4。

表4　黄岩区历年柑橘黄龙病发生情况和防控经费投入汇总

年份	种植面积（hm^2）	发生情况			防控情况		财政投入（万元）
		发病株数（株）	发病面积（hm^2）	木虱发生面积（hm^2）	砍挖病树（株）	木虱防治（hm^2）	
2002	5 897	8 510	72	80.5	8 510	13 333.3	0
2003	5 906	113 115	1 090.1	1 322.4	113 115	22 666.7	17
2004	6 035	312 105	2 357.9	3 035.5	312 105	20 000	61
2005	6 057	356 384	2 556.5	3 814	356 384	24 000	120
2006	6 057	304 996	2 434.7	5 694.7	304 996	24 000	210
2007	5 889	258 613	1 834.7	2 303.1	258 613	21 333.3	120
2008	5 504	201 172	1 423	1 988.9	201 172	19 333.3	90
2009	5 308	160 848	1 209.2	1 649.1	160 848	18 666.7	75
2010	5 148	101 521	1 013.9	1 236	101 521	14 000	50
2011	4 955	75 501	807.7	900	75 501	13 667	40
2012	4 836	58 788	682.2	672.3	58 788	13 466.7	40
2013	4 663	42 945	494.4	500	42 945	16 973	40
2014	4 497	33 355	325.9	386.7	33 355	16 240	40
2015	4 377	28 487	303.1	328.4	28 487	15 653.3	40
2016	4 227	21 208	246.67	343.33	21 208	15 320	40
合计	79 296	2 077 548	16 851.97	24 254.93	2 056 340	268 653.3	983

第二篇

入侵有害生物防控研究

RUQIN YOUHAI SHENGWU FANGKONG YANJIU

第一章　粮食作物入侵有害生物防控研究

第一节　稻水象甲

稻水象甲

稻水象甲是国内重要的植物检疫性有害生物，1993年在浙江东南部的乐清湾水稻种植区首先发现，1996年5月传入黄岩，该虫行孤雌生殖，以成虫越冬，1年发生1～2代，第一代幼虫为主为害代，早稻为害重于晚稻。成虫为害水稻叶片，幼虫为害水稻根部，幼虫对根部的为害导致断根，影响生长发育，使植株变矮，成熟期推迟，造成水稻减产。当时浙江省植物检疫站（现为浙江省植物保护检疫局）与浙江农业大学（现并入浙江大学）联合立题开展对稻水象甲发生规律与防控技术进行了研究，黄岩作为协作单位之一参与了该课题的研究工作。《稻水象甲发生规律与防控技术研究》获浙江省科学技术进步奖一等奖，《稻水象甲检疫防治技术推广》项目分别获2000年全国农牧渔业丰收奖二等奖和浙江省农业丰收奖三等奖。2000年以后随着早稻种植面积的逐年减少，单季稻面积的迅速扩大，稻水象甲发生也逐年减轻，近年在浙江部分连作晚稻上却又发现为害，这种情况必须引起高度重视。本节收录了主编在《植物保护》杂志上发表和《中国昆虫学会2000年学术年会论文集》上交流的2篇论文，为后人开展稻水象甲防控技术研究提供参考。

论文一：黄岩地区稻水象甲发生上升原因及其防治对策

余继华

（浙江省台州市黄岩植物检疫站）

摘　要　为探索控制稻水象甲发生为害的措施，从稻水象甲入侵当地后越冬场所复杂、孤雌生殖、农民防治积极不高和行政措施不到位等，分析了稻水象甲发生为害上升的原因；提出了强化政府责任、加强植物检疫、减少早稻种植面积、冬季清理越冬场所、组织防治专业队选用对口农药开展联防联控等措施，可有效控制稻水象甲的发生为害。

关键词　稻水象甲　发生为害　上升原因　防控对策

中图分类号　S41-30　**文献标识码**　A

稻水象甲是我国重要植物检疫对象。黄岩在1996年5月发现后，各级政府十分重视，农业部门加强了检疫和防治措施，1998年通过省级验收。全区5个乡镇425.75hm^{2}水稻，第一代百丛平均成虫量为0.036头，达到基本扑灭标准。但到2000年仅2年发生范围又扩大到7个乡镇，面积达593.36hm^2，1999年第一代平均百丛成虫量为0.087头，2000年为0.698头。为此，笔者对稻水象甲发生为害上升的原因进行了研究分析，现报道如下。

一、发生范围扩大，虫量上升的主要原因

（一）行政措施不到位

对检疫对象的防治不同于一般病虫，它不受防治指标的限制，要达到控制、扑灭，使各项技术措施到位，一定要有行政手段予以保证。在1996—1998年，各级政府对该项工作高度重视，区政府成立防治扑灭稻水象甲领导小组，各乡镇及有关村都成立相应机构。区政府每年4月召开专题会议研究部署防治工作，在每次有关涉及农业的会议上都强调稻水象甲防治措施的落实，并要求各乡镇建立行政领导负责制，做到分工包干，一级抓一级，以村为单位成立防治专业队，用政府行为保证技术措施到位。区政府又出台“以奖代补”政策，对达标乡镇奖励1.0万元，区农业局按稻水象甲发生面积给予经费补助。可是近两年，政府补助减少，唯有业务部门在抓技术指导，控害效果较差。

（二）农民防虫积极性不高

随着经济发展，人们生活水平提高，早稻谷因米质差，人们不爱食用，价格逐年下降。而这几年农资价格却没有降价，当地劳动力价格又较高，加上稻水象甲发生密度不足以对水稻产量构成明显的损失，因此，农民防治稻水象甲的积极性不高。

（三）越冬场所复杂

稻水象甲以滞育成虫在山上树林下、田埂边、稻草堆、路边、沟边杂草及稻桩上越冬，

并以山上越冬为主。黄岩属亚热带丘陵地区，小山丘比较多，为稻水象甲成虫越冬提供了适宜的场所。如院桥镇对岙、潘家岙两村，三面环山，水稻面积只有276.7hm^2，每年春季及夏季调查，越冬代和第一代成虫的发生量均超过其他稻区。稻水象甲复杂的越冬场所，给检疫防治工作带来了极大的难度。

（四）孤雌生殖

大多昆虫以两性繁殖的方式繁衍后代，而稻水象甲却以孤雌生殖的方式繁衍后代。因此，只要有1头成虫存活，就有可能形成新的群体，对水稻构成为害。据研究在自然条件下，早稻田每头越冬成虫平均产卵量80.9粒，晚稻田1代成虫每头平均产卵量58.0头，1代比越冬代增长达16.3倍，2代比1代增长16.2倍。孤雌生殖是稻水象甲在当地能继续繁衍的原因之一。

（五）没有毒性低，持效长的特效药

稻水象甲成虫期是其一生中最薄弱和易受各种环境因子影响的阶段，是防治的重要时期。成虫为害水稻叶片，虫体裸露容易接触农药。从近几年防治实践来看，抓好越冬代成虫防治，压低虫口基数是全年防治关键。越冬成虫迁飞期长达30天，在选用农药上应当选择对成虫防效好，且有较长残效期的农药。1996—1998年全面推广应用3%呋喃丹颗粒剂拌砂在早稻插后5～7天撒施，既杀成虫又治幼虫取得显著效果。但由于呋喃丹毒性大，污染环境，不能长期使用，加上水稻插后5～7天，其他害虫尚未达到防治指标，农民没有形成防治习惯。因此，要将稻水象甲虫口控制在极低的水平，难度甚大。

二、防治主要对策

（一）政府重视，措施落实

黄岩属于沿海商品经济比较发达的地区之一，农副产品流通交换频繁。稻水象甲的存在将会直接影响种用及非种用农产品的调运。搞好稻水象甲的检疫防治工作，将对促进农村经济的发展起到积极的作用。为此，各级政府要有高度的责任感，一如既往地抓好该项工作。每年都要划出部分资金，象搞农田基础设施建设那样，搞好稻水象甲检疫防治工作，而且要把这项工作纳入乡镇的年度考核，建立激励机制，确保检疫防治技术落实到位。

（二）调整种植业结构

稻水象甲发生与水关系极为密切，无水不能完成其世代发育。在诸多的禾本科寄主植物中，它最喜欢取食水稻，如果没有水稻种植，稻水象甲就难以形成为害种群。当地种植早稻经济效益较低，农民又没有积极性。因此，要遵循价值规律，引导农民调整种植业结构。对位于山谷间、坑口历年为害比较重的稻区，早季可以改种蔬菜等其他旱地作物，然后再种单季晚稻、或让其休闲不种早稻，避开越冬代的迁飞繁殖期，可降低虫口基数，减轻为害。

（三）加强植物检疫

严格执行国家植物检疫法规，对尚未发生稻水象甲的地方，要采取保护性措施。对于可能染疫的植物、植物产品必须经植物检疫机构检疫合格后，方可调运，防止稻水象甲随稻苗、稻谷和禾本科、莎草科等杂草调运作人为传播。种用稻谷一定要进仓熏蒸作灭虫处理后方可调运。

（四）清理越冬场所，改变生存环境

秋冬季铲除田埂、沟边等杂草并烧毁；稻田实行冬季翻耕，4月前将上年遗留的稻草处理完毕，改变其固有的生活环境，使成虫难以正常越冬。提倡早稻旱育秧，控制秧苗带卵下田。

（五）组织专业队，开发对路农药

为了提高越冬代成虫防治质量，应以村为单位组织防治专业队，进行统一时间、统一药剂、统一防治。农技部门要研究开发对成虫、幼虫同时有效，且持效期长的农药，减少用药次数，提高防治效果。

三、结语

稻水象甲是国家检疫性有害生物，行孤雌生殖，只要有一头成虫入侵就能建立种群，越冬场所一般都在山上；幼虫啃食水稻根部，影响水稻正常生长发育，因此常规农药难以防治，加上农民防治积极性不高，导致发生为害上升。植物疫情防控是政府的职责之一，建立对乡镇一级政府的考核激励机制，确保防控措施到位；加强植物检疫是阻截外来疫情的有效方法；秋冬季铲除田埂、沟边等杂草并烧毁，通过改变种植结构，减少早稻种植面积，恶化其生存环境；一旦传入疫情，应立即组织专业队，选用高效低毒农药，遏制稻水象甲的发生。

原　载：《植物保护》2000年第6期，获台州市优秀论文奖二等奖。

论文二：浙中南沿海稻水象甲的发生与检疫防治技术

余继华

（浙江省台州市黄岩区植物检疫站）

摘　要　调查研究表明：稻水象甲在浙中南沿海稻区年发生1～2代，越冬场所以山上为主，为害早稻重于晚稻，山岙、谷间、坑口重于平原稻区。4月下旬至5月上旬为越冬代成虫迁移高峰期，也是全年防治的关键时期，第一代幼虫是全年的主为害代。在防治上采取以专治与兼治相结合，组织防治专业队实行“三统一”的防治模式，化学防治为其关键的技术措施。

关键词　稻水象甲　沿海稻区　发生特点　防治技术

中图分类号　S41-30　**文献标识码**　A

稻水象甲（*Lissorhoptrus oryzophilus kuschel*）是对内对外主要检疫性有害生物，被农业部列为“九五”期间重大粮食作物检疫性害虫。1993年在浙江乐清湾沿岸的玉环、温岭、乐清等县市发生，这是在长江以南稻区首次报道。1996年传入黄岩，发生范围为5个乡（镇），面积为526.6hm^2。疫情发现后，各级政府对此高度重视，植检部门加强技术研究和指导，疫情得到有效控制，1998年通过省级验收，达到基本扑灭标准，目前发生范围仍控制在原有几个乡（镇）。现将稻水象甲的发生与防治技术的研究综述如下。

一、稻水象甲的发生特点

经多年调查研究，并查阅相关文献：稻水象甲具有飞行扩散和对恶劣环境的适应能力强、寄主范围广、栖息环境复杂，繁殖力强，而且具有孤雌生殖等习性。传入后便能迅速定居建立种群，为害重、防治困难等特点。遭受为害一般引起水稻减产15%～30%，严重的减产达50%～70%，甚至绝收。稻水象甲发生为害的特点是早稻重于晚稻，沿海沿江稻区重于平源稻区，靠山稻田重于远山、平原稻田，近海稻田重于平原稻田，尤其是沿海地带的山岙、谷间、坑口的虫量比其他地形的要多。如院桥镇的对岙村、潘家岙村稻水象甲的发生量大，为害明显重于平原稻区。

稻水象甲分布在浙中南沿海及沿江稻区，沿海岸线传播扩散的速度要大于沿国道线的速度。时至2000年5月，以乐清湾为中心，往南已扩散到福建省福鼎市的部分稻区，往北已扩散到宁波慈溪市；但在104国道沿线往南至平阳县，往北仅局限在黄岩的黄土岭以南稻区。

稻水象甲何时传入，怎样传入尚在研究探讨中。但传入后扩散的主要途径是成虫自然迁飞，稻草、秧苗调运和江河海水携带。该虫主要在山上草地中越冬，随着苗木及建筑、工业用泥调运传播的可能性亦较大。

二、稻水象甲的发生规律

（一）越冬场所

据调查，稻水象甲以滞育成虫越冬，以山上树林下、地坎边、地面稻草堆、田路边、沟边、河边杂草及稻田中稻桩为越冬场所，但以山上越冬为主。越冬时有群集性，山上在树林、竹林下，地坎边等比较遮荫地方，杂草丛生、枯草、树叶覆盖及松土等潮湿的地方有利成虫潜伏，栖息的虫量较多。

（二）生活史

稻水象甲在浙中南双季稻区1年发生1～2代，在早稻上完成1个世代生活史，部分成虫迁入晚稻田，在晚稻上完成第二代发育。详见图。

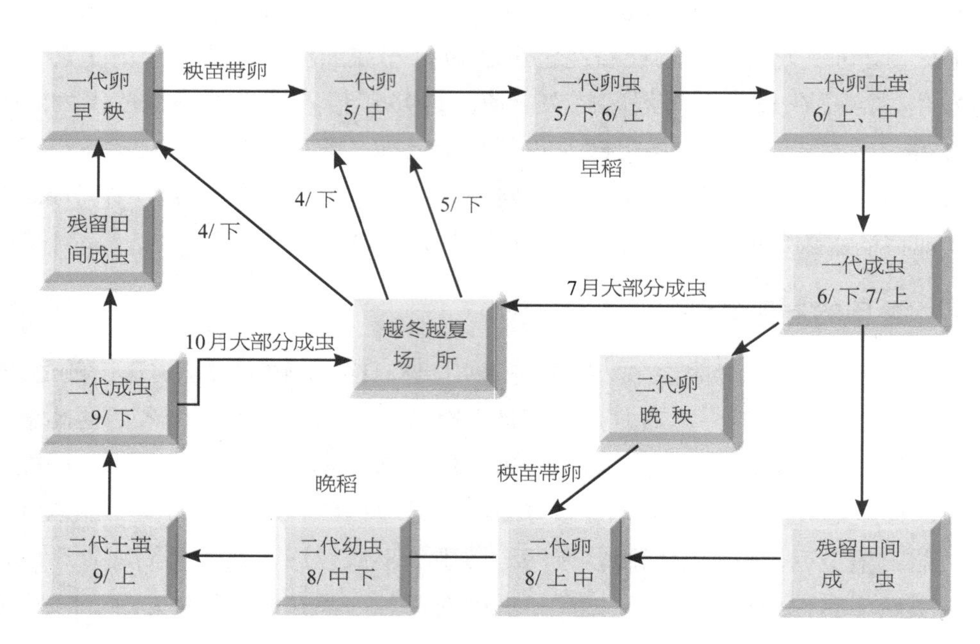

图 稻水象甲年生活史

（三）发生时间

在春季气温回升后，越冬成虫解除滞育开始活动，先在白茅、画眉草、李氏禾、狗牙根等杂草上取食。4月中下旬秧苗揭膜后，陆续迁入早稻秧田，4月底至5月上旬，早稻插秧后迁入本田取食稻叶。山上越冬成虫至5月下旬终见，迁飞期持续1个多月，在4月下旬至5月上旬出现2个迁移峰。从越冬场所迁移到秧田和本田的迟早关键取决于当年4、5月气温的高低。调查观察各虫态的发生期：4月底至5月上旬出现第一代卵盛期；5月初至6月底为第一代幼虫期，高峰期为5月底；蛹期在5月底至7月中旬，高峰期在6月中下旬；一代成虫6月中旬始见，6月底至7月上旬达到峰期；第一代成虫大多经取食后，迁至山上草地。部分残留田间和田埂上的成虫进入晚稻田，经5～6天达产卵峰期，第二代幼虫期从8月上旬至9月底，8月下旬见蛹，第二代成虫于9月初始见，10～15天后达峰期，9月下旬至10月中旬陆续迁飞上山，部分成虫滞留田间越冬。

（四）影响因子

1. 水分和湿度

稻水象甲最喜欢取食水稻，适于水生及潮湿环境，在无水干燥的条件下，不能完成各虫态的发育，即使在滞育环境下，亦难使成虫长期存活。在水育秧苗上株为害率高，产卵普遍，而在旱育秧上却未发现成虫产卵。

2. 温度与降水

越冬成虫活动跟气温关系极为密切，当温度回升到10℃时开始活动，15℃以上时开始取食，而日平均气温越高，取食量越大，当日平均气温升到25℃左右时，部分食量大的成虫单头1昼夜的取食斑总长度达8～10cm，而日平均气温在15℃以下时，基本不吃。当日平均气温高于20℃时成虫进行迁飞，雨日和风力会引起气温下降而影响迁飞，夏季高温干旱会促进一代成虫迁飞。

3. 发生量与移栽期

早稻田：早插田发生量大于迟插田；晚稻田：早稻收割与晚稻移栽间隔时间延长，则迁出越多，二代虫源越少；早稻收割与晚稻移栽间隔越短，滞留田间的一代成虫就越多。因此，拉长早稻收割与晚稻移栽间隔期，可减少二代虫源基数。

三、检疫防治技术

（一）农业防治

提倡早稻旱育秧，稻水象甲适于水生，经多年调查，在旱育秧上未发现成虫产卵。因此，旱育秧可控制秧苗带卵。秋冬季将田埂、沟边等杂草铲除烧毁可减少成虫越冬基数，4月前将上年遗留的稻草处理完毕，可减少虫源。

（二）植物检疫措施

严格执行国家植物检疫法规，可能染疫的植物、植物产品必须经植检部门检疫合格后方可调运，防止稻水象甲随秧苗、湿稻谷和禾本科、莎草科等杂草调运作人为传播。稻谷中的成虫可通过太阳晒、干储、粮仓熏蒸等方法进行灭虫处理。

（三）化学农药防治

稻水象甲防治的重点是早稻，因为稻水象甲对早稻的为害重于象稻，晚稻的虫源主要来自早稻，幼虫为害水稻根部，成虫在水稻上部为害容易接触药剂，防治效果好。因此，防治越冬代成虫是全年防治的关键。防治策略为："狠治越冬代成虫、兼治第一代幼虫，挑治第一代成虫。"根据全年总体防治策略，为保证各个环节，各项技术措施全面到位，在防治关键时期组织专业队，进行统一时间，统一药剂，统一防治。对于兼治与挑治的则由群众自行用药。

防治时期：早稻秧田期和本田初期为越冬代成虫迁入盛期是全年防治的关键；防治适期：地膜秧揭膜后越冬代成虫迁入秧田高峰期，早稻本田一般在插秧后5～7天为防治适期。

秧田期农药可选用：一是20% 氰戊菊酯 EC、20% 多来宝 EC 每亩20～30mL；二是20% 三唑磷 EC、50% 倍硫磷 EC 每亩100mL，加水40kg 喷雾

本田期可选用：一是5% 甲基异硫磷 GR 每亩1.5kg，0.3% 锐劲特 GR 每亩1.5kg，3% 呋喃丹1.5kg，拌细泥10kg 撒施。二是40% 甲基异硫磷 EC 每亩100mL，20% 多来宝 EC 每亩30mL，20% 三唑磷 EC 和40% 水胺硫磷 EC 每亩100mL，加水40kg 喷雾。

四、结语

通过几年的调查研究基本上掌握了稻水象甲的发生为害规律、越冬场所及年生活史；同时也摸索出一套比较切合实际的检疫防治技术，在防治越冬代成虫的关键时期，选用对口农

药防治，做到“三统一”，采取组织专业队防治与群众防治相结合方式，取得显著的防治效果，有效地遏制了稻水象甲的传播蔓延速度。

原　载：《中国昆虫学会2000年学术年会论文集》(中国科学技术出版社)。

第二节　水稻细菌性条斑病

水稻细菌性条斑病

水稻细菌性条斑病是水稻生产上重要的细菌性病害，也是全国植物检疫对象，台州于1986年首先在临海和仙居发现。在1980年代和1990年代双季稻地区，因水稻生育期原因和感病品种的大面积种植而导致水稻大面积发生细菌性条斑病，而且在局部地区发生为害严重。2000年以后随着种植业结构调整，双季稻面积调减，单季稻面积扩大，感病品种逐渐淘汰，单季稻因孕穗破口期的气温与相对湿度不利于细条病菌的侵染，目前在台州稻区零星发生，成为间歇性病害。本节收录在《种子》杂志发表和《植物病理学会2010年学术年会论文集》交流的2篇论文。

论文一：温黄平原水稻细菌性条斑病发生及综防措施

余继华[1]　顾云琴[2]　李云明[2]

(1. 台州市黄岩区植物检疫站　2. 温岭市植物检疫站)

摘　要　以台州温黄平原稻区水稻细菌性条斑病发生动态为例，综合分析细条病的发生原因与8月下旬和9月上旬的气温和相对湿度、感病品种大面积种植等因素有关。同时提出了以种植抗病品种、种子消毒处理、实行健身栽培和化学农药防治等综合措施，控制水稻细菌性条斑病的发生。

关键词　水稻细菌性条斑病　发病原因　综防措施

中图分类号　S435-11　**文献标识码**　A

水稻细菌性条斑病(简称细条病)(*Xanthomonas oryzae* pv. oryzicola)最早起源于菲律宾，病原为薄壁菌门(*Gracmcutes*)、假单胞菌科(*Pseudomonaceae*)、黄单胞菌属(*Xanthomonas*)，是国内植物检疫性有害生物，1980年代传入台州以后，每年都有发生。在黄岩1996—2000年其发生面积幅度为38～694.7hm^2，年度之间差异较大。笔者对此进行了多年的研究，并提出了综合防治措施，简述如下。

一、分布与为害

水稻细菌性条斑病在我国分布区域有：广东、广西壮族自治区(以下简称广西)、湖南、云南、江西、四川、贵州、湖北、安徽、海南、福建、浙江和江苏等地。在台州，1986年首先在临海、仙居发现，1987年在温岭发现，1989年在黄岩峰江乡和蓬街镇首先发现。水稻细菌性条斑病传入后，几乎每年都有发生，但是发生面积年度之间差异比较大。水稻细条病菌寄主除为害水稻外，茭白、李氏禾和许多野生稻等均可受侵染而发病。

水稻细菌性条斑病是水稻生产上继白叶枯病之后的又一重要细菌性病害，主要发生在热带和亚热带地区，水稻受细菌性条斑病为害，随被害叶片面积的增加，其空秕率也随之增加，千粒重相应降低。按病叶1、2、3、4、5级，其损失率分别为5.62%、16.45%、27.37%、39.84%和40.16%。就水稻品种而言，籼稻通常极为感病，多数粳稻的抗性却很强。籼稻因病造成的损失在5%～20%，严重时可达50%。

二、症状识别与早期诊断

水稻细菌性条斑病主要为害水稻叶片，幼龄叶片最易受害。病菌多从气孔侵入，还可由伤口侵入，病斑局限于叶脉间薄壁细胞，初为暗绿色水渍状半透明小点，逐渐向上下扩展，成为淡黄色狭条斑，由于受叶脉限制，病斑不宽，但许多条斑可连成大块枯死斑。病叶对光观察，病斑部半透明；病部有许多露珠状蜜黄色菌脓，干燥后不易脱落。水稻在孕穗期可见到典型病状。

早期诊断主要是组织产地检疫检验，在水稻生长季节，到产地作实地考察，重点观察田边、沟渠边稻株上有无细条病症状，尤其在孕穗抽穗期，对种子繁殖田作产地检疫，十分有效。

三、发病原因分析

(一)菌源基数

病原细菌经多年的累积，在自然条件下，只要环境条件适宜，就足以引起病害发生，甚至流行。从1996—2000年细条病的发生情况看：一般首先在老病区发生，如果气候条件适宜，发生面积就大，气候条件不适宜，发生面积就少。例如：黄岩2000年细条病发生面积为694.2hm^2，而1998年发生面积只有38hm^2。但是在西部山区至今尚未发现细条病为害，这可能与自然环境、病原菌基数及栽培制度有关，在黄岩西部山区大多种植单季稻，拔节至孕穗期的气温超过了发病最适温度，相对湿度又比较低，不利细条病菌的侵染有关。

（二）温湿度

水稻细条病的发病条件是：最适温度为25～28℃，且必须有2～3天的高温或早晨有露方可引起侵染，在气温低于22℃时病斑即停止扩展，低于16℃时无新病斑出现。根据1996—2000年气象资料结合历年细条病发生情况综合分析（表），以黄岩为例，细条病在田间初见期一般年份是8月中下旬，少数年份在8月上旬，病害扩展期在8月下旬至9月上旬。此时的气候条件是：8月下旬日平均气温在26.63～27.39℃，相对湿度除1998年83.84%外，其余年份相对湿度均在87.27%～89.27%；9月上旬的日平均气温除1998年为24.23℃，其余年份均在25～26.87℃。从8月下旬至9月上旬温湿度与细条病的发生面积关系分析：1998年8月下旬相对湿度偏低，9月上旬日平均气温只有24.23℃，不适于细条病扩展。1996—2000年细条病的发生面积，1998年只有28hm²，仅占晚稻面积的0.36%，而其他年份发生面积在328～694.7hm²，占晚稻面积的3.07%～7.35%。

表　水稻细菌性条斑病发生面积与气候条件关系

年份	细条病		8月						9月					
	发生面积（hm²）	占晚稻面积（%）	平均气温（℃）			相对湿度			平均气温（℃）			相对湿度		
			上	中	下	上	中	下	上	中	下	上	中	下
1996	328	3.07	28.4	27.95	26.63	83.5	84.0	89.27	25.48	25.88	22.05	83.7	87.1	81.2
1997	580	5.46	28.32	26.84	27.39	86.0	88.3	88.0	25.00	24.11	20.35	90.7	72.2	74.8
1998	38	0.36	29.29	29.44	26.64	91.9	81.7	83.84	24.23	24.89	22.35	86.8	80.8	81.5
1999	331.4	3.19	27.86	27.61	27.08	75.4	81.8	87.27	26.87	27.14	22.51	89.7	81.5	75.1
2000	694.7	7.35	27.66	27.18	27.24	82.5	89.0	87.27	26.13	23.18	24.46	80.6	71.1	86.4

8月下旬至9月上旬晚稻正处于拔节孕穗期，是细条病的感病期，在有菌源基数的前提下，只要温湿度适宜，病害就会扩展蔓延。另据温岭市植物检疫站历年观察，1989—2000年细条病初见期都在8月中下旬，而此时正好是高温天气，有利于细条病侵染，容易引起发病。

（三）感病品种的大面积种植

水稻细条病发生，糯稻比籼稻、粳稻容易感病，杂交稻又比常规稻容易感病。那时在温黄平原种植的杂交水稻品种如协优914、协优46、协优9308、Ⅱ优62-16、协优963、汕优10号等都是比较感病的。据1996—2000年调查：协优914叶发病率在8.75%～53.75%；协优46叶发病率在14.29%～87.64%，病情指数高的田块达到49.94；协优9308叶发病率47.27%～90.0%，病情指数在17.50～51.85，发病程度年度之间差异较大。另据1996—1999年连续4年在杂交晚稻品试区调查，所有参试品种都感染了水稻细条病。

四、综合防控措施

（一）严格执行植物检疫法规

无病区不从病区引种或调种；在种子繁育期间，调入地植物检疫机构组织专业人员到调出地进行原产地检疫；病田种子禁止留作种用，防止病害的人为传播。

（二）选用抗病良种

这是防治水稻细条病最经济有效的措施之一，病田稻草不还田，病草栏肥须经高温沤制后施用。

（三）种子消毒处理

可用强氯精浸种，强氯精不仅对细条病有效，而且对水稻恶苗病也有较好的效果。方法是先将种子用清水预浸，早稻24h，晚稻12h，经预浸的种子再在87%的强氯精300～500倍稀释液中浸泡，早稻24h，晚稻12h，浸后用清水洗净后再催芽。或者用80%“402”2 000倍浸种24h。

（四）实行健身栽培

增施有机肥和磷钾肥，提高植株抗耐病能力。推行平衡施肥法，合理施用氮肥，在病区防止田水串灌、漫灌。

（五）药剂防治

做好发病初期和秧田期的农药防治。在病区提倡带药下田，特别是晚稻秧田，做到三叶期及拔秧前3～5天喷药保护。农药每亩可选用新植霉素1 000万单位，或用20%噻菌铜（龙克菌）100mL，或用24%硫酸链霉素25g，以上药剂任选1种加水50kg喷细雾，每隔7天喷药1次，连续喷药2次或3次。

五、小结

水稻细条病受气候条件影响较大，尤其是受8—9月的日平均气温和相对湿度影响特别明显，同时感病品种的大面积推广也是造成细条病大面积发生的主要因素之一。在防治上，要加强健身栽培，增施有机肥，提高植株自身素质和免疫能力，阻止病原细菌侵入，在发病初期加强农药防治，可有效地控制细条病发生。

参考文献

[1] 郎国良，徐南昌，童银林，等．水稻细菌性条斑病药剂防治试验 [J]. 植物检疫，1998（2）：92-93.

[2] 应德文．水稻细菌性条斑病综合防治技术 [J]. 福建农业，2004（4）：18.

[3] 李碧文，李建仁．水稻细菌性条斑病防治研究 [J]. 江西农业科技，1988（9）：20-22.

[4] 夏怡厚，林维英，陈藕英．水稻品种（系）对稻细菌性条斑病的抗性鉴定和抗源筛选 [J]. 福建农林大学学报（自然科学版），1992（1）：32-36.

[5] 沈建新，董国堃，张水妹，等．水稻细菌性条斑病发生流行与综防技术 [J]. 植物保护，2002(1)：33-34.

原　载：《植物病理学会2010学术年会论文集》)。

论文二：早晚稻强氯精浸种试验

林长怀　余继华

（浙江省台州市黄岩区植物检疫站）

摘　要　经室内用强氯精不同浓度等因子浸种催芽试验，筛选出安全、有效的使用浓度为300倍，浸药液时间早稻为24h，晚稻为12h。经多年的推广应用，对种传病害防治效果好。对水稻恶苗病防效达99%以上；可有效地压制水稻细菌性条斑病和白叶枯病的发生和蔓延。

关键词　强氯精　浸种　浓度　时间　效果

中图分类号　S435-11　**文献标识码**　A

强氯精是强杀菌剂，使用强氯精浸种处理后，对种传病害防治效果好，但使用不当可严重影响种子的发芽率。为此进行本试验，以筛选安全、有效的使用浓度和浸种时间。

一、试验材料

（一）种子

早稻辐籼6号，晚稻汕优10号、汕优6号、协优10号、76优、祥湖84号、台杂2号、秀水11、祥湖25等9个杂交稻和常规稻品种。种子由黄岩区种子公司提供。

（二）药剂

80% 强氯精 DP（广西南宁化工厂生产）。

二、试验方法、结果及分析

（一）使用浓度的筛选

1. 试验方法

设置5个处理，即不同浓度80% 强氯精50倍、100倍、200倍、300倍和对照。把早稻种子先清水浸24h，后冲去秕谷，称取等量的种子，分别浸入装有等量的50倍、100倍、200倍、300倍强氯精药液及清水的三角烧杯中，浸24h。然后分别洗净残药，放人编号的培养皿中，每培养皿放100粒种子，每个处理3个重复。置于30℃恒温箱内催芽。第4天观察发芽势，第8天观察发芽率，每隔1天观察发芽进度。

2. 结果及分析

50～300倍浓度强氯精浸种，发芽势、发芽率随着浓度的增大而减少，减少的幅度，发芽势为2.67%～44%，发芽率为0.34%～17%（表1），影响程度发芽率少于发芽势。经方差分析，发芽势 F=12.60>F0.01=5.99，发芽率 F=28.39>F0.01=5.99，处理之间差异显著。据新复极差测验，差异性比较，（表2、表3）发芽势，各处理间比较，对照与100倍、200倍、300倍无显著差异，与50倍有显著差异。发芽率，各处理之间比较，对照与200倍、300倍无显著差异；与50倍、100倍有显著差异。

表1　不同浓度强氮精浸种发芽对比试验

处理	发芽势（%）					发芽率（%）				
浓度	重复			平均	比对照减（%）	重复			平均	比对照减（%）
（倍）	Ⅰ	Ⅱ	Ⅲ			Ⅰ	Ⅱ	Ⅲ		
50	54	53	57	54.67	44.63	81	81	83	81.67	17.23
100	95	83	83	87.00	11.67	98	88	93	93.00	5.67
200	92	96	89	92.33	6.31	97	99	96	97.33	1.34
300	97	92	99	96.00	2.67	99	97	99	98.33	0.34
对照	100	99	97	98.67		100	99	97	98.67	

表2　不同处理发芽势差异显著性

处理	平均值（%）	差异显著性	
		0.05	0.01
CK	98.67	a	A
300倍	96.00	ab	A
200倍	92.33	ab	A
100倍	87.00	b	A
50倍	54.67	c	A

表3　不同处理发芽率差异显著性

处理	平均值（%）	差异显著性	
		0.05	0.01
CK	98.67	a	A
300倍	98.33	ab	A
200倍	97.33	ab	A
100倍	93.00	b	A
50倍	81.67	c	B

不同浓度浸种处理，发芽进度比较，（表4）50～200倍对发芽进度影响较大，300倍影响少，并且随着催芽时间的增加，对照与各处理的发芽率差距逐日减少，这表明了强氯精浸种

后，对种子的发芽有一定的限制作用。

表4 不同浓度强氯精浸种发芽进度比较（%）

处理(倍) \ 月/日	3/29		3/31		4/2	
	平均发芽率	比对照土	平均发芽率	对比照土	平均发芽率	对比照土
50	54.57	−44	27.70	−20.97	81.67	−17.00
100	87.00	−11.67	92.67	−6.00	93.00	−5.67
200	92.33	−6.33	96.67	−2.00	97.33	−1.34
300	96.00	−2.67	97.67	−1.00	98.33	−0.34
对照	98.67		98.67		98.67	

（二）晚稻不同品种同一浓度浸种发芽率发芽势测试

1. 测试方法

设置汕优10号等杂交和常规晚稻8个品种。使用80%强氯精300倍。先将晚稻种子用清水浸12h后，分别称取等量种子，浸人装有300倍药液及清水的三角烧杯中，浸12h，然后洗净残药。

分别放到编号的培养皿中，置于30℃恒温箱内催芽。每个培养皿放100粒种子，每个处理3次重复。第4天观察发芽势，第8天观察发芽率。

2. 结果及分析

晚稻不同的品种，使用300倍的强氯精药液浸种12h后，洗净催芽对种子的发芽势，发芽率无影响，并有所提高（表5）。

表5 晚稻不同品种强氯精浸种发芽率发芽势侧试（%）

品种	平均发芽势			平均发芽势		
	浸药	对照	+%	浸药	对照	+%
汕优10号	97.00	95.67	+1.33	97.33	96.00	+1.33
汕优6号	89.00	86.67	+2.33	89.67	87.67	+2.00
协优10号	88.67	88.00	+0.67	92.67	83.67	+3.00
76优	92.00	85.67	+6.33	95.67	87.33	+8.34
祥湖84	88.33	87.33	+1.00	92.67	88.67	+4.00
台杂2号	97.67	97.33	+0.34	98.00	97.67	+0.33
秀水11	96.00	90.57	+6.67	98.67	91.67	+5.00
祥湖25	85.33	80.67	+4.66	91.00	84.33	+6.67

三、小结和讨论

使用80%强氯精浸种消毒，浓度对发芽率有较大的影响，随着浓度的增加，发芽率逐步减少，但300倍的浓度浸种，早稻浸药液24h，晚稻浸药液12h，发芽率与对照比较无显著差异，因此推广80%强氯精作种子消毒，应用浓度为300倍，浸药时间：早稻为24h，晚稻为12h。经几年推广应用防治种传病害效果好，对水稻恶苗病防效达99%以上，可有效地压制水稻细菌性条斑病和白叶枯病的发生和蔓延。但必须注意的，首先浸种后必须洗净残药；其二是晚稻浸种时气温高，种子易发芽，种子浸水和浸药时间不宜过长，否则药液伤芽，影响发芽率。因此晚稻浸种消毒可采取一步到位，晚籼（杂交稻）种子不须浸清水，一次性地浸人300倍药液中，浸16h后，捞起洗净催芽，晚粳可浸16～24h，这样不但能提高杀菌效果，又比较安全，不伤胚芽，值得提倡与推广。

原　载：《种子》1997年第6期。

第三节　甘薯茎腐病

甘薯茎腐病在浙江是新报道的危险性病害，发病以后难有对策，2016年列入浙江省补充植物检疫对象。目前对该病害的发病机理、传播途径、影响因子和防控措施等研究甚少，在国内期刊上发表的论文也不多。本书收录在《植物检疫》杂志上发表的论文是在查阅相关文献，结合台州实际撰写的，旨在抛砖引玉，与同行共同努力做好甘薯茎腐病的防控工作。

论文：台州新发现甘薯茎腐病

张敏荣　余继华　卢　璐　陶　健

（浙江省台州市黄岩区植物检疫站）

摘　要　2015年新发现的甘薯茎腐病是进境检疫性病害，该病是甘薯生产上为害最严重、危险性最大的新病害。在台州已有3个县（市、区）发生为害，一般发病田块平均病株率10%～20%，严重的达90%。为有效控制甘薯茎腐病传播扩散，本文介绍了甘薯茎腐病的发生分布情况，描述了病害各生育期症状和为害特点，提出了加强植物检疫、与非寄主作物轮作、培育无病种苗、适增磷钾肥、防积水，以及化学农药浸种和喷雾预防等综合防控措施。

关键词 生物入侵 甘薯茎腐病 病害症状 防控措施

中图分类号 S43 **文献标识码** A

台州地处浙江中部沿海，北接宁波、绍兴，南邻温州，辖椒江、黄岩、路桥三区，临海、温岭两市，玉环、天台、仙居、三门四县。台州是浙江省粮食主产区之一，2014年，全市粮食播种面积13.5万 hm^2、总产量77.91万 t，甘薯面积3 113hm^2，产量6.7万 t[1]。甘薯因适应性广、繁殖力强、高产稳收、栽培简便、用途广泛等特点而深受当地农民种植，是台州主要的旱粮作物。2015年9月疫情普查时首次发现了新的甘薯病害，经浙江大学谢关林教授鉴定为甘薯茎腐病，该病原为菊欧氏菌(*Erwinia chrysanthemi*)，是欧文氏属中最重要的致病细菌之一，能引起多种农作物和观赏性园艺植物腐烂病，寄主包括甘薯、马铃薯、西红柿、包心菜、茄子、矮牵牛花、牵牛花等50多种植物[2]。甘薯茎腐病菌是当前甘薯生产上为害性最重、危险性最大，尚未找到有效防治方法的进境检疫性有害生物，2015年浙江省将其列入补充检疫性有害生物名单。根据台州市黄岩区调查，发病田块普遍病株率在10%～20%，上郑乡下余村和北洋镇前蒋村发病严重的田块病株率高达90%，已近绝收。甘薯茎腐病的发生，已经严重影响了当地的甘薯生产，为做好病害预防，控制其传播扩散，本文通过检索相关文献，结合田间调查观察，对甘薯茎腐病的病害症状、发病特点和防控措施进行简述。

一、国内外分布

世界上甘薯茎腐病最早发生于美国乔治亚州，于1974年暴发流行，当时给当地的甘薯产业带来了严重的为害[2]，由于美洲地区甘薯种植面积不大，所以对该病害的研究也较少[3]，1999年南美洲的委内瑞拉国家也发现了甘薯茎腐病；我国报导甘薯茎腐病于2006年在广东省广州市、惠东县发现疑似茎腐病，经过对病菌的分离与鉴定，最终认为是甘薯茎腐病[4]。2009—2013年，在海南、广西、重庆、河南、福建、江西等省市区也相继发现了该病的为害[5]，目前浙江除了台州的黄岩、临海和温岭外，还有萧山、临安、桐庐、乐清等，浙江省共有16个县(市、区)已经确诊。

二、病害症状

不同时期甘薯茎腐病的发病症状各不相同，通过对各地发病田块的调查发现，育苗阶段：染病种薯开始腐烂，颜色慢慢变黑色，并且出现水渍状的腐烂，散发出臭味，发病较轻时能出苗，但是出苗后薯苗萎焉腐烂；如果发病较重时，种薯根本不能出苗。生长阶段：在发病的初期，病株生长较为缓慢，在与土壤接触的茎基部会出现水渍状的灰褐色斑点，以后逐渐向上部延伸，随着病情的加重，病斑从深褐色变成黑色，病部没有菌脓，刨开土壤能够看见地下的茎部已经腐烂，最后软化分离，导致薯蔓末端部分枯死[6]。此外，根茎维管束组织有明显的黑色条纹、并伴有恶臭。收获阶段：甘薯的植株茎基部已经腐烂变成褐色，地下的薯块出现水浸状的腐烂，病薯表面有黑色凹陷病斑，即使薯块表面无症状，但是内部已经腐烂并伴有恶臭味[3]。如果在30℃以上的高温和相对湿度70%以上的高湿条件下，各个阶段的甘薯发病都会加重，整个植株发病倒伏，5～7天后植株就会枯萎死亡[4]；如果在低温低湿条件下，即使基部已出现了病斑，过十几天观察，也没有发现腐烂的现象。在调查过程中发现部分发病植株叶片已经发黄，但由于植株上端有不定根提供营养并未出现整株枯死的现象，可收获时病株及一些地上部"无症状"的植株，茎蔓基部腐烂呈纤维状，薯块腐烂变黑。所有发病的植株几乎没有薯块可收获。

三、病原物与发病特点

（一）病原物

国际上最早报道的是Schaad & Brenner于1974年首先确认了甘薯茎腐病由菊欧文氏菌（*Erwinia chrysanthemi*）引起，且病原菌能够侵染菊花、雏菊、烟草、胡椒、西红柿、马铃薯、卷心菜等多种植物，并对14个甘薯品种进行接种抗性鉴定，发现没有一个免疫品种[2]；而我国最先报道确认的是广东省农科院作物研究所薯类研究室[4]，他们在田间观察到一种症状与薯瘟病苗明显不同的病害，病原菌分离鉴定结果表明，是由欧文氏菌引起的软腐病，与Schaad & Brenner报道的甘薯细菌性茎根腐烂病一致，简称为茎腐病。

（二）发病特点

甘薯茎腐病是新发现的进境检疫性细菌性病害。由于传入我国的时间不长，国内对甘薯茎腐病的发病机理等研究有待进一步加强。综合文献及有关资料，目前认为该病菌的初侵染源是甘薯的病蔓、病薯、残体、昆虫活动、病薯周围的土壤和灌溉水，病原菌虽然不能在土壤中长期存活，但是休眠期可以在病薯、病苗、杂草、植物的残体和其他寄主植物的根际存活，侵入寄主的主要途径是伤口[5]。甘薯茎腐病的病株基本上没有产量，即使发病较轻的植株能结薯，但如果用该植株茎蔓扦插和种薯育苗可使病害进一步扩散蔓延[7]。甘薯茎腐病在田间的发病率与病原菌的侵染浓度、温暖潮湿的气候、甘薯茎蔓和叶片被侵染的部位有关。当气温低于27℃时病菌为潜伏感染，气温30℃以上时加速发病；发病的最佳条件是病菌浓度108CFU/mL、温度30℃和相对湿度90%以上[4]。

四、防控措施

（一）加强植物检疫措施

严格产地检疫，不管是病区还是非病区，必须用无病薯块留种育苗，严格按照《甘薯种苗产地检疫规程》的操作要求，在作物生长期间，及时检查各时期有无病害症状出现；把好调运检疫关，为防止带病菌的种薯、薯苗非法调运，调入的种薯、薯苗，必须经过检疫后才可以种植，控制病害传播扩散；加强疫情监测，对甘薯种植区，设立疫情监测点，定期进行监测，一旦发现疫情，及时向所在地植物检疫机构报告，对新发生的零星疫点，及时挖除病株并将病株就地集中烧毁或深埋，用生石灰对发病点土壤进行消毒处理。

（二）农业防治

1. 实行轮作

合理的轮作能有效地防止甘薯茎腐病在茬口间的传染，因病原菌不能长期在土壤中单独存活，如实行水旱轮作、与非寄主作物进行轮作，改变耕作方式，从而恶化了病原菌生存环境，可以有效地减少病害的发生。

2. 选用相对抗病的品种

虽然目前还没有找到完全免疫的甘薯品种[7]，但甘薯品种之间发病程度存在着差异性，生产上选择那些相对抗病的品种种植，减轻病害的为害。同时，通过筛选抗病基因培育抗病品种是今后防治甘薯茎腐病的研究方向，也是从根本上防控甘薯茎腐病的终极目标。

3. 培育无病壮苗

在发病地区，选择周边都没有发过病的田块作为育苗场地，并且选择健康无病的种薯作为育苗材料，从源头上减少甘薯茎腐病发生的风险。

4. 选择合适的田块种植

高温高湿能促进甘薯茎腐病的快速生长，因而在选择种植田块时，选那些地势较高、有利于排灌、地下水位低、通透性好的地块种植；如果发病较轻的田块，通过铲除田间的病薯、病蔓和病土，经土壤消毒后再植无病薯苗。

5. 田间管理要科学

为了提高甘薯自身抗病性，在施肥上，要少施氮肥，适当增施磷钾肥，补施微量元素；为了防止田间积水，采取高畦的栽培方式，避免漫灌导致交叉感染；在农事操作过程中减少伤口。

（三）化学防治

1. 采用药剂浸种

在种薯育苗前和薯苗扦插前，用农用链霉素或噻菌铜浸泡种薯和薯苗杀菌[8]。

2. 药剂防治

在发病初期用农用链霉素、噻菌铜等药剂淋根、泼浇或者喷雾[8]；在发病比较重的期间，要每隔1周用药1次，连续喷药2次或3次；碰到台风暴雨过后需及时补治，并且对发病周边的甘薯地也要喷药1次或2次，严防疫情扩散。

参考文献

[1] 陈敏志，曹桂芝．台州统计年鉴 –2014，ISBN：978-7-5037-7155-2：100-127.

[2] Schaad N W，Brenner D.A bacterial wilt and root rot of sweet potato caused by Erwinia chrysanthemi.Phytopathology，1977，67：302-308.

[3] Clark C A，Holmes G J，Ferrin D M.Major fungal and bacterial diseases.//Loebenstein G，Thottappilly G.The sweetpotato. Dordrecht：Springer Netherlands，2009：81-103.

[4] Huang L F，Fang B P，Luo Z X，et al.First report of bacterial stem and root rot of

sweetpotato caused by a Dickeya sp.(Erwinia chrysanthemi) in China.Plant Discase,2010,94(12):1503.

[5] 黄立飞,罗忠霞,房伯平,等.甘薯茎腐病的研究进展[J].植物保护学报,2014,41(1):118-122.

[6] 秦素研,黄立飞,葛昌斌,等.河南省甘薯茎腐病的分离与鉴定[J].作物杂志,2013(6):52-55.

[7] 黄立飞,罗忠霞,房伯平,等.我国甘薯新病害-茎腐病的研究初报[J].植物病理学报,2011,41(1):18-23.

[8] 黄立飞,罗忠霞,邓铭光,等.甘薯新病害茎腐病的识别与防治[J].广东农业科学,2011(7):95-96.

原　载:《植物检疫》2016年第3期。

第二章　果树入侵有害生物防控研究

第一节　柑橘黄龙病

柑橘黄龙病

柑橘黄龙病是2002年秋季在台州首次发现，是柑橘生产上最具毁灭性的检疫性病害，目前尚未找到有效的防治方法，一旦发病只得采取砍挖病树的被动措施来减少再侵染源。2003年开始在黄岩上垟乡董岙村定点100株成年橘树进行监测，研究柑橘黄龙病在温州蜜柑果园的分布型和发生动态变化，建立疫情运行轨迹模型、黄龙病防治指标和不同病级对柑橘产量的影响。对黄龙病在不同柑橘品种之间、失管橘园和管理橘园的发病差异程度进行了调查分析。柑橘木虱是柑橘黄龙病的传播媒介，经抽样检测，冬季柑橘黄龙病树病菌浓度是1年中最高的，此时柑橘木虱带菌率和带菌量也最高，因此，要加强柑橘木虱冬季防治工作。十几年来总结柑橘黄龙病防控实践，逐步形成了九坚持的“黄岩模式”，黄岩区在全省重大农业植物疫情防控工作考核中连续13年荣获优秀。主编主持的《柑橘黄龙病监测与防控技术研究》项目获2007年台州市科学技术进步奖三等奖，项目推广工作获2006年省农业丰收奖三等奖。台州市植物保护检疫站主持的《柑橘黄龙病入侵扩散流行规律与监测预警防控技术研究推广》项目获2016年浙江省农业丰收奖一等奖，2016年台州市科学技术进步奖二等奖。本节原文收录了在《浙江大学学报》《植物保护》《植物检疫》《中国农学通报》《农学学报》《浙江农业学报》《浙江农业科学》和《浙江柑橘》等学术期刊发表的论文。

论文一：早熟柑橘黄龙病流行与产量损失关系研究

余继华[1] 汪恩国[2] 张敏荣[1] 梁克宏[3] 叶志勇[1] 陶 健[1]

（1. 浙江省台州市黄岩区植物检疫站 2. 浙江省临海市植物保护检疫站
3. 浙江省台州市黄岩区果树技术推广总站）

摘 要 2002—2009年测定了早熟柑橘品种宫川（以下简称早熟柑橘）黄龙病病情扩散速率与产量关系。结果表明早熟宫川黄龙病病情随时序推进而病情呈Logistic曲线上升，总体上病情扩散速率为先快后慢，并呈从强到弱的趋势特征，前4年因病源基数低而病情增长幅度大，扩散速率快；后4年因病源基数处较高状态，而相对传染扩散速率减慢，表现扩散速率较平缓，形成随病级上升单株结果数减少、健果率下降、产量下降的为害规律；由此建立早熟宫川黄龙病病情扩散速率（P%）与发病时序（N）的关系模型为：P=65.082 7/[1+EXP(4.017 8−0.752 838N)]（n=8，P=0.000 1 F=1 317.9，r=0.999 1**），株发病率（P%）与病情指数（M）关系模型为：M=0.571 2P−2.398 6（n=8，r=0.993 7**），不同病级（m）病树与其果数（G）、健果率（J%）的关系模型：G=1 344.833 9/[1+EXP(−3.693 7+0.549 3m)]（n=5，P=0.022 6，F=43.299，r=−0.988 6**）；J=91.560 5/[1+EXP(−6.677 0+1.090 4m)]（n=5，P=0.050 9，F=18.64，r=−0.974 2**）；不同病级（m）病树与其单果重（W）、单株产量（Y）、产量损失率（R%）的关系模型：W=95.427 8/[1+EXP(−29.770 1+3.993 2m)]（n=6，P=0.002 6，F=78.287，Pr=−0.990 6**）；Y=44.138 2/[1+EXP(−4.019 2+0.689 1m)]（n=6，P=0.012 6，F=38.64，r=−0.984 2**）、R=131.536 4/[1+EXP(4.239 9−0.592 4m)]（n=5，P=0.005 3，F=48.042，r=−0.984 7**）。

关键词 早熟宫川 柑橘黄龙病 扩散速率 病情指数 产量损失

中图分类号 S 436.661.1 **文献标识码** A DOI:10.3969/j.issn.0529-1542.2011.04.027

早熟宫川是台州柑橘主栽品种，占柑橘总面积的70%左右。柑橘黄龙病（*Liberobacter asiaticum* Poona et al）是一种检疫性病害，进入21世纪以来随着气候变暖和柑橘木虱北移等影响，致使柑橘黄龙病入侵台州。自2002年传入发病以来，发生范围不断扩大，发生面积不断增加，为害损失呈逐年加重趋势，成片橘园被毁，橘林生态遭受严重破坏，成为当前柑橘生产的一种新的灾发性病害[8]。据多年调查观察，黄龙病在早熟宫川品种上的症状表现与其他品种有异，很少表现“黄梢”症状，难以辨别“斑驳叶”，即使是“红鼻子果”除着色不匀外，其大小与健康果实无明显差异。因此，病情扩散速率在早熟宫川上也有其特殊性。由于柑橘黄龙病主要通过带菌种苗、带菌接穗或病树或带菌柑橘木虱的传入而形成菌源，然后通过媒介柑橘木虱携菌进行大面积侵染扩散流行[1, 4]，影响因素复杂、田间试验不易控制，调查量大，研究周期长。为了探索早熟宫川柑橘黄龙病流行规律，以及对产量的影响，建立时序扩散模型和不同病级病树与产量损失关系模型[2, 3, 6]，提高柑橘黄龙病监测预警水平，经济有效控制黄龙病扩散为害，提高持续控制能力。本文是2002—2009年开展早熟宫川柑橘黄龙病流行与所致产量损失关系的研究结果。

一、材料与方法

（一）试验地概况

试验地点选择在台州市黄岩区上垟乡董岙村，为种植早熟温州蜜柑果园，2002年树龄为18年，2003年首次查见黄龙病入侵。果园土壤为砂性红黄壤土，土层深厚，土壤偏酸性，pH值在4.5～4.8，肥力中等，排灌方便。

（二）试验品种

供试品种为早熟宫川，即温州蜜柑的一早熟品种，为当地果园的主栽品种，种植密度为1 050～1 200株/hm^2，5～10年树龄单株树冠绿叶面积一般为5～6m^2，常年春梢期为4月上中旬，夏梢期为7月中下旬，秋梢期为9月下旬和10月上旬，整个挂果期在5月中下旬至11月上中旬，采果期在11月上中旬。

（三）试验设计

在查见的黄龙病果园定点2块，每块连片定树50株，每年不挖除病树，果园其他管理同正常果园。每年于11月上旬在果实成熟期，依据柑橘黄龙病显症的“红鼻子果”进行逐株调查，以此监测黄龙病病情扩散动态。

（四）调查方法

采取多级法进行调查[4]，从2003年黄龙病查见开始，一直持续到2009年。每年对2块定点样地逐株进行调查，以株为单位，分别调查每株黄龙病病级，并按病级逐株记载。其病株病情分级标准为：0级：全树无病；1级：树上有1个或2个梢有斑驳黄化叶出现；3级：部分侧枝或主枝有斑驳黄化症状，症状枝占全树的1/3以下；5级：症状侧枝或主枝占全树的1/3以上和2/3以下；7级：症状枝在2/3以上；9级：全树死亡；其病情指数＝∑(各级病株数 × 该病级值)/(调查总株数 × 最高级值)×100。2009年对每级病树按每株东西南北中采果10个，重复3株即每处理抽样30个果实，然后分病果和健果进行果重逐个称量测定，计算株产和产量损失率，分析黄龙病对柑橘产量影响。

二、结果与分析

（一）早熟宫川柑橘黄龙病病情增长率及其变化规律

根据早熟宫川果园黄龙病系统扩散动态监测，结果见表1。经表1可知，早熟宫川柑橘黄龙病具有强扩散能力，其病株率和病情指数的年增长率变化趋势基本一致。以病株年增长率(%)＝(当年病株率% －上一年病株率%)/上一年病株率%×100或病情年增长率(%)＝(当年病情指数－上一年病情指数)/上一年病情指数 ×100分析，自2002年初见以来，其2003—2009年病株年增长率分别为150%、100%、70%、64.71%、50%、16.67%、18.37%，平均67.11%；其病情指数年增长率分别为254.55%、198.72%、190.99%、93.36%、66.13%、7.62%、40.32%，平均121.67%。从8年时序病情发展来看，以初发病后前3年增长率最大，年增长率平均214.75%，后4年趋于平缓，年增长率平均51.86%。由此可见，早熟宫川柑橘黄龙病病情随时序推进而快速上升，病情增长率总体上为先快后慢，并呈现从强到弱的趋势特征，前4年虽病源基数低，橘树耐病力也低，橘树易感染，病情易扩散，年增长率呈快速增长水平；后4年虽病源基数处较高状态，但就橘林而言树体自身抗性渐增，而相对传染扩散速率减慢，表现年增长率较平缓[7]。经DPS软件处理[5]分析，其病情指数（M）与株发病率（P%）呈极显著线性相关关系，其相关模型为：M=0.571 2P−2.398 6（n=8，r=0.993 7**）；其病情扩散速率随时序推进而呈Logistic曲线上升，其株发病率（P%）与时序的发病年数N（N=1，2，3，4，5，6，7，8）关系模型为：P=65.082 7/[1+EXP（4.017 8−0.752 838N）]（n=8，P=0.000 1 F=1 317.9，r=0.999 1**）；其病情指数（M）与时序的发病年数N（N=1，2，3，4，5，6，7，8）的关系模型为：M=35.921 0/[1+EXP（4.82 71−0.842 2N）]（n=8，P=0.001，F=138.9，r=0.991 1**）；表明早熟宫川果园黄龙病若持续发病11年[4]，则病情处高位状态，其株发病率将达64%左右，病情指数处35左右，可将整个果园为害处于毁园状态。如此变化规律，是柑橘黄龙病病原累积增加和传染媒介柑橘木虱共同影响所致。

柑橘黄龙病果实

表1　早熟柑橘黄龙病流行动态及年增长率变化表

年份	1号样地		2号样地		合计		病株	病情指数
	病株数（株）	病情指数	病株数（株）	病情指数	病株率（%）	病情指数	年增长率（%）	年增长率（%）
2002	2	0.44	0	0	2	0.22	—	—
2003	4	1.33	1	0.22	5	0.78	150.00	254.55
2004	8	4.22	2	0.44	10	2.33	100.00	198.72
2005	11	9.56	6	4.0	17	6.78	70.00	190.99
2006	20	18.67	8	7.56	28	13.11	64.71	93.36
2007	30	30.22	12	13.33	42	21.78	50.00	66.13
2008	30	30.22	19	16.67	49	23.44	16.67	7.62
2009	36	44.44	22	21.33	58	32.89	18.37	40.32

（二）早熟宫川柑橘黄龙病不同病级病树与其果实数量和健果率关系测定

根据早熟宫川黄龙病不同病级病树果实采摘结果，见表2。经表2显示，单株结果数随病级上升而减少，健果率随病级上升而下降，病果率随病级上升而增加。经DPS软件处理分析，病树病级数（m）与其结果数（G）、健果率（J%）、病果率（B%）关系呈Logistic曲线变化，其关系式分别为G=1 344.833 9/[1+EXP（−3.693 7+0.549 3m）]（n=5，P=0.022 6，F=43.299，r=−0.988 6**）；J=91.560 5/[1+EXP（−6.677 0+1.090 4m）]（n=5，P=0.050 9，F=18.64，r=−0.974 2**）；B=314 317.172 8/[1+EXP（11.260 5−0.416 234m）]（n=5，P=0.035 2，F=27.41，r=0.9823**）。表明黄龙病对早熟宫川橘树挂果及其果实健康生长有显著影响。

表2　早熟柑橘黄龙病不同病级病树与结果数和健果率关系测定

病树病级	重复1			重复2			重复3			合计			平均病果率（%）
	健果（个）	病果（个）	健果率（%）	健果（个）	病果（个）	健果率（%）	健果（个）	病果（个）	健果率（%）	健果（个）	病果（个）	健果率（%）	
0级	376	0	100.00	479	0	100.00	436	0	100.00	1 291	0	100.00	0
1级	402	28	93.49	305	82	78.81	441	23	95.41	1 148	133	89.62	10.38
3级	440	76	85.27	413	95	81.30	142	89	61.47	995	260	79.28	20.72
5级	243	103	70.23	320	74	81.22	116	62	65.17	679	239	73.97	26.03
7级	80	192	29.41	44	170	20.56	30	124	19.48	154	486	24.06	75.94

（三）早熟宫川柑橘黄龙病不同病级病树与其产量损失的关系

根据早熟宫川黄龙病不同病级病树单果重、单株产量测定，结果见表3。经表3显示，总体上单果重和单株产量随病级上升而下降，但1级病树的单果重和单株产量却较无病处理增重增产，主要原因在于1级病树对整体生长影响较微，同时随挂果量减少，受营养和空间影响，果形相对增大，单果重相应增加所致。

经DPS软件处理分析，不同病级（m）病树与其单果重（W）、单株产量（Y）呈显著负相关关系，其关系式分别为W=95.427 8/[1+EXP（−29.770 1+3.993 2m）]（n=6，P=0.002 6，F=78.287，Pr=−0.990 6**）；Y=44.138 2/[1+EXP（−4.019 2+0.689 1m）]（n=6，P=0.012 6，F=38.64，r=−0.984 2**）；而不同病级（m）病树与其产量损失率（R%）呈正显著相关关系，其关系式分别为：R=131.536 4/[1+EXP（4.239 9−0.592 4m）]（n=5，P=0.005 3，F=48.042，r=−0.984 7**）。表明黄龙病对早熟宫川成熟果实单果重、株产和产量损失率存在极显著的Logistic曲线影响关系。这对提高黄龙病监测预警有着较为重要的意义。

表3　早熟柑橘黄龙病不同病级对产量影响测定结果

病树病级	单果重（g）				单株产量（kg）				单株产量损失率（%）
	Ⅰ	Ⅱ	Ⅲ	平均	Ⅰ	Ⅱ	Ⅲ	平均	
0级	84.3	87.9	118.1	96.8	31.70	42.10	51.49	41.76	0
1级	106.5	89.6	116.1	104.1	45.79	34.68	53.86	44.78	−7.22
3级	86.5	99.8	92.5	92.9	44.65	50.70	21.36	38.90	6.84
5级	80.4	77.3	106.0	87.9	27.81	30.45	18.86	25.71	38.44
7级	99.3	69.6	77.2	82.1	27.02	14.90	11.89	17.94	57.05
9级	0	0	0	0	0	0	0	0	100

三、结语

早熟柑橘果园发生黄龙病后，在不挖除病树条件下研究其病情发展轨迹，经对8年调查结果进行分析：发病后前3年，病情发展甚速，病株年增长率为70%～150%，病情指数年增长率为190.99%～254.55%，此后随着发病年数的增加，病情发展趋于缓慢状态，病株年增长率为18.37%～64.71%，病情指数年增长率为7.62%～93.36%。同时，病情指数与株发病率呈极显著相关关系；株发病率与发病年数、病情指数与发病年数之间的相关性也达极显著水平，根据其建立的关系模型，黄龙病发病后加强柑橘木虱防治与健身栽培管理，即使不挖除病树，从初发病到整个果园毁园要11年时间，这与先前有关资料报道的，从发病到毁园5～6年时间有大的差异。但是，在挖除病树条件下，病株率与病情指数、病株率与发病年数、病情指数与发病年数间的相关性，以及它们之间的相互关系模型，有待进一步研究。

柑橘健康果实

通过建立关系模型，早熟柑橘黄龙病病情严重度与其挂果数量和健果率呈负相关关系，柑橘树单株挂果数量和健果率随着病树病情级别的增加而减少。平均每株健果数，病情0级为430.33个，1级为 382.67个，而7级为51.33个，9级为0；病情0级健果率100%，1级健果率89.62%，7级健果率为24.06%，9级健果率为0。

早熟柑橘黄龙病不同病情级别与其单果重、单株产量呈负相关；而与产量损失率呈正相关关系。经统计分析相关程度均达到极显著水平，建立的关系模型表明，早熟柑橘黄龙病病情级别越高，单果重和单株产量越低，产量损失率也越大。平均单果重，病情0级为96.8g，1级为104.1g，7级为82.1g；平均单株产量，病情0级为41.76kg，1级为44.78 kg，7级为17.94kg，9级为0；产量损失率，病情0级为0，1级为 -7.22%，7 级为57.05%，9 级为100%。本文1级病树对产量影响关系，值得深入研究。不过，在柑橘黄龙病防控实践上，对1级病树采取锯掉发病小枝所在的大枝的办法，可延长橘树经济寿命。

参考文献

[1] 谢钟琛，李健，施清，等．福建省柑橘黄龙病为害及其流行规律研究 [J]．中国农业科学，2009，42（11）：3 888-3 897.

[2] 汪恩国，王华弟，关梅萍，等．杂交水稻黑条矮缩病为害与防治指标研究初报 [J]．中国农学通报，2005，21（1）：278-282.

[3] 王华弟，陈剑平，祝增荣，等．水稻条纹叶枯病的为害损失及防治指标 [J]. 中国水稻科学，2008，22(2)：203-207.

[4] 余继华，汪恩国．柑橘黄龙病入侵与疫情扩散模型研究 [J]. 中国农学通报，2008，24(8)：387-391.

[5] 唐启义．实用统计分析及其 DPS 数据处理系统 [M]. 科学出版社，2002：152-203.

[6] 余继华，汪恩国．柑橘黄龙病发生为害与防治指标研究 [J]. 浙江农业学报，2009，21(4)：370-374.

[7] 张敏荣，余继华，於一敏，等．采取健身栽培措施可以减轻柑橘黄龙病发生 [J]. 浙江柑橘，2007，24(4)：28-30.

[8] 余继华．台州外来有害生物现状与阻截对策 [c] 第二届全国生物入侵学术研讨会论文摘要集，2008.11：209-210.

原　　载：《植物保护》2011 年第4期，获浙江省自然科学学术奖三等奖。

基金项目：农业部公益性行业（农业）科研专项经费项目“柑橘黄龙病和溃疡病综合防控技术研究与示范”（201003067）；浙江省科技计划项目“柑橘黄龙病监测与防控策略研究”（2004C32087）。

注：汪恩国为通讯作者。

论文二：柑橘黄龙病入侵与疫情扩散模型研究

余继华[1]　汪恩国[2]

（1. 浙江省台州市黄岩区植物检疫站　2. 浙江省临海市植物保护站）

摘　要　为了揭示柑橘黄龙病入侵发病扩散规律，评估防控成效，有效控制疫情，2002—2007 年在柑橘黄龙病初发生区采用设立自然条件、治虫防病和综合防控三个处理类型，监测柑橘黄龙病发生扩散动态，结合面上疫情普查资料，创建柑橘黄龙病自然条件下，治虫防病条件下以及综合防控条件下的疫情扩散模型，分别为：$P_1=12.9690\ N_1-18.10$（n=6，r=0.9945**）或 $P_1=0.2293\ N_1^2+11.135\ N_1-14.89$（n=6，r=0.9948**），$P_2=7.8857\ N_2-10.2667$（n=6，r=0.9675**）或 $P_2=1.4107\ N_2^2-1.9893\ N_2+2.90$（n=7，r=0.9996**）和 $P_3=0.1398X\ N_3^2+1.1248\ N_3-1.141$（n=6，r=0.8396*），结果表明柑橘黄龙病在自然条件下从发病到毁园需要9年时间，单一治虫防病措施难以达到持续控制效果，只有采取综合防控措施，才能达到可持续控制，保障柑橘优势产业持续健康发展。

关键词　柑橘　柑橘黄龙病　发生流行　扩散模型

中图分类号　S436.66　**文献标识码**　A

柑橘黄龙病（*Liberobacter asiaticum* Poona etal）是世界柑橘生产上最具毁灭性的病害之一。20世纪初在中国华南地区首先发现了柑橘黄龙病，先后在福建、广西、海南、江西、浙江、四川、云南、贵州、湖南和台湾等地相继发现。目前柑橘黄龙病在印度次大陆、亚洲、东南亚、阿拉伯半岛和非洲等地方都有发生，2004年巴西和美国的佛罗里达州也发生了柑橘黄龙病[1, 2]。柑橘黄龙病作为农业植物检疫性病害，成为当前柑橘生产上为害最重、威胁最大、防治最难的毁灭性病害。台州市黄岩区地处浙江东部沿海，“黄岩蜜橘”闻名海内外，柑橘成为全区农业一大传统优势产业，自2002年柑橘黄龙病入侵以来，疫情扩散为害逐年加重。由于柑橘黄龙病是通过媒介柑橘木虱等传染扩散，途径复杂，调查量大，研究周期长，目前国内外对柑橘黄龙病疫情扩散模型方面尚缺乏系统而深入的研究[3－8]。为了探索柑橘黄龙病发病扩散规律，评估柑橘黄龙病防控成效，有效控制柑橘黄龙病疫情，2002—2007年通过建立自然条件、治虫防病和综合防控三大处理类型疫情监测点监测，以及面上疫情普查等试验，开展柑橘黄龙病入侵与疫情扩散模型研究，现将结果报道如下。

一、材料与方法

（一）疫情监测

根据黄岩区柑橘黄龙病疫情分布情况，设立了2个柑橘黄龙病疫情监测点：一是选择自然封闭环境条件较好的平田乡平田村，全村种植温州蜜柑39 200株，2003年查定病树3 261株，常年处在失管条件下，既不按适期防治传病媒介柑橘木虱，也不挖除病树，以此系统监测在失管条件下柑橘黄龙病疫情消长动态；二是选择有柑橘黄龙病发生的上垟乡董岙村一果园定点定树100株，每年在春梢、夏梢、秋梢的新梢抽发初期采用10% 吡虫啉 WP 1 500～2 000倍，或用25% 噻嗪酮 WP 1 000倍，或用1.8% 阿维菌素 EC 2 500倍防治传病媒介柑橘木虱3～4次，其他防控措施按果园正常管理，但不挖除病树，以此监测在正常管理条件下柑橘黄龙病疫情消长动态。

（二）发病率调查

根据柑橘黄龙病发病显症的“红鼻子果”和冬春期的“黄梢”症状进行发病调查[9-10]。调查时间：前者为10月下旬至11月中旬，后者为12月至翌年2月，按果园、种植户全面调查发病株数，分别记录果园、种植户、行政村的发病情况和种植情况，计算果园株发病率和全村株发病率。

（三）疫情普查

每年抓住10—12月的柑橘黄龙病“红鼻子果”和“黄梢”的显症最明显的关键时期，通过技术培训、现场指导的办法，培训乡镇（街道）农技人员、村干部和植保员为骨干的疫情普查队伍，按照“村不漏户、户不漏园、园不漏块、块不漏株”的要求实行全面检查，做好标记，调查数据以村为单位，分户造册，为查清疫情和挖除病株提供科学依据。同时，提倡疫情普查与挖除病株同步进行，减少漏查率，确保普查和防控质量。在此基础上，还组织专家和技术人员对各乡镇（街道）进行分村抽查、核实，发现问题及时纠正、指导，确保调查数据真实可靠。

（四）综合防控示范

在黄岩区重点产橘区—北城、南城、澄江3个街道组织开展柑橘黄龙病综合防控示范，坚持“挖治管并重，综合防控”方针，制定综合防控技术操作规程，重点在柑橘园推广彻底挖除病株、抓柑橘“三梢”期做好传播媒介柑橘木虱防治，强化种苗和接穗监管，实施最大努力的检疫控制程序和综合防控措施，有效控制了重点橘区柑橘黄龙病疫情。

柑橘黄龙病防控示范区建设

（五）模拟模型

采用计算机统计回归原理，以2001—2007年的时间序列为N（N=0、1、2、3、4、5、6），当年株发病率％为P，模拟柑橘黄龙病疫情扩散轨迹。

二、结果与分析

（一）柑橘黄龙病入侵及其发生为害动态

根据2002—2007年柑橘黄龙病监测与疫情普查，结果见表1。经表1显示，2002年柑橘黄龙病首次入侵。自柑橘黄龙病传入以来，疫情扩散十分迅速，为害趋势逐年加重，形成点多面广的疫情扩散态势。从发病面来看，2002年发病局限于2个乡镇，到2003年上升为7个乡镇，到2004年增至17个乡镇，到2005年、2006年扩散到18个乡镇，其发病面达94.74%；从发病村数来看，2002年有36个村发病，2003年上升到99个村，2004年增至225个村，2005年达高峰257个村（占总村数的48.31%），到2006年回落到226个村，村数发病面下降5.83个百分点；从发病数量来看，2002年全区总发病株数8 510株，2003年上升到113 115株，2004年增至312 105株，2005年处高峰达356 384株（总株发病率达6.08%），到2006年回落到304 996株（其株发病率稳定在5.6%），2007年发病株数又减少至258 613株（其株发病率为4.68%）。从发病数量变化动态可看出，其疫情扩散与发病村数变化相一致，这是坚持病树挖除、柑橘木虱防治、种苗监管、健身栽培等综合防控的结果。

表1　2002—2007年黄岩区柑橘黄龙病发生为害普查情况

年份	种橘乡镇数	有发病乡镇数	种植柑橘村数	有发病村数	种植柑橘总株数	发病株数	总株发病率（%）
2002	19	2	532	36	6 291 321	8 510	0.14
2003	19	7	532	99	6 282 811	113 115	1.80
2004	19	17	532	225	6 169 696	312 105	5.06
2005	19	18	532	257	5 857 591	356 384	6.08
2006	19	18	532	226	5 549 366	304 996	5.6
2007	19	17	532	205	5 520 574	258 613	4.68

（二）柑橘黄龙病疫情传播扩散模型

1. 自然条件下的疫情扩散模型

根据2003—2007年对平田乡平田村柑橘黄龙病疫情扩散监测，结果见表2。经表2显示，全村柑橘生产长期持续处于失管状态，柑橘黄龙病疫情入侵后疫情扩散呈现自然发展状态，2003年柑橘黄龙病株发病率8.32%、2004年21.47%、2005年30.50%、2006年49.38%、2007年59.21%，其疫情扩散呈直线轨迹上升。通过计算机统计分析，将2003—2007年的年度时间序列设为N（N=2，3，4，5，6），其疫情扩散速率设为 P_1（P_1%= 当年全村调查株发病率 %），经线性回归分析则疫情扩散模型为：P_1=12.969 0 N_1−18.10（n=6，r=0.994 5**），两者呈极显著的线性函数关系；经非线性回归分析则疫情扩散模型为：P_2=0.229 3 N_2^2＋11.135 N_2−14.89（n=6，r=0.994 8**），两者也呈极显著的非线性函数关系。按此两模型分析推算，柑橘黄龙病在自然条件下从入侵到全园毁园仅需9年左右时间（图1）。

表2　黄岩区平田乡平田村柑橘黄龙病发生流行监测情况

年份	时间序列（N）	种植株数	调查发病株数	株发病率（P%）
2003	2	39 200	3 261	8.32
2004	3	35 939	7 715	21.47
2005	4	28 224	8 609	30.50
2006	5	19 615	9 685	49.38
2007	6	9 930	5 880	59.21

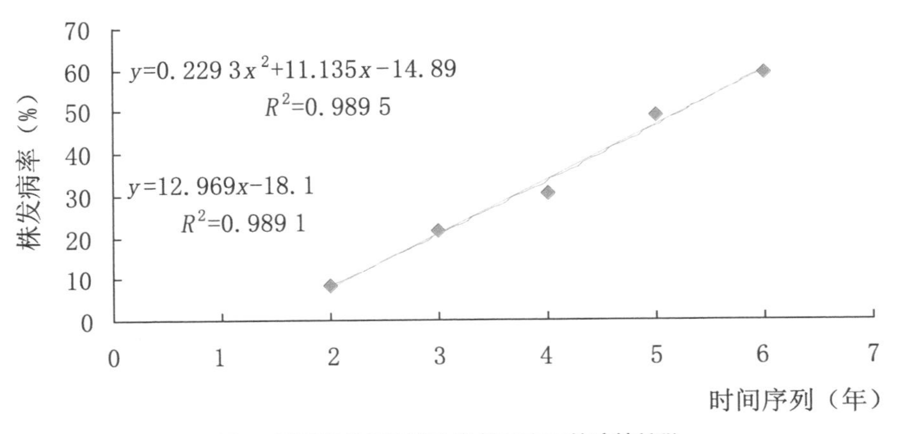

图1　柑橘黄龙病疫情在自然状态下的疫情扩散

2. 治虫防病下的疫情扩散模型

根据2002—2007年上垟乡董岙村坚持治虫防病单项技术应用的果园定点监测，结果见表3。将表3经计算机统计回归模拟，经线性回归分析结果，其时间序列的病情扩散速率呈直线上升，其发病扩散速率（P_2%：株发病率%）与时间序列的发病年数 N_2（N_1=1，2，3，4，5，6）呈极显著线性相关关系，其相关模型为：P_2=7.885 7N_2−10.266 7（n=6，r=0.967 5**）；但经非线性回归分析，结果也呈极显著函数关系，其函数模型为：P_2=1.410 7 N_2^2−1.989 3 N_2+2.90（n=7，r=0.999 6**）。按此扩散速率达到全园毁园，线性模型需14年左右，较自然条件下的病果园扩散速率可延缓5年；非线性模型达到全园毁园仅需9年左右，与自然状态扩散速率基本相似(图2)。由此可见，疫情入侵后及时通过治虫防病可大大减轻或延缓发生为害，但其单项防控措施达不到持续控制效果。

表3　黄岩区上垟乡董岙村发病果园疫情演变进程

年份	调查日期	年度序列	定点调查株数	发病株	株病率%
2002	11.10	1	100	2	2
2003	11.7	2	100	5	5
2004	11.5	3	100	10	10
2005	11.2	4	100	17	17
2006	11.5	5	100	28	28
2007	11.11	6	100	42	42

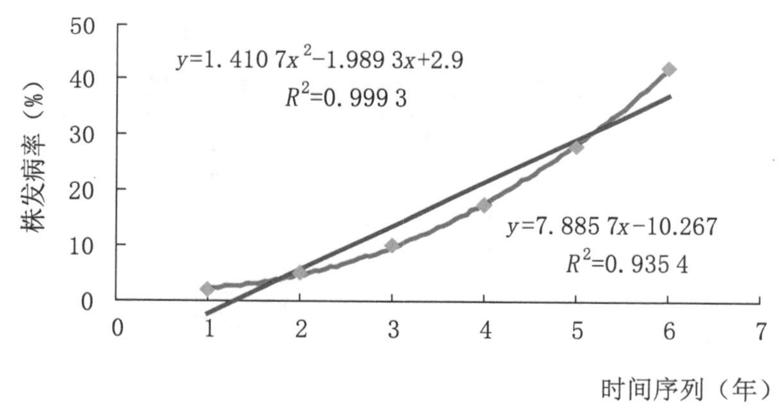

图2　柑橘黄龙病在治虫防病条件下疫情扩散

3. 综合防控条件下的疫情扩散模型

针对柑橘黄龙病疫情扩散为害的严峻形势，2002—2007年在重点柑橘区—北城、南城、澄江等3个街道组织开展柑橘黄龙病综合防控示范，坚持"挖治管并重，综合防控"的策略，及时彻底挖除病株，加大传播媒介柑橘木虱监测力度，适时做好治虫防病，强化种苗和接穗监管，控制病区种苗和接穗进入综防示范区，大力推广模式图防控，实施最大努力的检疫控制程序和综合防控措施，有效控制了重点橘区柑橘黄龙病疫情，结果见表4。经表4显示，三街道柑橘黄龙病株发病率2002年为0.10%，2003年为0.19%、2004年为0.76%、2005年为

1.36%、2006年为1.31%，2007年为0.33%，疫情消长呈现非线性流行轨迹，将年度时间序列N_3（N_2=0、1、2、3、4、5、6）与疫情扩散速率P_3%进行回归模拟，其开口向下的抛物线轨迹模型为$P_3=0.139\ 8\ XN_3^2+1.124\ 8\ N_3-1.141$（n=6，r=0.839 6*），见图3。由此可见，柑橘黄龙病是可防可控的，只要加强持续综合防控，可推动柑橘优势产业持续健康发展。

表4　2002—2007年柑橘黄龙病综合防控示范区疫情发生统计

综防区	2001年		2002年		2003年		2004年		2005年		2006年		2007年	
	病株数	病株率（%）	病株数	病株率（%）	病株数	病株率（%）	病株数	病株率（%）	病株数	病株率（%）	病株数	病株率（%）	病株数	病株率（%）
南城	0	0	296	0.29	572	0.56	1 475	1.44	3 792	3.77	3 138	3.24	304	0.27
北城	0	0	0	0	0	0	0	0	125	0.064	326	0.167	1 403	0.7
澄江	0	0	0	0	0	0	6 661	0.85	1 829	0.234	4 054	0.52	158	0.03
合计 / 平均	0	0	296	0.10	572	0.19	8 136	0.76	5 746	1.36	7 518	1.31	1 865	0.33

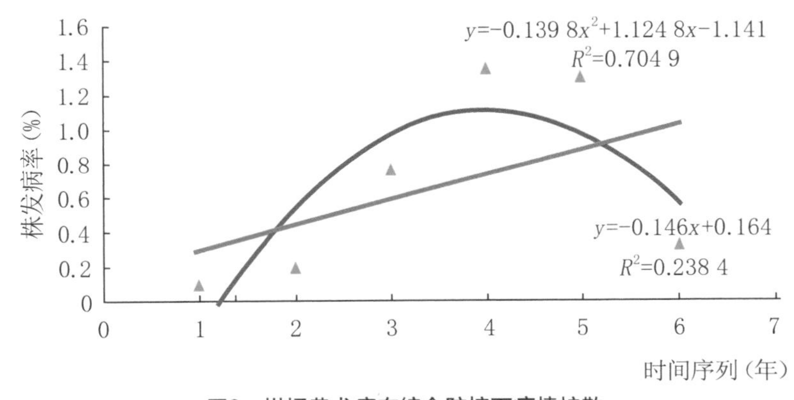

图3　柑橘黄龙病在综合防控下疫情扩散

三、小结和讨论

（一）柑橘黄龙病疫情具有快速扩散趋势

柑橘黄龙病是当前柑橘生产上发病波及面最广、流行速度最快、危险性最大、防治最艰难的检疫性病害。我区柑橘园柑橘黄龙病自2002年传入发病显症以来，病区范围不断扩大，发病株数快速增加，其为害程度逐年加重，以致形成2003年和2004年为快速增长期，2005年为高峰期，2006—2007年开始为稳定下降期。这是持续推广柑橘黄龙病综合防控技术的效应。

（二）柑橘黄龙病疫情在自然条件下9年左右可致全园毁园

经过系统监测，柑橘黄龙病在自然条件下疫情扩散一般呈线性函数模型上升。无论经线性函数模型还是经非线性函数模型分析，以宫川和本地早为主体的柑橘黄龙病从发病显症到全园毁园一般为9年左右。

（三）柑橘黄龙病采用单一的“治虫防病”措施难以达到持续控制效果

柑橘木虱是柑橘黄龙病疫情扩散的重要媒介，对柑橘黄龙病入侵初期加强“治虫防病”，可减轻或延缓发生为害。经过统计分析，柑橘黄龙病对入侵初期应用线性模型分析，要达到全园毁园需14年左右，较自然状态扩散速率可延缓5年；但应用非线性模型分析达到全园毁园仅需9年左右，与自然状态扩散速率基本相似。由此可见，柑橘黄龙病入侵后及时通过治虫防病可减轻或延缓发生为害，但其单项防控措施达不到持续控制效果。

（四）推行综合防控示范，保障柑橘优势产业持续发展

坚持以病树挖除、治虫防病、种苗监管、健身栽培为重点的综合防控示范，可有效防控柑橘黄龙病疫情快速上升；在综合防控示范区，柑橘黄龙病疫情消长轨迹呈开口向下抛物线模型，加大监测力度，加强综合防控，保障柑橘优势产业健康持续发展。

参考文献

[1] 邓明学，陈贵峰，唐明丽，等．柑橘黄龙病最新研究进展．广西园艺，2006，17(3)：49-51.

[2] 刘利华，姚锦爱，王茂珠，等．柑橘黄龙病研究的回顾与展望．福建农业学报，2006，21(4)：317-320.

[3] 邓铁军．广西部分地区柑橘黄龙病为害加重原因及持续控制对策 [J]. 中国植保导刊，2005(12)：25-27.

[4] 邱柱石，麦适秋，邓光宙，等．对梧州市柑橘黄龙病发病程度较低的原因分析：梧州市柑橘生产调研报告之二 [J]. 广西园艺，2007(6)：21-22.

[5] 杜一新，林云彪，孟幼青．对柑橘黄龙病防控工作措施的思考 [J]. 植物检疫，2006，20(4)：257-258.

[6] 孟幼青．浙江省柑橘黄龙病发生现状和原因分析 [J]. 浙江柑橘，2005(3)：25-27.

[7] 余继华，叶志勇，於一敏，等．黄岩区柑橘黄龙病发生流行原因及防控对策 [J]. 中国植保导刊，2006，26(1)：27-28.

[8] 袁亦文，戈丽清，王德善，等．柑橘黄龙病对柑橘产量和品质的影响 [J]. 浙江农业科学，2007(1)：87-89.

[9] 邹敏，周常勇．柑橘黄龙病病原和检测方法研究进展 [J]. 植物保护，2005，31(3)：10-14.

[10] 王红，张秋明，王春梅．湘南地区柑橘黄龙病的 PCR 检测 [J]. 湖南农业大学学报(自然科学版)，2007(2)：164-166.

原　　载：《中国农学通报》2008年第8期，获浙江省自然科学学术奖三等奖。

基金项目：浙江省科技计划项目“柑橘黄龙病监测与防控策略研究”(2004C32087)。

注：汪恩国为通讯作者。

论文三：柑橘黄龙病不同管理方式疫情演变规律及防控效果研究

余继华[1]　汪恩国[2]　卢　璐[1]　张敏荣[1]　贺伯君[3]　陶　建[1]

（1. 浙江省台州市黄岩区植物检疫站　2. 浙江省临海市植物保护站
3. 浙江省台州市黄岩区江口街道办事处）

摘　要　为揭示柑橘黄龙病在不同管理方式下疫情运行轨迹，2002—2012年选取不同管理类型的柑橘生产区，以株发病率研究比较不同类型疫情流行规律和不同管理方式控制效果，将11年调查数据进行统计分析，建立数学模型，对疫情演变和控制效果进行量化测定分析。结果表明柑橘黄龙病年序疫情扩散流行总体呈线性上升态势，在不防控的失管橘园年均病株率11.11%，疫情扩散流行模型为 $y_1=12.24x-1.3828$（n=9，r=0.9769**）；在一般防控条件下橘园年均病株率4.69%，其疫情扩散模型为：$y_2=5.4498x-1.6035$（n=11，r=0.9749**），防控效果43.93%(22.93%～55.04%)；在综合防控条件下橘园年均病株率0.31%,，其疫情扩散模型为 $y_3=0.3663x-0.3422$（n=11，r=0.9898**），防控效果达96.15%(94.95%～97.40%)。因此，切实抓好综合防控工作，柑橘黄龙病是可防可控的。

关键词　柑橘黄龙病　防控方式　疫情演变规律　变化模型　控制效果

中图分类号　S41-30　**文献标识码**　B

一、引言

柑橘是黄岩传统种植水果，有着2000多年的栽培历史，黄岩蜜橘闻名中外，是效益农业的支柱产业。柑橘黄龙病在黄岩区肆虐了11年，柑橘生产损失惨重，很多橘林毁园改种，即使是新培植的橘园也出现了新一轮发病毁园改种。因此对柑橘黄龙病进行持续监测防控是植物检疫工作的一项重要任务。1919年Reinking报道中国华南地区发生柑橘黄龙病后，很长一段时间没有确认病原，1956年林孔湘[1]通过病树单芽或枝条嫁接能传播此病，首次证实并否认了水害、镰刀菌、线虫和缺素症等观点，并将该病害命名为柑橘黄龙病。Jagoueix S[2]指出柑橘黄龙病病原是一种限于韧皮部筛管细胞内的革兰氏阴性细菌。丁芳等[3-5]认为中国目前仅发现该菌亚洲种“*Candidauts Libenbacter asiaticus*”。赵学源[6]明确由带菌接穗和柑橘木虱传播，柑橘黄龙病的流行与柑橘木虱的分布密切相关。谢钟琛[7]通过对福建省245个柑橘主产乡镇柑橘木虱分布及发病调查，认为柑橘黄龙病菌流行仅与临近2年春季气候有关，且推测潜伏期为6～18个月。邓明学[8]创建了以控制木虱为重点的柑橘黄龙病综合防治技术，其中赵学源、邓明学等是目前中国在柑橘黄龙病流行与柑橘木虱关系及其防控方面研究的著名专家。针对柑橘黄龙病是全株系统性发生的毁灭性检疫病害，目前尚无有效的治疗药剂和有效的给药方法，仅仅从检疫防控入手进行感病后病树挖除，以免传染扩散，缺乏对病情进行长期演变规律深入研究及控制效果量化评估。因此，通过定点定区疫情监测方法探明柑橘黄龙病疫情长期运动规律，创建失管橘园柑橘黄龙病自然疫情消长为不防控对照区，对不同防控措施进行控制效果评估。研究柑橘黄龙病入侵以来在失管橘园(CK)、一般防控橘园和综合防控橘园的疫情演变动态及其数学模型，明确近11年来不同防控措施的年均发病率及其控制效果，从而提高柑橘黄龙病疫情监测预警防控水平。

二、材料与方法

(一)柑橘园管理方式及其柑橘黄龙病监测

1. 失管橘园柑橘黄龙病监测

失管橘园是指对柑橘园失去管理且柑橘黄龙病不采取防治措施的橘园。选取黄岩西部山区平田乡平田村进行监测调查，全村柑橘种植面积32.7hm^2，1980年代初期种植的柑橘品种为中熟温州蜜柑，种植密度为1 350株/hm^2，21世纪初期因品种更新推广高接换种新技术，将原来的中熟温州蜜柑改接成早熟温州蜜柑而传入柑橘黄龙病，从而使柑橘园处于失管状态，柑橘黄龙病入侵后疫情扩散呈现自然发展态势[9-12]。每年在柑橘黄龙病症状明显期调查全村柑橘总株数与发病株数，计算病株率。

2. 一般管理橘园柑橘黄龙病监测

一般管理橘园是指柑橘园生产处于半失管状态且对柑橘黄龙病采取治虫防病措施的橘园。选取院桥镇、沙埠镇、高桥街道3个镇(街道)的橘园进行监测，柑橘品种大多为温州蜜柑，种植密度1 050～1 200株/hm^2，柑橘生产处于半失管状态。每年在柑橘黄龙病症状明显期对这3个镇(街道)橘园全面调查柑橘总株数与发病株数，计算病株率。

3. 综合防控橘园柑橘黄龙病监测

综合防控橘园是指柑橘园生产处于精管状态且对柑橘黄龙病采取苗木检疫、治虫防病、病树挖除和健身栽培的橘园。选取重点柑橘产区北城、南城、澄江等3个街道，柑橘品种以本地早蜜橘为主，种植密度为750株/hm^2，在3个街道组织开展“挖治管并重，综合防控”的防控策略，注重柑橘三梢期的柑橘木虱防治，推广健身栽培技术，橘园管理精细。每年在柑

综合防控橘园柑橘黄龙病监测

橘黄龙病症状明显期对这3个街道橘园全面调查柑橘总株数与发病株数，计算病株率。

（二）监测方法

2002—2012年坚持抓住每年11—12月“红鼻子果”、黄梢显症期和翌年1—2月“斑驳型黄化叶片”表现期，实施1个年度2个时间段监测[13-16]。对每个果园采取逐株排查方式进行详查，用红漆标记病株。在综合防控区，种植无病苗木，控制病区种苗和接穗进入综防示范区，及时挖除病株。

（三）防控效果计算

柑橘黄龙病是全株性侵染病害，其病菌入侵后显症潜伏期长达6～18个月[7]，故年度防控效果以首次查见后的第二年发病率作为初始病情进行计算，其计算方法为 $EF=[1-(T-T_0)/(CK-CK_0)]\times 100\%$ 公式[17]，式中EF为防控效果，T为防控区年度累计发病率，T_0为防控区初始发病率，CK为对照区即不防控失管橘园年度累计发病率（对全园毁园后的年度以发病率100%进行对照计算），CK_0为对照区不防控失管橘园初始发病率。

（四）数据处理

调查监测数据采用Excel 2003和SPSS 15.0软件进行统计分析，原始调查数据不作任何转换。

三、结果与分析

（一）失管橘园柑橘黄龙病疫情扩散动态及其流行模型

对平田乡平田村失管橘园柑橘黄龙病入侵扩散监测，结果见表1和图1。表1和图1显示，失管橘园柑橘黄龙病自然发展随着时序推进株病率逐年呈线性上升，以入侵后第3～7年扩散速率为最快，年均株病率增加9%以上，最高为入侵后第7年其株病率增加29.85%。经统计分析，将2003—2011年的年度序列设为x，疫情扩散指标（病株率）为y，其关系模型为：$y=12.24x-1.3828$（n=9，r=0.976 9**），或$y=-0.7065x^2+19.304x-14.335$（n=9，$r$=0.985 2**），综上模型分析，柑橘黄龙病失管橘园疫情扩散从入侵到全园毁园仅需9年时间，即不防控自然发病流行橘园年均株发病率11.11%。

表1　黄岩区平田乡平田村发病果园疫情监测变量

年份	年度序列（x）	调查株数	发病株数	病株率（y）（%）
	1	—	—	—
2003	2	39 195	3 261	8.32
2004	3	35 934	7 708	21.45
2005	4	28 226	8 613	30.51
2006	5	19 613	9 682	49.38
2007	6	9 931	5 880	59.20
2008	7	4 051	3 608	89.06
2009	8	443	388	87.58
2010	9	55	51	92.73
2011	10	4	4	100

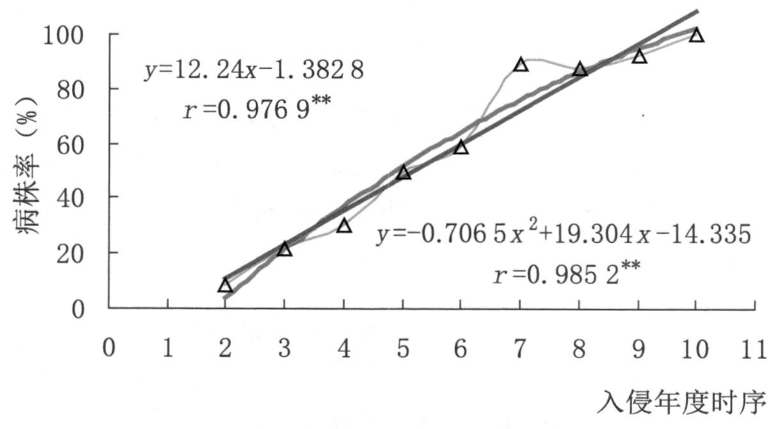

图1 失管条件下疫情扩散模型

（二）一般防控橘园柑橘黄龙病疫情流行模型及其防控效果

对院桥、沙埠、高桥等3镇（街道）柑橘生产处于半失管状态且对柑橘黄龙病坚持治虫防病措施的柑橘园监测，结果见表2和图2。表2和图2显示，一般防控橘园柑橘黄龙病入侵后第2～8年疫情呈快速扩散状态，并以入侵后第3～6年疫情扩散为最快，年均株病率增加7%以上。经统计分析，以时间序列为变量x，累计病株率为y，则累计病株率与时序关系模型为：$y=5.449\ 8x-1.603\ 5$（n=11，r=0.974 9**），或$y=-0.415\ 5x^2+10.436x-12.406$（n=11，$r$=0.996 8**）。依此模型分析，柑橘黄龙病在一般防控条件下从病菌入侵到全园毁园需18年以上；实际近11年年均株发病率4.69%，与对照失管橘园株发病率相比，防控效果基本保持在40%～50%，平均防控效果为43.93%，表明一般防控措施对控制柑橘黄龙病具有一定的效果，但得不到理想控制。

表2 柑橘黄龙病一般防控条件下疫情变量

年份	年度序列（x）	种植株数	发病株数	累计病株数	累计病株率（y）（%）	防控效果（%）
2002	1	1 861 917	8 510	8 510	0.46	—
2003	2	1 853 407	83 422	91 932	4.94	—
2004	3	1 797 699	145 332	237 264	12.74	40.68
2005	4	1 742 734	172 743	410 007	22.02	22.99
2006	5	1 687 733	134 661	544 668	29.25	40.79
2007	6	1 656 529	139 473	684 141	36.74	37.51
2008	7	1 629 999	83 696	767 837	41.24	55.04
2009	8	1 537 543	74 089	841 926	45.22	49.33
2010	9	1 488 360	51 176	893 102	47.97	48.94
2011	10	1 405 798	35 886	928 988	49.89	50.97
2012	11	1 357 572	31 350	960 338	51.58	49.13

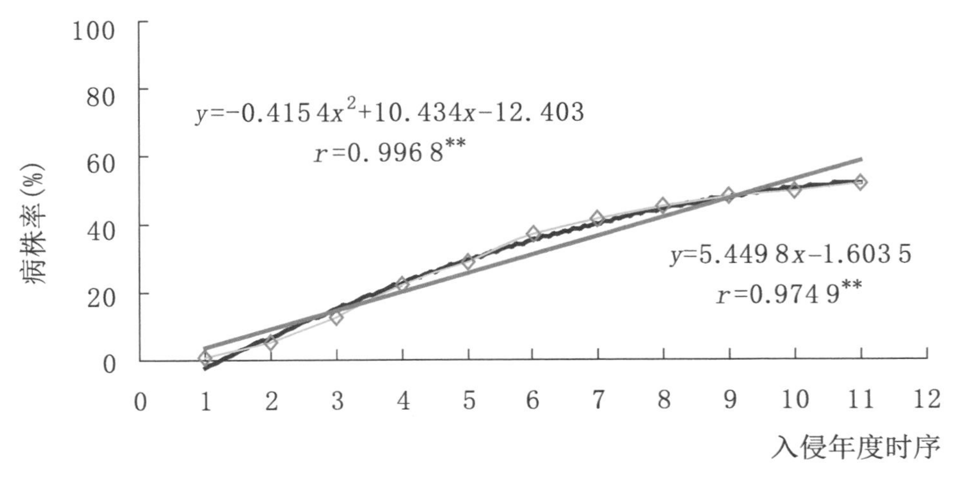

图2　一般防控条件下柑橘黄龙病疫情扩散模型

（三）综合防控橘园柑橘黄龙病疫情流行模型及其防控效果

通过对北城、南城、澄江等3个街道柑橘主产区橘园全面监测，经过挖、治、管等综合防控措施，特别注重柑橘三梢期的柑橘木虱防治，推广健身栽培技术、橘园精细管理的综合防控，柑橘黄龙病得到了有效控制，结果见表3和图3。经 SPSS 软件分析，以时间序列为 x，累计病株率为 y，则综合防控橘园柑橘黄龙病累计病株率与年序关系模型为：$y=0.366\ 3x-0.342\ 2$（n=11，r=0.989 8**），或 $y=-0.012\ 3x^2+0.513\ 5x-0.664$（n=11，$r$= 0.994 1**），由此可见，综合防控橘园柑橘黄龙病年均株发病率0.31%，与对照失管橘园株发病率相比，其防控效果基本保持在95% 以上，平均防控效果为96.15%。只要切实抓好防控工作的各环节和综防措施落实，柑橘黄龙病是可防可控的。

表3　柑橘黄龙病综合防控区疫情变量

年份	入侵年序（x）	原种植株数	发病株数	累计病株数	累计病株率（y）（%）	防控效果（%）
2002	1	1 235 432	296	296	0.02	—
2003	2	1 235 432	572	868	0.07	—
2004	3	1 235 432	8 136	9 004	0.73	94.98
2005	4	1 235 432	5 746	14 750	1.19	94.95
2006	5	1 235 432	7 518	22 268	1.8	95.79
2007	6	1 235 432	1 865	24 133	1.95	96.31
2008	7	1 235 432	2 642	26 775	2.17	97.40
2009	8	1 235 432	6 786	33 561	2.72	96.67
2010	9	1 235 432	4 175	37 736	3.05	96.46
2011	10	1 235 432	2 616	40 352	3.27	96.51
2012	11	1 235 432	2 193	42 545	3.44	96.32

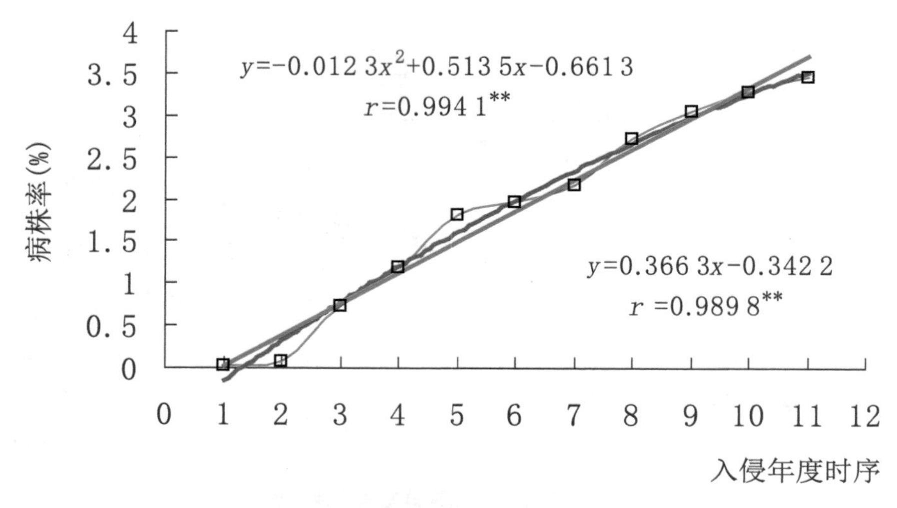

图3 综合防控条件下疫情扩散模型

四、结论

(1)柑橘黄龙病在不防控条件下疫情扩散流行逐年呈线性上升变化趋势，并以入侵后第3～7年扩散速率为最快。通过对不防控的失管状态下的发病橘园监测，柑橘黄龙病疫情扩散流行模型为 $y=12.24x-1.3828$（$r=0.9769^{**}$），或 $y=-0.7065x^2+19.304x-14.335$（$r=0.9852^{**}$），总体呈线性状态发展，从入侵到株病率100%全园毁园仅需9年时间，年均株发病率11.11%，其中入侵后第3～7年病情年增长率为最快，年株病率增加9.03%～29.85%。

(2)坚持治虫防病一般防控措施，对控制柑橘黄龙病扩散流行有一定效果。通过对治虫防病一般防控条件下的发病橘园监测，其疫情扩散模型为 $y=5.4498x-1.6035$（$r=0.9749^{**}$）或 $y=-0.4155x^2+10.436x-12.406$（$r=0.9968^{**}$），总体虽呈线性状态扩散，也以入侵后第3～6年疫情扩散为最快，但斜率明显下降，实际11年来年均株发病率4.69%，平均防控效果43.93%(22.93%～55.04%)。

(3)坚持挖、治、管等综合防控实施，柑橘黄龙病疫情可防可控。通过对综合防控条件下的发病橘园监测，其疫情扩散模型为 $y=0.3663x-0.3422$（$r=0.9898^{**}$）或 $y=-0.0123x^2+0.5135x-0.664$（$r=0.9941^{**}$），其疫情扩散流行基本得到了有效遏制，实际11年来年均株发病率仅0.31%，平均防控效果为96.15%(94.95%～97.40%)，具有较理想的控制效果。因此，加强柑橘黄龙病挖、治、管等综合防控措施，尤其要特别注重柑橘三梢期的柑橘木虱防治、及时铲除病树、推广健身栽培技术和橘园精细管理的综合防控，柑橘黄龙病就能得到有效控制。

五、讨论

(1)加强柑橘黄龙病疫情监测，提高综合预警防控水平。柑橘黄龙病是柑橘检疫性病害，其主要传播途径是通过柑橘带菌种苗、带菌接穗或病树或携菌柑橘木虱的传入而形成初次菌源，然后在柑橘树新梢抽发初期通过传染介体柑橘木虱进行大面积侵染扩散流行，且病菌从入侵感染到显症时间较长，其潜伏期短则数月，长则数年。因此，加强柑橘黄龙病疫情监测，建立柑橘黄龙病疫情发展模型，可进行中长期预警，在预报预警基础上抓好防控实施，从而提高整体预警防控效果。

(2)加强挖、治、管综合防控措施，有效防控柑橘黄龙病流行为害。通过长期实践证明，坚持挖、治、管防控策略，坚持及时挖除病树销毁病树，加强柑橘木虱三梢初发期防治和种苗、接穗检疫管理，推广健身控病栽培和橘园精细管理，形成一套以阻截菌源为基础，控制柑橘木虱传染媒介为主线的综合防控技术，就能有效控制柑橘黄龙病扩散流行为害。总之，只要树立了柑橘黄龙病可防可控理念，提高了各级政府与广大果农的防控信心，坚持综合防控措施，柑橘黄龙病就会有效控制，保障传统优势柑橘产业健康持续发展。

致谢：叶志勇、林长怀和梁克宏，以及黄岩区19个乡镇(街道)全体兼职植物检疫员和农技人员参加了本项目调查研究工作，在此一并致谢!

参考文献

[1] 林孔湘．柑橘黄梢(黄龙) 病研究(Ⅱ) 关于病原的探讨 [J]. 植物病理学报,1956,2(1):13-42.

[2] Bove J M. Huanglongbing : a detructiv, Newl-emerging, century-old disease of citrus. Journal of Plant 且 Pathology, 2006, 88(1):7-37.

[3] 丁芳,洪霓,钟云,等．中国柑橘黄龙病病原 165r DNA 序列研究 [J]. 园艺学报,2008,35(5):649-654.

[4] 郑雪芳,刘波,孙大光,等．柑橘黄龙病植株内生菌 PLFAs 多态性研究 [J]. 中国生态农业学报,2012(7):932-944.

[5] 张伟．柑橘黄龙病 PCR 检测技术研究 [J]. 生物灾害科学,2012(2):164-168.

[6] 赵学源,蒋元晖,李世菱,等．柑橘木虱(*Diaphorina citri* Kuwayama) 与柑橘黄龙病流行关系的初步研究 [J]. 植物病理学报,1979(2):121-126.

[7] 谢钟琛,李健,施清,等．福建省柑橘黄龙病为害及其流行规律研究 [J]. 中国农业科学,2009,42(11):3 888-3 897.

[8] 邓明学．以控制木虱为重点的柑橘黄龙病综合防治技术研究 [J]. 植物保护,2006(6):21-25.

[9] 汪恩国,李达林．柑橘黄龙病疫情监测与防控技术研究 [J]. 中国农学通报,2012(4):278-282.

[10] 范国成,刘波,吴如健,等．中国柑橘黄龙病研究 30 年 [J]. 福建农业学报,2009(2):183-190.

[11] 余继华,汪恩国．柑橘黄龙病入侵与疫情扩散模型研究 [J]. 中国农学通报,2008,24(8):387-391.

[12] 余继华,汪恩国．柑橘黄龙病发生为害与防治指标研究 [J]. 浙江农业学报,2009,21(4):370-374.

[13] 余继华,汪恩国,张敏荣,等．早熟柑橘黄龙病流行与产量损失关系研究 [J]. 植物保护,2011,37(4):126-129.

[14] 孟幼青．浙江省柑橘黄龙病发生现状和原因分析 [J]. 浙江柑橘,2005(3):25-27.

[15] 邱柱石,唐明丽．用“红鼻果”诊断黄龙病树好：三谈柑橘黄龙病树田间诊断 [J],广西

园艺,2005,16(2) 34-35.

[16] 刘利华,黄征,胡奇勇,等.我国柑橘黄龙病综合防控的探讨,中国生物防治,2011(S1):113-117.

[17] 檀根甲,李辉.植物病害防治效果和保产率的计算[J],安徽农学通报,1998,4(3):51-52.

原　　载:《农学学报》2013年第4期,获台州市自然科学学术奖三等奖、黄岩区自然科学学术奖二等奖。

基金项目:农业部公益性行业(农业)科研专项经费项目“柑橘黄龙病和溃疡病综合防控技术研究与示范”(201003067);浙江省科技计划项目“柑橘黄龙病监测与防控策略研究”(2004C32087)。

注:汪恩国为通讯作者。

论文四:台州柑橘黄龙病防控研究新进展

余继华[1]　张敏荣[1]　陶　健[1]　卢　璐[1]　杨　晓[1]　汪恩国[2]　叶志勇[3]

(1.浙江省台州市黄岩区植物检疫站　2.浙江省临海市植物保护站
3.浙江省台州市黄岩区农业局)

摘　要　为提升柑橘黄龙病防控水平,综合分析十几年来对柑橘木虱和柑橘黄龙病发生规律与防控技术研究探讨,明确了柑橘木虱在台州橘林的发生分布规律和抽样技术,分析了柑橘木虱虫株率和带毒率与黄龙病、黄龙病与柑橘产量损失等之间的关系,探讨了柑橘黄龙病预警和柑橘木虱防治指标,建立了不同管理方式下的疫情扩散模型预测橘林经济寿命,提出了柑橘黄龙病综合防控技术和可防可控的理念。

关键词　柑橘黄龙病　柑橘木虱　发生规律　扩散模型　控制指标　防控技术

中图分类号　S41-30　**文献标识码**　A

一、引言

台州地处浙江东南沿海,柑橘是农业主导产业之一,黄岩蜜橘始于三国,盛于唐宋,距今有2000多年栽培历史,是世界柑橘始祖地[1-4]。柑橘黄龙病菌(*Liberobacter asiaticum*)是当今柑橘生产上流行速度最快、为害性最重、危险性最大,防治最艰难的检疫性有害生物,也是目前国际上尚未攻克的科技难题[2]。台州自2002年首次传入柑橘黄龙病以来,对柑橘产业发展受到较大威胁,黄岩12年来共砍挖病树199.45万株[3],通过对发病扩散流行、媒介昆虫、防控指标、综合防控等一系列研究,形成了一套以柑橘木虱(*Diaphorina* citri)为主体防控的综合防控技术,有效遏制了柑橘黄龙病的发生为害,促进了柑橘产业健康持续发展。为此,将柑橘黄龙病与柑橘木虱关系、柑橘木虱发生与空间分布特征、柑橘黄龙病与产量损失关系、柑橘黄龙病流行规律与扩散动态模型、柑橘黄龙病防控措施综述如下。

二、柑橘黄龙病与产量损失关系

通过2003—2005年对柑橘黄龙病与不同品种之间感病性调查，共调查25个果园4个主栽柑橘品种，调查结果分析表明，槾橘、本地早、温州蜜柑和椪柑平均病株率分别是18.99%、25.63%、31.09%和39.55%，病指分别为9.03、10.32、14.77和23.54，即台州柑橘黄龙病主栽品种感病严重度为椪柑 > 温州蜜柑 > 本地早 > 槾橘 [5]。

通过2002—2009年对柑橘黄龙病与产量损失关系测定结果，调查不同病情健果数计算健果率进行比较，柑橘树单株健果率和挂果数量随着病树病情严重度的增加而递减 [6]。柑橘黄龙病不同病情严重度与单果重、株产呈负相关，但与产量损失率呈正相关，相关程度达极显著水准，柑橘黄龙病病情严重度越高，单果重和株产就越低，产量损失越大 [7]。

三、柑橘黄龙病与柑橘木虱关系

根据PCR检测技术对柑橘木虱成虫带毒率与病株率的关系研究 [8-10]，经建立的数学模型检验表明，柑橘黄龙病株发病率与柑橘木虱带毒率相关性呈极显著水平；柑橘木虱“株虫量”与虫株率间也存在显著相关性。2006年调查柑橘秋梢期的木虱成若虫，用11个果园柑橘木虱“株虫量”与虫株率数据分析，带菌柑橘木虱“株虫量”与虫株率呈极显著正相关性，同时还建立了相应的数学模型 [11]。

柑橘木虱虫株率与柑橘黄龙病病株率关系。根据柑橘木虱和柑橘黄龙病发生情况调查，结果表明：柑橘黄龙病发病初期果园，病害处于零星或轻发状态，柑橘木虱平均虫株率不到10%，中发生和重发生的果园柑橘木虱平均虫株率却在10%以上。经统计检验柑橘木虱虫株率与柑橘黄龙病株发病率呈极显著正相关，虫株率高的果园，发病株率也高，并建立了相关方程式，利用木虱虫株率预警黄龙病发病率 [12]。

四、柑橘木虱发生规律和分布特征

据2003—2005年调查观察，柑橘木虱在黄岩年发生代数为6～7代 [13]。其中第1～3代比较整齐，第4～7代有世代重叠现象。第一代发生时间为4月上中旬越冬成虫开始产卵，4月下旬至5月初羽化；第二代成虫7月上旬羽化；第三代成虫8月下旬羽化；第四代成虫9月上旬羽化；第五代成虫9月中下旬羽化，第四、第五代为世代重叠发生 [14]。第六、第七代目前只发现于长势较强的幼树或全树秋季大枝重截后旺发晚秋梢的成年树上。一般情况下，11月上旬以后，查不到若虫；但仍发现少量的成虫。目前仅发现以成虫越冬，尚不明确是否以卵或若虫越冬 [15]。

省农业厅领导调研柑橘黄龙病防控工作

2006年9月，选择柑橘木虱不同虫口密度的11块橘地进行调查，每块样地调查记载每株木虱成虫数量。所得数据应用聚集度指标法[16]测定结果表明，柑橘木虱成虫在不同虫口密度下的分布特征存在差异[15]，虫口密度低呈现的聚集度也低，虫口密度高呈现的聚集度也高。因此，柑橘木虱成虫在柑橘上的空间分布状态是随着虫口密度的升高而聚集度增加，且符合负二项分布[17]。

综合柑橘木虱种群分布格局分析，在橘园调查柑橘木虱数量时的抽样方式以跳跃式和五点式为最优[18]。同时，建立柑橘木虱成虫理论抽样数模型[19]确定在不同虫口密度下的理论抽样数表，根据木虱密度指导防控工作。作为查定防治决策建议：在低密度果园，每果园查50～100株；在中、高密度果园，每果园查20～50株，即能知道被调查果园的发生现状[20]。为节省调查时间，可以采用序贯抽样表进行序贯抽样[21]。作为果园防治决策，应对照序贯抽样表进行调查，当调查的累计虫量达到预定指标下的虫量时停止调查，由此计算平均虫口密度，这对柑橘木虱预警和决策防治是有指导意义的[22]。

五、柑橘黄龙病介体防治指标与预警指标

根据柑橘黄龙病病株率、产量损失率与柑橘木虱有效虫量的关系研究[23-24]，得出柑橘梢期木虱防治指标，即以防治柑橘木虱携菌扩散传染的防治适期为柑橘树新梢抽发初期，其防治指标确定为带菌柑橘木虱虫量为7.5头/百株，即柑橘黄龙病“治虫防病”的防治指标为带菌柑橘木虱虫量10头/百株。

根据柑橘黄龙病病株率与产量损失率关系研究[25]，制定柑橘黄龙病策略性防治指标[26]。在允许损失水平下，策略性防治指标为发病初始时全园株病率1.0%，即在发病初期株病率超过1.0%时，应彻底铲除病树减少菌源；同时对柑橘木虱全面用药防治，防止带菌木虱将病菌向相邻健树或无病果园迁移扩散传染为害。

柑橘木虱带菌率与柑橘黄龙病病株率之间的关系研究，制定柑橘木虱带菌率预测方法及预警指标。当果园柑橘黄龙病感染初期病株率上升到1.0%时，这时果园柑橘木虱带菌率超过4.0%，预示柑橘黄龙病将会形成较大较重的扩散为害。因此，可以根据柑橘木虱带菌率，作出柑橘黄龙病发生流行预警，当检测到柑橘木虱带菌率超过4.0%时，需加大对柑橘木虱的全园防治[27-28]。

六、柑橘黄龙病流行规律与扩散动态模型

(一)柑橘黄龙病的分布格局与抽样模型

1.柑橘黄龙病在早熟温州蜜柑“宫川”品种(以下简称早熟柑橘)果园空间分布

2004—2009年运用多级抽样调查取得数据，经聚集度指标法测定，柑橘黄龙病在橘林的空间分布格局为聚集分布。其聚集强度，病级不同所呈现的分布格局也不同，即呈均匀分布时表明初入侵果园病害病级处于低水平状态，此后呈聚集分布格局时表明病害病级上升。通过分析，柑橘黄龙病在橘林呈群聚分布的基本因素为个体群，且橘树间相互吸引，主要由柑橘黄龙病受柑橘木虱传带病菌感染并扩散传播所引起的。据此推断，柑橘黄龙病聚集强度随

发病果园年数增加而强度增强，随病情级别上升而增高[29-31]。

2. 柑橘黄龙病空间分布与病情扩散力

经聚集均数检验分析得知，判别柑橘黄龙病病株聚集原因的临界值是平均病级密度2.118 4。柑橘黄龙病病株的聚集均数与平均病级密度呈线性相关性，柑橘黄龙病病级在低密度下，聚集的原因可能由带菌接穗或带菌木虱或未显症病树的初传入所致；而在高密度下，聚集的原因则可能由柑橘木虱通过带菌传染扩散所引起，导致病菌再侵染的机会增加，使聚集均数亦变大[32-35]。

3. 采用理论抽样的数学模型指导病害防控和监测

通过分析建立理论抽样数模型，并确定理论抽样表[36]。用于疫情防控调查，对照理论抽样表疫情普查率不得少于80%。用于疫情监测调查，参照理论抽样表，在高密度果园，每块查10株；在中密度果园，每块查15株；低密度果园，每块查20～30株，即可知道被调查橘园的发病状态[37-38]。作为果园决策防治而查定，则应采用序贯抽样表进行调查确定[39-41]，当被调查的果园累计病级数达到设定指标下的病情指数时即可停止调查，累计病级数除以总样本数，即为平均病级密度，这对指导柑橘黄龙病防控和监测预警有重要的作用。

(二)柑橘黄龙病流行扩散规律与动态模型

2002—2011年，在黄岩区选择失管橘园、一般防控橘园和综合防控橘园3种不同防控措施的果园进行调查，研究其疫情扩散模型及防控效果[42-43]。失管橘园柑橘黄龙病疫情扩散流行呈线性上升变化趋势，并以入侵后第3～7年扩散速率为最快，年株病率增加9.03%～29.85%。经统计分析，年度序列与疫情扩散指标(病株率)之间存在极显著的相关性，由此建立关系数学模型，据模型预测，柑橘黄龙病在失管橘园疫情扩散速率从入侵到全园病株率达到100%的毁园状态仅需9年时间，即在失管橘园不防控状态下黄龙病发病年均株发病率11.11%。实施一般防控措施橘园柑橘黄龙病入侵后第2～8年疫情呈快速扩散趋势，且以入侵后第3～6年为最快，年均病株率增加7%以上。经研究分析，柑橘黄龙病入侵年度序列与累计病株率间有极显著的相关关系，据此建立的数学模型表明，柑橘黄龙病在实施一般防控措施的条件下从病菌入侵到全园病株率100%的毁园状态不少于18年；实际调查近11年年均发病株率4.69%，与对照失管橘园发病株率相比，防控效果保持在40%～50%，平均防效为43.93%。根据综合防控区调查的数据，用年度序列和累计病株率检验其相关性，相关程度达到极显著的相关关系，并建立综合防控条件下的数学模型，由模型可见，综合防控橘园黄龙病发病株率年均0.31%，与失管橘园比较，对柑橘黄龙病平均控制效果为96.15%[44]。因此，在今后柑橘黄龙病防控工作中，只要抓好各项综合措施的落实，柑橘黄龙病是可以得到控制的。

七、柑橘黄龙病综合防控研究

(一)治虫防病及其防控效果

2003—2009年，对实施治虫防病区与失管橘园的不防治区柑橘黄龙病发生情况进行了调查。2009年治虫防病区，黄龙病累计株发病率为58%；同期调查失管橘园不防治区累计病株率达99.86%。治虫防病区防控效果为41.92%[44]。

（二）健身栽培及减轻发病效果

2003—2006年，对实施健身栽培措施和一般栽培措施的果园黄龙病发生情况进行了调查比较，健身栽培果园橘树长势明显比对照区强健，柑橘黄龙病株发病率大大低于对照区。调查健身栽培果园橘树410株，查到病树18株，株发病率4.3%，而调查相邻果园的对照区橘树270株，查到病树44株，株发病率跃至16.3%[45]。

（三）柑橘黄龙病综合防控实践及其成效

自2002年11月首次发现柑橘黄龙病疫情后，黄岩区政府高度重视疫情的防控工作，按照"挖治管并重，综合防控"的防控策略[46-47]，做到"9个坚持"和"5个不漏"，使柑橘黄龙病得到了有效控制，发病株数已由2005年的35.6万株减至2013年的4.3万株，12年来累计铲除病树199.45万株，发生范围逐年缩小，发病株数逐年减少，坚持开展的防控工作取得了实效[48]。

八、问题与展望

柑橘黄龙病是国内植物检疫性病害，柑橘是多年生的水果，其经济寿命长达100年，30年以上树龄的橘树产量高达150～200 kg/株，但受黄龙病侵染后，即使锯掉发病的枝条橘树寿命不到5年，柑橘园的寿命不到10年[49]，发病的果实又没有食用价值，农民损失惨重。当今科技还不能解决黄龙病的治疗问题，发病后只得砍挖病树。从对柑橘黄龙病发生规律研究和防控工作十几年的实践来看，只要政府主导，橘农积极配合，对重发病的果园进行全园改造，种植无病毒苗木，采取综合防控措施，抓好各关键时期的防控工作，及时铲除初侵染源病树，柑橘黄龙病是可防可控的。当然，如果能借助现代分子生物学技术，研究柑橘树自身与黄龙病菌的互作机制，寻找抗耐病基因[50]，培育和筛选抗病品种，或对现有柑橘优质品种转入抗病基因而又不改变品质，使柑橘树不发病或不表现症状，从根本上解决黄龙病防控问题。

柑橘黄龙病药剂治疗试验

另外，如果能在病原菌分离培养和治疗技术方面有所突破，对发病或感染的橘树不砍挖，采取化学药物治疗，使橘树逐步恢复健康，这样将会大大减少病树砍挖率，大幅度降低防控成本。为此，余继华等尝试采用含有鱼藤素类、黄酮类和萜类化合物的生物药剂进行黄龙病治疗技术研究，取得初步结果。这类药剂作用原理是内吸性和穿透性比较强，可渗入到橘树维管束组织内部，杀灭黄龙病菌；同时可以软化筛管壁上的杂质，疏通导筛管，确保水分、养分及叶片光合产物的正常运输。在橘树基部的嫁接口上方，用直径3.5～4.0mm的钻头，斜角30°～35°，交叉钻3个或4个（根据橘树大小）深度2～4cm孔（尽量使药液均匀进入树体内），再用“改进型果树药液注入装置”[51]，将配制好的杀菌剂和疏通剂，用高压的方法注入病树体内，既杀死树体内已感染的病原菌，又能疏通被病菌堵塞的运输通道，使得橘树营养和水分运输畅通，恢复病橘树的生长功能，达到治疗黄龙病的目的。借助现代分子生物学寻找抗病基因，培育和筛选抗病品种和采取药物治疗黄龙病技术将有助于黄龙病最终解决，这也许是科研工作者研究柑橘黄龙病的终极目标。

参考文献

[1]狄德忠．台州柑橘史考[J]. 浙江柑橘，1985(3)：41-42.

[2]王恒正．黄岩蜜橘历史、现状、问题及对策浅析[J]. 浙江柑橘，2001，18(1)：5-7.

[3]徐建国．本地早蜜橘起源考析[J]. 浙江柑橘，2005，22(3)：2-6.

[4]王领香，龚洁强，王立宏．关于本地早品种、起源与历史的考证[J]. 柑橘与亚热带果树信息，1999(5)：6-7.

[5]林云彪，余继华，孟幼青．柑橘黄龙病及其持续治理[M]. 北京：中国农业科学技术出版社，2012：7-41.

[6]余继华，汪恩国．柑橘黄龙病入侵与疫情扩散模型研究[J]. 中国农学通报，2008(8)：387-391.

[7]黄岩区柑橘黄龙病监测与防控对策研究课题组．柑橘黄龙病监测与防控对策研究技术总结[R].2006：24-25.

[8]Teixeira D C，Saillard C，Couture C，et al. Distribution and quantification of Candidatus Liberibacter americanus，agent of huanglongbing disease of citrus in Paulo State，Brazil，in leaves of an affected sweet orange tree as determined by PCR[J]. Molecular and Cellular Probes，2008，22：139-150.

[9]余继华，汪恩国，张敏荣，等．早熟柑橘黄龙病流行与所致产量损失关系研究[J]. 植物保护，2011，37(4)：126-129.

[10] 田亚南，柯穗，李韬，等．应用电镜与PCR技术检测宫溪蜜柚黄龙病病原[J]. 植物病理学报，2000，30(1)：76-81.

[11] Hung T H，Hung S C，Chen C N，et al. Detectioin by PCR of Candidatus Liberibacter asiaticus，the bacterium causing citrus huanglongbing in vector psyllids：application to the study of vector-pathogen relationships.Plant Pathology，2004，53：96-102.

[12] Ding F，Jin S X，Hong N，et al. Vitrification ¨Ccryopreservation，an efficient method for eliminating Candidatus Liberobacter asiaticus，the citrus Huanglongbing pathogen，from in vitro adult shoot tips[J]. Plant Cell Reports，2008，27：241-250.

[13] 叶志勇,余继华,汪恩国等.柑橘木虱种群空间分布型及抽样技术研究[J].中国植保导刊,2007,27(6):35-37.

[14] 叶志勇,於一敏;余继华.柑橘木虱的发生及综合防治技术[J].浙江柑橘,2006(9):28-29.

[15] Roistacher C N. Techniques for biological detection of specific citrus graft transmissible diseases[J]. FAO,Rome,1991(286):35-45.

[16] 仇兰芬.为害果树的重要害虫[D].北京:中国林业科学研究院,2008:21.

[17] 兰星平.种群聚集度指标回归模型群在检验昆虫种群空间分布型中的应用[J].贵州林业科技,1995(3):8-10.

[18] Gottwald T R,Aubert B,Huang K L. Spatial pattern anslysis of citrus greening in Shantou,China[C]. Proceeding of 11th Conference of the International Oraganization of Citrus Virolagists,Reiverside,CA,1991:421-427.

[19] 广西柑橘黄龙病研究小组.1964年广西柑橘黄龙病调查、复查总结[R].1965(内部资料).

[20] 王本洋,余世孝.种群分布格局的多尺度分析[J].植物生态学报,2005,29(2):235-241.

[21] 王会福,汪恩国,陈伟强.单季稻褐飞虱空间分布格局及其抽样技术[J].中国农学通报.2010(12):270-273.

[22] 农业部柑橘及苗木质量监督检验测试中心,中国农业科学院柑橘研究所,四川省农业厅植物检疫站.NY/T973—2006,柑橘无病毒苗木繁育规程[S].北京:中国农业出版社,2006:31.

[23] 邱柱石.谈谈柑橘黄龙病树的田间诊断[J].广西园艺,1995(1):21-22.

[24] 赵学源,蒋元晖,李世菱,等.柑橘木虱与柑橘黄龙病流行关系的初步研究[J].植物病理学报,1979,9(2):121-126.

[25] 许长藩,夏雨华,柯冲.柑橘木虱生物学特性及防治研究[J].植物保护学报,1994,21(1):53-56.

[26] 吴如健,柯冲.柑橘黄龙病治理试验及综合防治措施[J].江西农业学报,2007,19(9):69-71.

[27] 何大富.中国柑橘学[M].北京:中国农业出版社,1999:578-579.

[28] 余继华,汪恩国.柑橘黄龙病发生为害与防治指标研究[J].浙江农业学报,2009,21(4):370-374.

[29] 娄兵海.中国八省柑橘黄龙病病原菌种类和种内分化的初步研究[D].重庆:西南大学植物保护学院,2008:7-8.

[30] 徐汝梅,刘来福,丁岩钦.改进的IwaoM*-M模型[J].生态学报,1984(2):111-117.

[31] 谢钟琛,李健,施清,等.福建省柑橘黄龙病为害及其流行规律研究[J].中国农业科学,2009,42(11):3 888-3 897.

[32] 马占山.Taylor幂法则的进一步解释与种群聚集临界密度[M].北京:中国科学技术出版社,1991:284-288.

[33] Wang Z,Yin Y,Hu H,et al. Development and application of molecular-based diagnosis

for‘Candidatus Liberibacter asiaticus’,the causal pathogen of citrus huanglongbing[J]. Plant Pathology,2006,55:630-638.

[34] 杨余兵．光、温湿度对柑橘木虱发育、繁殖与存活的影响[J]. 生态学报,1989,9(4):348-354.

[35] 王雪峰．基于基因组多位点比对的柑橘黄龙病病原菌遗传多态性及种群分化研究[D]. 重庆：西南大学植物保护学院,2011:21-22.

[36] 陈庭华,陈彩霞．斜纹夜蛾发生规律和预测预报新方法[J]. 昆虫知识,2001(1):36-39.

[37] 余继华,汪恩国,赵琳．柑橘黄龙病空间分布型与抽样技术研究[J]. 植物检疫,2010,24(5):31-34.

[38] 曾伟．分葱田甜菜夜蛾空间分布型及抽样技术初步研究[J]. 植保技术与推广,2003,23(8):11-12.

[39] 郑永敏．水稻纹枯病的空间分布型及序贯抽样技术的应用[J]. 浙江农业科学,2000(5):236-238.

[40] 华放．昆虫生态学的常用数学分析方法[J]. 科学通报,1964(4):375-376.

[41] 周桃庚,沙定国．贝叶斯可靠性序贯验证试验方法[J]. 仪器仪表学报,2001(1):23-25.

[42] 余继华,汪恩国．柑橘黄龙病入侵与疫情扩散模型研究[J]. 中国农学通报,2008,24(8):387-391.

[43] 徐艳梅,李菲等．流行病毒传播模型与技术创新扩散分析[J]. 中国高新技术企业,2008(2):38-39.

[44] 余继华,汪恩国,卢璐,等．柑橘黄龙病不同管理方式疫情演变规律及防控效果研究[J]. 农学学报,2013,3(4):9-12.

[45] 张敏荣,余继华,於一敏,等．采取健身栽培措施可以减轻柑橘黄龙病发生[J]. 浙江柑橘,2007(4):28-30.

[46] 赵沛忠,雷沈英,杜一新,等．景宁县柑橘黄龙病防控工作实践[J]. 植物检疫,2010(4):63-65.

[47] 杜一新,林云彪．对柑橘黄龙病防控工作措施的思考[J]. 植物检疫,2006(4):257-258.

[48] 陶健,余继华,张敏荣．黄岩柑橘黄龙病防控工作的实践与体会[J]. 浙江柑橘,2011(1):27-28.

[49] 段小军．柑橘老化的防治[J]. 湖南林业,2005(9):25.

[50] 李云明,顾云琴,项顺尧,等．柑橘黄龙病的发生特点及防控对策探讨[J]. 现代农业科技,2007(11):64-65.

[51] 余继华．改进型果树药剂注入装置[P]. 中国专利,ZL201420232263.0,2014-10-08.

原　　载：《农学学报》2014年第4期，获台州市自然科学学术奖二等奖。

基金项目：农业部公益性行业(农业)科研专项经费项目“柑橘黄龙病和溃疡病综合防控技术研究与示范”(201003067)；浙江省科技计划项目“柑橘黄龙病监测与防控策略研究”(2004C32087)。

论文五：柑橘黄龙病空间分布型与抽样技术研究

余继华[1] 汪恩国[2] 赵 琳[3]

（1. 浙江省台州市黄岩区植物检疫站 2. 浙江省临海市植物保护站
3. 浙江省植物保护检疫局）

摘 要 台州柑橘黄龙病自2002年传入以来，发生范围不断扩大，发生面积不断增加，为害损失逐年加重，成为当前柑橘生产的一种新的灾发性检疫病害。为了揭示柑橘黄龙病的空间分布信息和病株行为特征，2004—2009年采取多级抽样法于每年11月上旬在果实成熟期对2块定点样地逐株进行病级调查，取得了12组样本资料，应用聚集度指标法、Iwao法和Taylor法等对其空间分布型进行测定检验，结果表明柑橘黄龙病在早熟宫川果园呈聚集分布，其聚集强度是随着病级升高而增加。其聚集原因经Blackith种群聚集均数测定，当 $m<2.1184$ 时，其聚集是由于某些环境如气候、栽培条件、植株生育状况等所引起的；当 $m\geqslant 2.1184$ 时，其聚集是由病株本身的聚集行为与环境条件综合影响所致。在此基础上提出了理论抽样数和序贯抽样模型：$n=(1/D)^2\cdot[1/m+0.6761]$ 和 $T_n=1.831/[D_0^2-0.1581/n]$。

关键词 柑橘 柑橘黄龙病 空间分布型 抽样技术

中图分类号 S432 1 **文献标识码** A

柑橘是台州农业的重要支柱产业，早熟宫川是主栽品种，占70%左右。柑橘黄龙病（*Liberobacter asiaticum Poona et al*）是一种检疫性病害，不仅直接侵害柑橘植株的叶片和枝稍，而且致使其树势衰退、果实畸变、无商品价值、产量锐减，严重时致成树成园枯枝枯树枯死，破坏橘林生态平衡。当前柑橘黄龙病的主要传播途径是通过带菌种苗、带菌接穗或病树或带

柑橘黄龙病空间分布型调查

菌柑橘木虱的传入而形成菌源，然后通过媒介柑橘木虱携菌进行大面积侵染扩散流行。果园与果园之间、病树与健树之间的传播靠带菌柑橘木虱，远距离传播主要靠带菌种苗和带菌接穗以及未显症病树，其病害的传播速度和扩散流行主要取决于柑橘木虱发生的种群数量及带菌率高低，在病原和介体虫媒共存的情况下，病害就会大面积流行起来。台州柑橘黄龙病自2002年传入发病以来，发生范围不断扩大，发生面积不断增加，为害损失呈逐年加重趋势，成为当前柑橘生产的一种新的灾发性病害[1-3]。目前，各地对柑橘黄龙病的入侵生物学和为害动态方面研究颇多，但关于柑橘黄龙病空间分布格局研究尚未见报道[4]。为了揭示和明确柑橘黄龙病在果园的田间分布信息及其扩散行为特征，提高其预测预警与持续控制水平，笔者于2004—2009年对柑橘黄龙病在早熟宫川果园的空间分布型及其抽样技术进行了调查研究。现将结果报道如下。

一、材料与方法

（一）空间分布型研究

1. 调查地概况

选择有柑橘黄龙病发生的黄岩区上垟乡董岙村一果园，品种为早熟宫川，种植密度为1 050～1 200株/hm^2，定点2块，每块定树50株，按果园正常管理，但不挖除病树，以此监测柑橘黄龙病疫情消长动态和空间分布格局。

2. 调查方法

采取多级抽样法进行调查，从2004年开始，持续到2009年，每年11月上旬在果实成熟期对2块定点样地逐株进行调查，以株为单位，分别调查每株黄龙病病级，并按病级逐株记载。其病株病情分级标准为：0级：全树无病；1级：树上有1个或2个梢有斑驳黄化叶出现；2级：部分侧枝或主枝有斑驳黄化症状，症状枝占全树的1/3以下；3级：症状侧枝或主枝占全树的1/3以上和2/3以下；4级：症状枝在2/3以上；5级：全树死亡。

3. 测定方法

将2004—2009年的田间调查所得数据以每年每块样地为一组，共计12组，分别计算出平均病级密度（m）、方差（S^2）及平均拥挤度（M*）。采用聚集度指标法（Beall扩散系数C、David and Moore从生指标I、Water's负二项分布参数K、Cassie指标CA、Lioyd聚块性指标M*/m）、Iwao法、Taylor法等3种方法测定柑橘黄龙病在早熟宫川果园分布的内部结构及其格局，并采用Blackith提出的种群聚集均数（λ）分析其聚集原因[5-9]。

（二）抽样技术研究

1. 理论抽样数

应用Southwood的K法理论与抽样原理，建立理论抽样数模型，然后求出理论抽样数。

2. 序贯抽样

应用Kuno（1968）提出的新序贯抽样理论，建立新序贯抽样模型，制定序贯抽样表，并以此作为田间调查的抽样依据。

二、结果与分析

（一）柑橘黄龙病在早熟宫川果园的空间分布型

1. 聚集度指标法测定

应用聚集度指标法测定结果见表。由表1显示，除2004年1号样地平均病级低于0.1，而检验结果C<1、I<0、K<0、CA<0、M*/m <1，为均匀分布外；其余11组检验结果均C>1、I>0、K>0、CA>0、M*/m >1，符合聚集分布的检验标准。表明柑橘黄龙病在早熟宫川果园在不同病级下呈现不同的分布特征，在果园入侵初期病级处极低（0.1级以下）下呈现均匀分布，然后随病级上升却呈现聚集分布特征，总体分布格局为聚集分布，其聚集强度随时序推进和发生病级上升而增强。

2.Iwao 法测定

运用Iwao（1977）提出的M*-m（$M^* = \alpha m + \beta$）回归分析法检验，柑橘黄龙病在早熟宫川果园分布结构的相关回归方程式为：$M^* = 0.831\,0m + 1.158\,1$（n=12，r=0.737 8**）。得$\alpha = 0.831\,0$，即$\alpha > 0$；$\beta = 1.158\,1$，即$\beta > 1$，表明柑橘黄龙病病树在早熟宫川果园分布的基本成份是个体群，且个体间相互吸引，其结构呈聚集分布格局。这与聚集度指标法测定结果相一致。

3.Taylor 法测定

利用Taylor（1965）的幂法则，拟合方差（S^2）与平均病级密度（m）的幂相关回归方程式，其结果为：$LgS^2 = 1.082\,9m - 0.298\,8$（n=12，r=0.962 0**），即$S^2 = 1.989\,8m^{1.0829}$。由于a=1.989 8，b=1.082 9，即b>1，进一步表明柑橘黄龙病在早熟宫川果园的空间分布格局呈现聚集分布特征，并且其聚集强度是随着病级升高而增强。这与聚集度指标法测定结果相一致。

表1　黄龙病在早熟宫川果园分布的聚集度指标测定结果

年度	样地序号	样本数(n)	平均数(m)	方差(S^2)	扩散系数(C)	K指标	CA指标	从生指数(I)	拥挤度M*	M*/m指标	分布格局
2004	1	50	0.080 0	0.073 6	0.920 0	-1.000	-1.000	-0.080	0.000 0	0.000 0	均匀
	2	50	0.240 0	0.622 4	2.593 3	0.150 6	6.638 9	1.593 3	1.833 3	7.638 9	聚集
2005	1	50	0.260 0	0.432 4	1.663 1	0.392 1	2.550 3	0.663 1	0.923 1	3.550 3	聚集
	2	50	0.560 0	1.086 4	1.940 0	0.595 7	1.678 6	0.940 0	1.500 0	2.678 6	聚集
2006	1	50	0.420 0	1.123 6	2.675 2	0.250 7	3.988 7	1.675 2	2.095 2	4.988 7	聚集
	2	50	1.040 0	2.398 4	2.306 2	0.796 2	1.255 9	1.306 2	2.346 2	2.255 9	聚集
2007	1	50	0.760 0	1.982 4	2.608 4	0.472 5	2.116 3	1.608 4	2.368 4	3.116 3	聚集
	2	50	1.660 0	2.944 4	1.773 7	2.145 4	0.466 1	0.773 7	2.433 7	1.466 1	聚集
2008	1	50	0.940 0	2.096 4	2.230 2	0.764 1	1.308 7	1.230 2	2.170 2	2.308 7	聚集
	2	50	1.660 0	2.944 4	1.773 7	2.145 4	0.466 1	0.773 7	2.433 7	1.466 1	聚集
2009	1	50	1.180 0	2.587 6	2.192 9	0.989 2	1.010 9	1.192 9	2.372 9	2.010 9	聚集
	2	50	2.360 0	3.150 4	1.334 9	7.046 6	0.141 9	0.334 9	2.694 9	1.141 9	聚集

（二）影响聚集分布的原因

应用 Blackith（1961）的种群聚集均数（λ）检验聚集的原因，其公式为 $\lambda=m/2k \cdot r$，其中 k 为负二项分布的指数 k 值，r 为2k 自由度当 α=0.5时的 χ^2分布的函数值。将各年度样地样方病级平均密度（m）与聚集均数（λ）进行相关分析，得：λ=1.078 4m−0.284 5，（r=0.956 8**）。由此可知，当样方平均病级在2.118 4以下时，λ<2，聚集是由于某些环境如气候、栽培条件、植株生育状况等所引起的；当样方平均病级在2.118 4以上时，λ≥2，其聚集是由病株本身的聚集行为或由于病株本身的聚集行为与环境的异质性两大因素共同影响所致。

（三）柑橘黄龙病的抽样技术

1. 柑橘黄龙病的抽样数模型

根据 Southwood 的 K 法理论抽样数模型：$n=(t/D)^2 \cdot (1/m+1/Kc)$。其中 n 为抽样数，t 为一定置信度 t 分布的值，取 t=1；D 为允许误差，分别取 D=0.1，D=0.2，D=0.3（用于田间调查一般取 D=0.2，D=0.3）；Kc 为聚集分布的公共 K 值，采用 Bliss and Owen（1958）的 $Kc=\sum(m^2-S^2/n)/\sum(S^2-m)$ 求取，即 Kc=15.208 8/10.282 4=1.479 1，故柑橘黄龙病的抽样数模型为：$n=(1/D)^2 \cdot (1/m+0.676\ 1)$，当 D=0.2，D=0.3时，则 $n_1=25/m+16.902\ 5$，$n_2=11.111\ 1/m+7.512\ 2$，将有关数据代入上述公式，即可求得在不同病级密度（m）不同精确度要求下应抽取的病株数（表2）。

表2　柑橘黄龙病理论抽样数（n）

m	0.3	0.4	0.5	0.6	0.7	0.8	0.9	1.0	2.0	3.0	4.0	5.0
D=0.2	—	—	—	—	50	48	45	42	29	25	23	22
D=0.3	45	35	30	26	23	21	20	19	13	11	10	10

2. 序贯抽样技术

根据 Kuno（1968）提出的新序贯抽样理论，即 M*−m 间存在线性回归关系的病情扩散可利用新的序贯抽样法进行田间抽样．其抽样通式为：$Tn=(\alpha+1)/[D_0^2-(\beta-1)/n]$，式中 α，β 分别为病情扩散的 M*−m 线性回归方程中的截距和斜率，即 α= 0.831，β=1.158 1；n 为抽取样本的数量；Tn 为已抽取的累计病级数；D_0为精密指标。故序贯抽样模型为 $Tn=1.831/[D_0^2-0.158\ 1/n]$，一般取 D_0=0.20，0.25，0.30；当 n 分别为6，7，8，……，50时，即得柑橘黄龙病序贯抽样表（表3）。在田间调查时可应用序贯抽样表进行序贯抽样，当调查的累计病级达到预定精密指标下的病级指标时停止调查，累计病级除以取样数，即为平均病级密度[5-6]。

表3　柑橘黄龙病序贯抽样

n（株）		6	7	8	9	10	15	20	25	30	35	40	45	50
Tn	D=0.20	—	—	—	—	—	52	57	54	53	52	51	50	50
	D=0.25	—	—	—	41	39	35	34	33	32	32	31	31	31
	D=0.30	29	27	26	25	25	23	22	22	22	21	21	21	21

三、小结与讨论

（一）植物病害的空间分布特性与病情扩散能力有着直接的关系

通过聚集度指标法、M*-m 回归法（Iwao 法）和 Taylor 幂法则等测定检验，柑橘黄龙病在早熟宫川果园的空间分布呈现聚集分布格局，其聚集强度是随着病级密度升高而增加。据对内部结构分析，柑橘黄龙病在早熟宫川果园发生为害往往出现群聚行为，其群聚分布的基本成分为个体群，且个体间相互吸引，主要在于柑橘黄龙病受介体昆虫传携病菌感染并扩散传播作用所致。经聚集均数（λ）检验分析，当柑橘黄龙病平均病级密度（m）在2.118 4级时，λ=2，即该密度病级是判别病株聚集原因的临界值。从早熟宫川果园可看出，柑橘黄龙病病株的聚集均数（λ）与平均病级密度（m）呈线性关系，从此可知，柑橘黄龙病病株病级在低密度下，聚集的原因可能是由于带菌接穗或未显症病树或带菌柑橘木虱的初传入所致；在高密度下，聚集的原因是由于传播介体柑橘木虱通过携菌传染扩散所致，导致增加了再次侵染的机会，使聚集均数增大。

（二）通过对抽样技术分析，柑橘黄龙病的抽样数模型为 $n=(1/D)^2\times(1/m+0.676\ 1)$

应用 Southwood 的 K 法理论建立理论抽样数模型，由此确定了一套柑橘黄龙病在不同病级密度下的理论抽样数表。作为疫情防控调查，对照理论抽样数表普查率应保持在80%以上；作为监测调查，可对照理论抽样数表进行，即建议在一般低密度（m≤1.0级）地块，每块查20～30株；在中密度（1.0＜m＜2.0级）地块，每块查15株，高密度（m＞2.0级）地块，每块查10株，即可刻划出被调查田的发生状况。也可采用序贯抽样表进行序贯抽样。作为田间查定防治决策，应采用序贯抽样，即对照序贯抽样表进行查定，当调查的累计病级达到预定精密指标下的病情指标时停止调查，累计病级除以取样数，即为平均病级密度。这对监测调查和决策防治具有良好的指导意义。

致谢　张敏荣、叶志勇、林长怀、陶健、梁克宏参加本项目的部分工作，在此表示诚挚的感谢！

参考文献

[1] 刘利华，姚锦爱，王茂珠，等．柑橘黄龙病研究的回顾与展望 [J]. 福建农业学报，2006，21（4）：317-320.

[2] 孟幼青．浙江省柑橘黄龙病发生现状和原因分析 [J]. 浙江柑橘，2005（3）：25-27.

[3] 余继华，叶志勇，於一敏等．黄岩区柑橘黄龙病发生流行原因及防控对策 [J]. 中国植保导刊，2006，26（1）：27-28.

[4] 邓明学，陈贵峰，唐明丽等．柑橘黄龙病最新研究进展 [J]. 广西园艺，2006，17（3）：49-51.

[5] 张圭松，吴婷芳，罗英才，等．水稻细菌性条斑病株的空间格局及其应用 [J]；植物保护，1989，15（2）：24-26.

[6] 汪恩国，陈林松，蒋尚军，等．番茄地烟粉虱空间格局参数特征及其应用 [J]. 植物保护，2007，33（6）：113-116.

[7] 汪恩国，陈克松，李达林．玉米田斜纹夜蛾空间分布型及抽样技术 [J]. 昆虫知识，2004，41（6）：585-588.

[8] 丁岩钦．昆虫数学生态学原理与应用 [M]. 北京，科学出版社，1980：84-124.

[9] 吴立民．花生蚜种群分布型及抽样技术的研究 [J]. 昆虫知识，2001，38（6）：449-452.

原　　载：《植物检疫》2010年第5期。

基金项目：浙江省科技计划项目"柑橘黄龙病监测与防控策略研究"（2004C32087）。

论文六：亚洲柑橘木虱带菌率的周年变化动态

余继华[1]　黄振东[2]　张敏荣[1]　鹿连明[2]　陈国庆[2]　陶　健[1]　杨　晓[1]　钟列权[3]

（1. 浙江省台州市黄岩区植物检疫站　2. 浙江省柑橘研究所　3. 台州市植物保护检疫站）

摘　要　目前，柑橘黄龙病是世界上最具毁灭性的检疫性病害，柑橘黄龙病媒介昆虫—柑橘木虱的防治是黄龙病防控的重点。在柑橘萌芽期，抽发的嫩芽可以为亚洲柑橘木虱提供丰富的食料并有利于其产卵，导致该时期亚洲柑橘木虱虫口量较大，所以亚洲柑橘木虱防治重点往往在春梢和秋梢期采用化学防治手段进行。本研究采用 qPCR 技术检测与分析1年来浙江黄岩地区感染黄龙病（HLB）的柑橘树不同月份携带 Las 菌量的变化，显示感染黄龙病的橘树1年内 Las 带菌量不断变化，其 Las 带菌量全年中以12月为最高，与11月份无显著性差异（P=0.05），但显著高于其他月份，而其他各月份之间无显著差异。采集了感染黄龙病橘树上的亚洲柑橘木虱，每月检测其带 Las 菌的比例，发现亚洲柑橘木虱带菌率在1年之中同样以12月最高，在 P=0.05水平下，12月亚洲柑橘木虱带 Las 菌比例显著高于除1月份以外的其他各月，同时，从亚洲柑橘木虱周年体内带菌量检测也显示，亚洲柑橘木虱在12月至翌年1月之间平均 Las 带菌量最高，表明感染黄龙病橘树的 Las 带菌量直接影响亚洲柑橘木虱的带菌率，亚洲柑橘木虱带菌率越高越容易造成柑橘黄龙病的传播，所以12月至翌年1月之间为黄龙病传播的高峰期，以柑橘黄龙病防控为目标的亚洲柑橘木虱防治最重要时间为冬季和春季。

关键词　柑橘黄龙病　亚洲柑橘木虱　韧皮部杆菌　变化动态

中图分类号　S436.66　**文献标识码**　A

一、引言

柑橘黄龙病（HLB 病）是柑橘上最具毁灭性的病害，属于一种柑橘韧皮部杆菌引起的柑橘病害，HLB 病原被认为是一种限于韧皮部筛管细胞内的革兰氏阴性细菌[1]，中国目前仅发现该菌亚洲种“*Candidatus Liberibacter asiaticus*”（以下简称 Las）[2]，主要症状为柑橘叶片斑驳、叶脉革质化、果实畸形及不完全转色、味苦，严重的直至落果，最后导致树势衰败至叶片完全黄花、落叶、橘树全株死亡。迄今为止，柑橘黄龙病除澳大利亚和地中海周围国家外均有发生，主要的传播途径还是通过亚洲柑橘木虱——一种昆虫媒介，亚洲柑橘木虱可以从带菌的芸香科植物包括其他观赏性芸香科寄主携 Las 菌并传播到健康的橘树，另外利用嫁接枝条进行品种改良的手段因接穗带菌也是造成 Las 菌蔓延的一个重要途径。

亚洲柑橘木虱(*Diaphorina citri*（Kuwayama)，Asian citrus psyllid）属昆虫纲、有翅亚纲、半(同)翅目，胸喙亚目，木虱总科，木虱科，是柑橘新梢期主要害虫，2000年以来随着气候变暖和亚洲柑橘木虱适生区北移等影响，亚洲柑橘木虱越冬基数增加[26]。Xu 等[3]报道亚洲柑橘木虱大龄若虫获得黄龙病病原菌的能力较强，一般4～5龄的若虫和成虫一样具有传播 Las 菌能力，而1～3龄若虫则不会传播[3]。感染 Las 菌的雌性木虱很少经卵巢传菌到下一代[4]，携带 Las 菌的雄性木虱也不能通过交配过程将 Las 菌传导到雌性木虱体内[5]，因此亚洲柑橘木虱携带的 Las 菌的来源只有带菌黄龙病树，AmmAR 等[6-8]采用 PCR 和荧光原位杂交方法研究 Las 菌在亚洲柑橘木虱体内的保持及传菌过程，发现亚洲柑橘木虱摄入 Las 菌后，通过消化道壁传递到其他组织，如血淋巴、唾液腺等，然后在取食过程将 Las 菌随唾液分泌物传递到寄主植物上，研究还表明，在感染 Las 菌的亚洲柑橘木虱大部分器官组织中都能检出 Las 菌，包括唾液腺、血淋巴、滤腔、中肠、脂肪体、肌肉组织、卵巢等 。

亚洲柑橘木虱虫口密度与柑橘树新芽抽出有关，由于亚洲柑橘木虱只在嫩芽产卵，若虫在植株幼嫩组织发育，因此在北美，亚洲柑橘木虱一般在晚春和仲夏大量发生，只要环境因素适合和幼嫩组织存在亚洲柑橘木虱往往会爆发[9]。亚洲柑橘木虱成虫具有一定的耐寒性，所有3个虫态均能耐受短时间的冰冻天气，大部分成虫和若虫能在 −6℃低温下存活数小时，大部分卵在 −8℃低温下存活数小时，轻度的冰冻事件不会是亚洲柑橘木虱成虫死亡的主要原因，但由于其造成嫩芽死亡才会导致亚洲柑橘木虱幼虫大量死亡[10]。一般在柑橘萌芽期和冬季防治可以大大降低亚洲柑橘木虱的虫口密度，集中密集地采用化学防治亚洲柑橘木虱是目前公认的防御柑橘黄龙病的主要手段，杀虫剂一般选用吡虫啉、甲氰菊酯、毒死蜱、噻虫嗪等[11]，但在美国弗罗里达已发现亚洲柑橘木虱对一些化学农药产生了抗药性[12]。在中国，根据亚洲柑橘木虱发生流行规律，生产上化学防治偏重在柑橘萌芽期的春季、夏季和秋季进行，主要防治目标是压低亚洲柑橘木虱的虫口密度。

亚洲柑橘木虱

亚洲柑橘木虱成虫喜食感染黄龙病的植株，但在其摄食黄龙病感染的植株汁液后更喜食未感染黄龙病的植株，从而造成了黄龙病的快速传播[13]。亚洲柑橘木虱成虫在病树上取食30～60min即可获得病菌[3]，但通过PCR技术检测亚洲柑橘木虱成虫在病树上取食后的带菌率，取食35天后只有40%的成虫带Las菌[14]，CEN等[15]报道柑橘黄龙病发病的程度不会影响亚洲柑橘木虱的取食能力，但可以影响获菌的速度，带菌的若虫一旦羽化即可传菌[3]，亚洲柑橘木虱一旦携有Las菌将终生带菌，且发育加快、繁殖力提高[14]。实际上，亚洲柑橘木虱通过摄食柑橘幼嫩组织的汁液而带菌，柑橘植株带菌量高低往往是亚洲柑橘木虱传菌效率的主要因素。

目前，柑橘黄龙病检测广泛采用聚合酶链式反应（PCR），依靠对韧皮部杆菌的16S rRNA基因通过特异性引物扩增进行验证，但Las菌在柑橘不同组织分布不同且含量较低，病原菌含量随着时间而波动，甚至出现在几个月及数年后的感染和未感染之间的变动[16]，正是由于Las菌在柑橘病株中含量低、分布不均匀[17]，使得更灵敏的巢式PCR（Nested-PCR）或可定量的实时PCR（real-time quantitative-PCR）病菌检测技术也应运而生[18-19]。

本研究通过定量的荧光定量PCR技术，对感染Las菌柑橘植株周年Las带菌量进行分析，并分析田间采集的亚洲柑橘木虱带菌比例和带菌量，从黄龙病防治角度提出亚洲柑橘木虱防治关键时期。

二、材料与方法

（一）柑橘黄龙病树叶片采集

在浙江省台州市黄岩区澄江街道山头舟村选定一处果园，该区域属平原橘区，土壤pH值为4.75，筑土墩栽培方式，排水沟南北走向，种植密度为675/hm^2，取8株感染黄龙病的柑橘树，品种为本地早蜜橘，树龄为30年，树高219～266cm，橘树基部嫁接口上方直径为18.15～30.25cm，因高接换种而感染上柑橘黄龙病，黄龙病树经田间典型症状和PCR检测确诊，选定后进行编号，用挂牌标记。于2015年4月中旬在选定病树的东、南、西、北4个方位各选取一个枝条，挂上小标签，在每个枝条取老熟叶片2张，每株橘树共8张叶片为一个样本。以后每月中旬以同样方法在同一枝条的相同部位取样，进行荧光定量PCR检测，直到2016年3月结束，共12个月。检测不同时间柑橘Las带菌量变化情况。

柑橘黄龙病病树

（二）亚洲柑橘木虱成虫的采集

在浙江省台州市黄岩区院桥镇唐家桥村确定400m^{2}感染黄龙病的温州蜜柑果园一处，树龄23年，种植橘树48株，病株率91.7%，在果园内选东、南、西、北、中不同方位感染黄龙病的橘树各2株，共10株，于2015年5月至2016年4月的每月下旬采集亚洲柑橘木虱成虫，在每株橘树上各捕捉亚洲柑橘木虱成虫3头，合计30头，设3个重复，进行荧光定量PCR检测，检测亚洲柑橘木虱携带Las菌的比例和Las带菌量。

（三）Las菌荧光定量PCR检测方法

1. 样品DNA提取

柑橘叶片：挑取4～5片待测叶片，剪取其叶片中脉（约0.5g），剪成1～2mm的小段，经冷冻干燥后，在离心管中加入钢珠，用研磨仪将其磨碎，用CTAB法提取总DNA，并在微量紫外分光光度计中测量各样品DNA浓度，将其浓度调到50ng/μL，置于－20℃冰箱备用。

亚洲柑橘木虱：将1头木虱成虫置于微量离心管中，加入70μLDNA提取缓冲液后，在冰浴中用塑料研磨棒研碎组织，用CTAB法提取总DNA，并在微量紫外分光光度计中测量各样品DNA浓度，将其浓度调到50ng/μL，置于－20℃冰箱备用。

2. 实时荧光定量PCR检测

引物和探针序列参照文献[20]，由大连宝生物工程有限公司（Takara）合成。PCR反应体系为20μL，其中Premix Ex Taq 10μL，250nmol/L的上下游引物各1μL，150nmol/L探针1μL，稀释好的DNA模板1μL，无菌水6μL。反应在Bio-rad CFX96^{TM} PCR仪上进行，扩增程序如下：95℃，2min，95℃，10s，58℃，30s，40个循环。每个样品3次重复，每次扩增分别设1个阳性对照和1个阴性对照。

（四）数据分析

C_T（C代表cycle，T代表threshold，C_T值的含义是：每个反应管内的荧光信号到达设定的阈值时所经历的循环数）值取3次定量PCR检测的结果平均值，Las带菌量（每克叶片中脉中的细菌拷贝数）：$35.50\times10^8\times10^{(C_T-19.3)/-3.1692}$，结果用DPS V7.05软件的Duncan’s新复极差法分析。

三、结果与分析

（一）柑橘树周年Las带菌量变化

通过对8株感染黄龙病的橘树1年的Las带菌量分析，黄龙病树携带Las菌量变化较大，从0～10×10^{10}/g变化，这表明柑橘树的病原菌菌量随着时间而波动，甚至出现在1年内的几个月间的感染和未感染之间的变动。从图1总体上看，11—12月、3—4月和8—9月均有一次Las菌高峰期，从8株病树检测数据的平均值显示，12月最高为1.59×10^9/g，而5月最低为3.72×10^6/g，总体上看，11—12月Las带菌量相对最高，而4—7月相对最低，其他月份居中。经差异显著性分析，在P=0.05水平下，12月Las带菌量与11月无显著性差异，但显著高于其他月份，而其他各月份无显著差异。

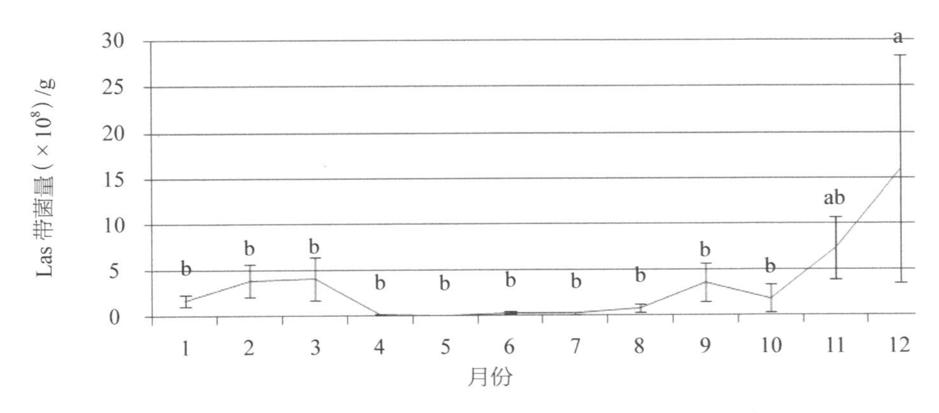

（图上不同小写字母表示在 P ＜0.05 水平差异有统计学意义）

图1 不同月份黄龙病树 Las 平均带菌量

（二）不同月份亚洲柑橘木虱带菌率

通过1年内对单头亚洲柑橘木虱 Las 菌的检测，以10头为一组，检测阳性比例，按照3次重复计算平均值，将平均值与月作图见图2，其中12月亚洲柑橘木虱带 Las 菌比例最高为63.33%，其次为1月为50%，其余各月均低于50%，在 P=0.05 水平下。12月亚洲柑橘木虱带 Las 菌比例显著高于除1月以外的其他各月，在 P=0.01 水平下，12月亚洲柑橘木虱带Las 菌比例极显著高于3月和5—11月的亚洲柑橘木虱带菌率。

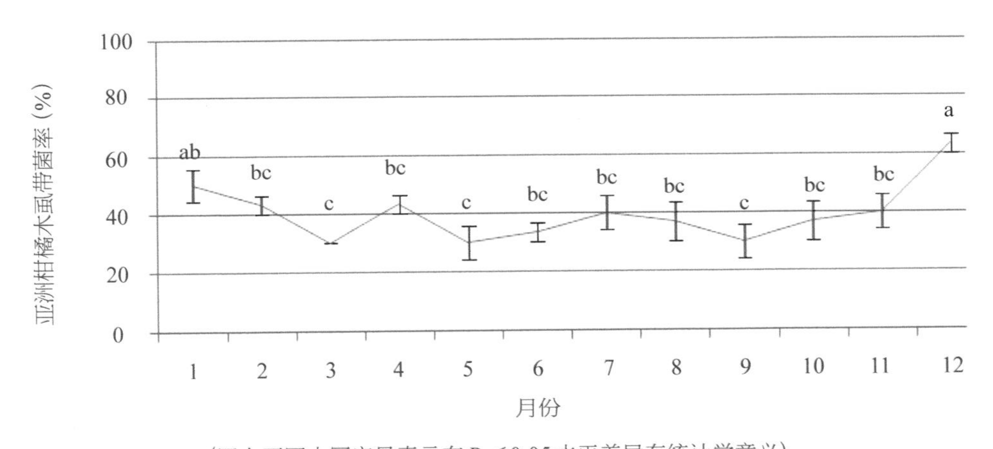

（图上不同小写字母表示在 P ＜0.05 水平差异有统计学意义）

图2 不同月份亚洲柑橘木虱带菌率

（三）带Las菌亚洲柑橘木虱周年带菌量变化

在每月采集到的所有亚洲柑橘木虱中，对检测到携带 Las 菌的亚洲柑橘木虱进行分析，对其带菌量按照月份统计见图3。结果表明：带菌亚洲柑橘木虱携带 Las 带菌量12月至翌年1月之间最高，将所有数据分成3组，平均值进行差异分析，在 P=0.05 水平下，其中12月携 Las 菌亚洲柑橘木虱带菌量显著高于除1月之外的其他月份。

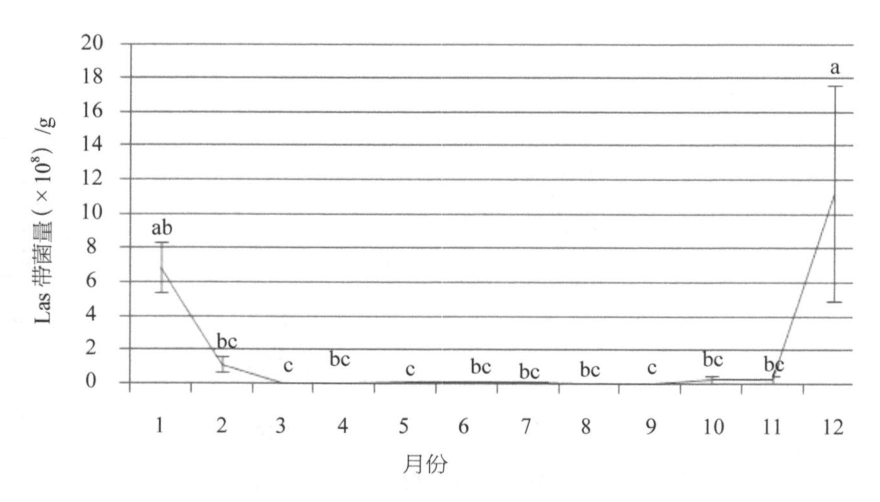

（图上不同小写字母表示在 P ＜0.05 水平差异有统计学意义）

图3　不同月份带菌亚洲柑橘木虱 Las 平均带菌量

（四）亚洲柑橘木虱平均带菌量的周年动态变化

将所有亚洲柑橘木虱携带 Las 菌量总和与每月采集的所有30头亚洲柑橘木虱进行平均值分析，得到的结果是12月与1月平均带菌量最高，明显高于1年之中的其他月份（图4）。

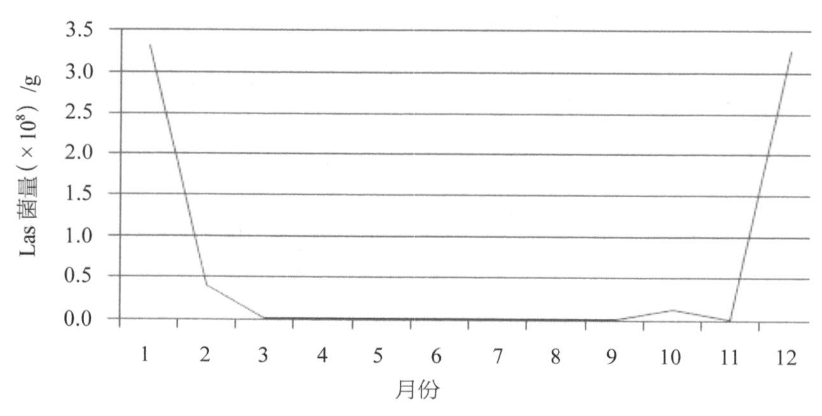

图4　亚洲柑橘木虱 Las 平均带菌量

（五）分析

从试验结果看，感染黄龙病的橘树1年之中，携带 Las 菌量有明显的变化，在11—12月达到最高，虽然不同橘树之间有差异，但总体上趋势明显，同时，亚洲柑橘木虱携带 Las 菌的比例和带菌量也表现为12月至翌年1月之间最高。胡浩[21]在广西柳州的一处果园对感染黄龙病的老熟叶片采用定量 PCR 检测，其中10—12月 C_T 值最低，而3—5月的 C_T 值最高，表明10—12月 Las 带菌量最高，而3—5月 Las 带菌量最低。对采集浙江丽水的亚洲柑橘木虱 Las 带菌量进行周年监测，虽然该研究缺2—4月的数据，结果也显示1月份亚洲柑橘木虱 Las 带菌量最高，与本研究结果一致，但其结果中12月最低，与本研究检测结果不一致。本试验结果显示橘树 Las 带菌量越高，则亚洲柑橘木虱获菌比例和带菌量也越高，这也与 CEN 等[15]报道寄主黄龙病发病的程度可以影响亚洲柑橘木虱获菌的速度一致。而1月采集的亚洲柑橘木虱为越冬代成虫，其携带 Las 菌的比例较高可能与其进入1月后取食量下降， Las 带菌量与上年12月的带菌量有关，随着进入2月，亚洲柑橘木虱的带菌比例持续下降，而在4月带菌比例有一个小高峰可能与感染黄龙病的柑橘树3—4月和8—9月均有一次 Las 带菌量高峰期有关。PELZ-STELINSKI 等[4]报道亚洲柑橘木虱携带 Las 菌后取食未感染黄龙病的健康橘树约25天后，亚洲柑橘木虱带 Las 菌比例从100%降低至小于10%，他们认为亚洲柑橘木虱在健康橘树上饲养后其携带的 Las 菌量在体内会随着时间下降。因此，也可以解释由于在1—10月黄龙病树带菌量较低，从而导致2—11月亚洲柑橘木虱带菌比例和其携带 Las 菌量较低。

四、讨论

许多节肢动物的传菌能力研究表明，寄主的病原菌量直接影响其摄入的细菌量和随后的传菌能力，也就是节肢动物的传菌能力与寄主病原菌的量和其摄入食物量相关[22-23]，亚洲柑橘木虱在10^3/mL 浓度及1mL 摄入量下，仅有38%的亚洲柑橘木虱获得 Las 菌，也许部分未检测出 Las 菌是由于样品中病原菌的模板数量太少而导致无法通过 qPCR 检出[24]，这说明感染黄龙病的柑橘树 Las 菌量直接与亚洲柑橘木虱带菌比例和带菌量相关，而且本研究结果也表明橘树 Las 菌量越高的月份亚洲柑橘木虱的带菌率和带菌量也越高，从而造成带菌亚洲柑橘木虱传播黄龙病能力加强。

在柑橘黄龙病区没有更好的办法使亚洲柑橘木虱不会带 Las 菌及传播该菌，目前只能采用综合防控的办法即通过挖除减少病树减少毒源，复栽健康植株和抗黄龙病的柑橘品种，并持续监测和控制亚洲柑橘木虱等措施[24]。喷施化学农药仍是防治亚洲柑橘木虱最主要的措施。冬季清园可以消灭越冬成虫，从而显著减少春季虫口基数，是全年防治亚洲柑橘木虱最关键的时期。其次为新梢抽发期，应该在新芽长度0.5～1.0cm 时开始喷药防治，随着新芽的生长，相隔5～10天后再次喷药[25]。

本研究结果显示，感染黄龙病的橘树由于在11—12月 Las 菌量最高，从而使得亚洲柑橘木虱在12月至翌年1月带菌比例最高、传菌能力最强。由此可说明，12月至翌年1月间是亚洲柑橘木虱的重要防治区间，该时期如果漏过少量的亚洲柑橘木虱就会造成柑橘黄龙病发生的几率大大增加，这可能是在浙江一些亚洲柑橘木虱虫口密度低的地区柑橘黄龙病同样发生的一个原因。因此，通过本研究可以认为，在以防控柑橘黄龙病为目标的亚洲柑橘木虱防治冬季和春季的清园是非常重要的环节，这对于减少越冬成虫和降低黄龙病传播风险是非常有必要的工作。

参考文献

[1] DA GRACA，J. V. Etiology，history and world situation of citrus Huanglongbing. 2nd International workshop on citrus Huanglongbing and the Asian citrus psyllid. 2010，Mérida，Yucatán，México.

[2] 丁芳，洪霓，钟云，等. 中国柑橘黄龙病病原16SrDNA 序列研究 [J]. 园艺学报，2008，35（5）：649-654.

DING F, HONG N, ZHONG Y , et al. Studies on 16S rDNA Sequence of Citrus Huanglongbing Bacteria in China. Acta Horticulturae Sinica, 2008, 35 (5) : 649-654. (in Chinese with English abstract)

[3] XU, XIA C F , LI Y H, KE K B, et al. Further study of the transmission of citrus huanglongbing by a psyllid, Diaphorina citri Kuwayama. 10th Conference of the International Organization of Citrus Virologists. 1988, Riverside, CA.

[4] PELZ-STELINSKI K, K S Brlansky, RH Ebert, et al. Transmission parameters for Candidatus Liberibacter asiaticus by Asian citrus psyllid (Hemiptera : Psyllidae) . Journal of economic entomology 2010, 103 (5) : 1 531-1 541.

[5] MANN RS, PELZ-STELINSKI K, HERMANN SL, et al. Sexual transmission of a plant pathogenic bacterium, Candidatus Liberibacter asiaticus, between conspecific insect vectors duringmating. PLoSONE, 2011, 6 (12) : e29 197.

[6] AMMAR E D. Propagative transmission of plant and animal viruses by insects : factors affecting vector specificity and competence.Advances in Disease Vector Research, 1994, 10 : 289–332.

[7] AMMAR E D, Shatters RG, Lynch C, et al. Detection and relative titer of Candidatus Liberibacter asiaticus in the salivary glands and alimentary canal of Diaphorina citri (Hemiptera : Psyllidae) vector of citrus huanglongbing disease. Annals of the Entomological Society of America, 2011, 104 : 526–533.

[8] AMMAR E D, Shatters RG, Jr & Hall DG. Localization of Candidatus Liberibacter asiaticus, associated with citrus huanglongbing disease, in its psyllid vector using fluorescence in situ hybridization. Journal of Phytopathology , 2011, 159 : 726–734.

[9] HALL D G. Biology, history and world status of Diaphorina citri. 1er Taller Internacional sobre huanglongbing de los cítricos (Candidatus Liberibacter spp.) 2008, yel psílido asiático de los cítricos (Diaphorina citri) .

[10] HALL, D G, WENNINGER, ERIK J H, et al. Temperature studies with the Asian citrus psyllid, Diaphorina citri : Cold hardiness and temperature thresholds for oviposition. Journal of Insect Science, 2011 , 11 (1) : 83.

[11] HALL D G , RICHARDSON, MATTHEW L A, et al. Asian citrus psyllid, Diaphorina citri, vector of citrus huanglongbing disease. Entomologia Experimentalis et Applicata, 2013 , 146 (2) : 207-223.

[12] TIWARI, SIDDHARTH M, RAJINDER S R, et al. Insecticide resistance in field populations of Asian citrus psyllid in Florida. Pest anagement science, 2011, 67 (10) : 1258-1268.

[13] MANN, RAJINDER S ALI, JARED G H, et al. Induced release of a plant-defense volatile 'deceptively' attracts insect vectors to plants infected with a bacterial

pathogen. PLoS Pathog，2012，8（3）：e1 002 610.

[14] PELZ-STELINSKI，K S ROGERS，M BRLANSKY，R. Vector-pathogen interactions：transmission of Candidatus Liberibacter asiaticus and its effect on Asian citrus psyllid life history. 2011，Second Annual Citrus Health Research Forum.

[15] CEN，YANG Y J，C L，et al. Feeding behaviour of the Asiatic citrus psyllid，Diaphorina citri，on healthy and huanglongbing-infected citrus. Entomologia Experimentalis et Applicata，2012，143（1）：13-22.

[16] AKSENOV，ALEXANDER A P，ALBERTO P，et al. Detection of Huanglongbing disease using differential mobility spectrometry. Analytical chemistry，2014，86（5）：2481-2488.

[17] TEIXEIRA，SAILLARD D C ，COLETTE C，et al. Distribution and quantification of Candidatus Liberibacter americanus，agent of huanglongbing disease of citrus in Sao Paulo State，Brasil，in leaves of an affected sweet orange tree as determined by PCR. Molecular and cellular probes ，2008，22（3）：139-150.

[18] 胡浩，殷幼平，张利平，等 . 柑橘黄龙病的常规 PCR 及荧光定量 PCR 检测 [J]. 中国农业科学，2006 ，39（12）：2 491-2 497.

HU H，YIN Y，ZHANG L P，et al. Detection of Citrus Huanglongbing by Conventional and Two Fluorescence Quantitative PCR Assays. Scientia Agricultura Sinica，2006 ，39（12）：2491-2497.（in Chinese with English abstract）

[19] 廖晓兰，朱水芳，赵文军，等 . 柑橘黄龙病病原16S rDNA 克隆，测序及实时荧光 PCR 检测方法的建立 [J]. 农业生物技术学报，2004，12（1）：80-85 .

LIAO X L，ZHU S F，ZHAO W J，et al. Cloning and Sequencing of Citrus Huanglongbing Pathogen 16S rDNA and Its Detection by Real-time Fluorescent PCR. Journal of Agricultural Biotechnology，2004，12（1）：80-85.（in Chinese with English abstract）

[20] LI，WENBIN H，JOHN S L，et al. Quantitative real-time PCR for detection and identification of Candidatus Liberibacter species associated with citrus huanglongbing. Journal of microbiological methods，2006，66（1）：104-115.

[21] 胡浩 . 应用荧光定量 PCR 技术研究亚洲韧皮部杆菌在寄主体内的动态变化及分布 [J]. 重庆：重庆大学，2007：38-47.

HU H. Research on Dynamic Change and Distribution of Candidatus Liberibacter Asisticus in Hosts with Real-time PCR. Chongqing：Chongqing university，2007：38-47.（in Chinese with English abstract）

[22] LORD，CYNTHIA C RUTLEDGE，C ROXANNE TABACHNICK，et al. Relationships between host viremia and vector susceptibility for arboviruses. Journal of medical entomology.2006 ，43（3）：623-630.

[23] COLETTA-FILHO，HELVECIO D DAUGHERTY，MATTHEW P FERREIRA，

et al. Temporal Progression of ‘Candidatus Liberibacter asiaticus’ Infection in Citrus and Acquisition Efficiency by Diaphorina citri. Phytopathology，2014，104（4）：416-421.

[24] TABACHNICK，W J. Diaphorina citri（Hemiptera：Liviidae）Vector Competence for the Citrus Greening Pathogen ‘Candidatus Liberibacter Asiaticus’. Journal of economic entomology，2015，108（3）：839-848.

[25] AUBERT B. Integrated activities for the control of huanglongbing-greening and its vector Diaphorina citri Kuwayama in Asia. 1990，Proceedings of the Fourth FAO-UNDP International Asia Pacific Conference on Citrus Rehabilitation.

[26] 汪善勤，肖云丽，张宏宇．我国柑橘木虱潜在适生区分布及趋势分析 [J]. 应用昆虫学报，2015，52（5）：1 140-1 148

原　　载：《浙江大学学报(农业与生命科学版)》2017年第1期。

基金项目：农业部公益性行业(农业)科研专项经费项目“柑橘黄龙病和溃疡病综合防控技术研究与示范”(201003067)，浙江省科技计划项目“柑橘黄龙病监测与防控策略研究”(2004C32087)，现代农业(柑橘)产业技术体系华东柑橘综合试验站项目)。

注：黄振东为共同第一作者与通讯作者。

论文七：柑橘黄龙病发生为害与防治指标研究

余继华[1]　汪恩国[2*]

(1. 浙江省台州市黄岩区植物检疫站　2. 浙江省临海市植物保护站)

摘　要　根据2002—2006年柑橘黄龙病发生为害与防治指标研究，阐述了柑橘园柑橘黄龙病发生为害动态及其运动轨迹模型，分析了柑橘木虱“株虫量”与虫株率关系：$m=0.030\,2M_P-0.114\,5$（n=9，r=0.977 1**），柑橘木虱虫株率与柑橘黄龙病病株率关系：$P=0.896\,0M_P-4.575\,4$（n=36，r=0.947 9**），柑橘木虱带毒率与柑橘黄龙病发病率关系 $D=0.508\,5P+3.516\,7$（n=7，r=0.750 7**）；测定了柑橘黄龙病病株率与产量损失率关系：$Y=3.146\,9P-0.535\,4$（n=6，r=0.997 9**）。在拟定经济允许水平的基础上，制定出了柑橘黄龙病策略性防治指标为株发病率1.0%，预警指标为柑橘木虱带菌率4%；提出了柑橘树新梢(春梢、夏梢、秋梢)抽发初期为柑橘木虱防治适期，其防治指标为带菌柑橘木虱“株虫量”(东西南北中5梢合计的有效虫量)0.1头。经应用验证，与实际基本吻合。

关键词　柑橘　柑橘黄龙病　柑橘木虱　发生为害　防治指标

中图分类号　S436.661.1　**文献标识码**　A　**文章编号**　1004-1524(2009)04-0370-05

柑橘是黄岩和临海两地农业的重要支柱产业，种植面积1.7万 hm^2，常年总产量35多万t，为“蜜橘”之乡。柑橘黄龙病（*Liberobacter asiaticum* Poona et al.1995）是由柑橘木虱（*Diaphorina citri* kuwayana）为主要介体传播扩散的类细菌病害。自2002年传入显症为害以来，发病面积不断扩大，菌源地不断增加，疫情扩散速率不断升高，为害损失逐年加重，重病果园株发病率50%～80%，甚至大面积毁产毁园，成为柑橘生产的一大毁灾性病害。在加强柑橘苗木检疫监管的同时，控制柑橘黄龙病入侵或扩散流行，其有效措施在于及时做好病树挖除和治虫防病，则防治指标是其中的关键内容。由于柑橘黄龙病是国内检疫性病害，影响发生因素复杂、田间试验不易控制，调查量大，研究周期长，因此，制订防治指标难度较大。目前国内外在这方面缺乏系统而深入的研究。鉴于柑橘黄龙病入侵扩散态势，2002—2006年对柑橘黄龙病发生为害与防治指标进行了研究，现将结果报道如下。

一、材料与方法

（一）柑橘黄龙病发生为害动态监测

柑橘黄龙病发生为害动态，主要采取设立2个柑橘黄龙病疫情监测点进行监测：一是选择自然封闭环境条件较好的1个发病果园，面积33hm^2，常年处在失管条件下，既不防治传病媒介柑橘木虱，也不挖除病树，以此监测失管果园柑橘黄龙病疫情自然消长动态；二是选择1个病果园定点定树100株，每年在春梢、夏梢、秋梢的新梢抽发初期采用10%吡虫啉WP 1 500～2 000倍，或用5%氟虫腈（锐劲特）SC 1 500倍，或用1.8%阿维菌素（灭虫灵）EC 2 500倍防治柑橘木虱4次，其他防控措施按照正常果园管理，但不挖除病树，以此监测管理果园柑橘黄龙病的疫情消长动态以及治虫防病效果。

（二）柑橘黄龙病发生调查

根据柑橘黄龙病发病显症的“红鼻子果”和冬春期的“黄梢”症状进行发病调查，调查时间分2次，第一次为10月下旬至11月中旬查“红鼻子果”病树，边调查边挖除病树；第二次为12月至次年2月查“黄梢”病树，采用以果园为单位全面调查发病株数，分别记录果园生产情况和发病情况，并计算果园株发病率（果园株发病率%=合计病株数/果园总株数×100%）。

（三）柑橘木虱发生调查

以当地主栽的10～15年树龄的早熟温州蜜柑为调查品种，采用直接取样调查，以梅花式确定柑橘树10株，每株选东、南、西、北、中5个方位定梢（一般梢长30cm左右）1个，即每株查5梢，以5梢合计虫量作为“株虫量”。“株虫量”与虫株率关系测定，选择15年生早熟温州蜜柑果园，调查时间为夏梢抽发期（8月），正值柑橘木虱种群盛发期，选择不同虫口密度的11块橘地，每块样地按11m×75.8m直线取样100株，以1株为1个样本，每株分东、南、西、北、中5个方位调查5个梢，以5梢为1“株”，分别调查记载每株柑橘木虱的成、若虫数量，计算“株虫量”和虫株率。

（四）柑橘木虱带菌率测定

根据柑橘黄龙病田间不同发生程度，随机选择不同发病果园，对每个选定的果园进行柑橘黄龙病病株率调查，然后采集柑橘木虱成虫30头，将采样的成虫直接浸入70%酒精液内，送浙江省植保检疫局实验室进行 Nested-PCR 检测。

（五）柑橘黄龙病为害损失测定

随机选择柑橘黄龙病不同发生程度的10～15年生果园30个，以5个果园为1个处理（其中1个处理的5个果园为管理良好的无病果园，作为对照），每个果园随机抽样橘树30株，调查每株正常果数，调查病株数、计算病株率和30株橘树的正常总果数，并以10只称重进行株产换算，以发病果园处理与对照无病果园处理产量比较，计算产量损失率，其损失率 %=[无病果园处理产量—发病果园处理产量]/ 无病果园处理产量 ×100%。

二、结果与分析

（一）柑橘黄龙病发生为害动态

1. 失管果园柑橘黄龙病发生为害动态

根据2003—2006年对失管果园柑橘黄龙病发生为害动态监测，结果见表1。经表1显示，失管果园柑橘黄龙病株发病率2003年8.32%、2004年21.47%、2005年30.50%、2006年49.38%，其疫情扩散呈现指数上升。通过生物统计分析，将2003—2006年的年度时间序列设为 N（N=2，3，4，5），其疫情扩散速率设为 P（P%= 当年果园株发病率 %），两者呈极显著的指数函数关系，将年度时间序列与其疫情扩散进行轨迹模拟，其发生为害动态模型为：

$P=2.369\ 6^{N-1.890\ 7}$（n=4　r=0.993 1**）…………………………………………（1）

表1　失管果园柑橘黄龙病发生为害动态

年份	时间序列（N）	种植数量（株）	发病株数（株）	株发病率（P%）
2003	2	39 200	3 261	8.32
2004	3	35 939	7 715	21.47
2005	4	28 224	8 609	30.50
2006	5	19 615	9 685	49.38

2. 管理果园柑橘黄龙病发生为害动态

根据2002—2006年对“治虫防病”的管理果园定点监测，结果见表2。经表2表明，2002—2006年该果园柑橘黄龙病株发病率分别为2%、5%、10%、17%、28%。由此可见，通过“治虫防病”可大大减轻或延缓柑橘黄龙病发生为害。经统计回归分析模拟，其时间序列的病情扩散速率呈直线上升，其果园病情扩散速率（P%：株发病率 %）与时间序列的发病年数 N（N_1=1，2，3，4，5）呈极显著线性关系：

P=6.40N−6.80（n=5，r=0.972 3**）…………………………………………（2）

表2　管理果园柑橘黄龙病病情扩散为害动态

年份	调查日期	时间序列（N）	调查株数	发病株数	株病率（%）
2002	11.10	1	100	2	2
2003	11.7	2	100	5	5
2004	11.5	3	100	10	10
2005	11.2	4	100	17	17
2006	11.5	5	100	28	28

（二）柑橘木虱“株虫量”与虫株率关系

根据柑橘木虱成若虫盛发期（2006年8月）对11个果园柑橘木虱株虫量与虫株率关系测定，结果见表3。以柑橘木虱“株虫量”（株虫量：即东西南北中方位5个枝梢（30cm左右长）的虫量）为M，带菌柑橘木虱“株虫量”（5梢虫量 × 带菌率 %= 有效“株虫量”）为m，柑橘木虱虫株率为M_P%，经统计分析，带菌柑橘木虱“有效株虫量”与虫株率呈极显著正相关关系，其相关方程式为：

$m=0.030\,2M_P-0.114\,5$（n=9，r=0.977 1**）……………………………………………（3）

表3　柑橘木虱株虫量与虫株率关系测定

果园序号	调查株数	“株虫量”（头/5梢）	带菌率（%）	有效株虫量（头/5梢）	虫株率（%）
1	100	0.29	41.36	0.12	5
2	100	0.79	41.36	0.33	15
3	100	0.85	41.36	0.35	16
4	100	1.53	41.36	0.63	26
5	100	2.30	41.36	0.95	31
6	100	2.09	41.36	0.86	36
7	100	2.80	41.36	1.16	44
8	100	2.58	41.36	1.07	44
9	100	4.33	41.36	1.79	57

（三）柑橘木虱虫株率与柑橘黄龙病病株率关系

根据对临海、黄岩36个乡镇果园的柑橘木虱和柑橘黄龙病发生情况普查，柑橘木虱普查时间为8—9月，柑橘黄龙病发病率普查时间为10—12月，结果见表4。表明柑橘黄龙病零星或轻发生的果园，其柑橘木虱平均虫株率均在10%以下，中重程度发生果园的柑橘木虱平均虫株率10%以上。经统计分析，柑橘木虱虫株率与柑橘黄龙病株发病率呈极显著正相关关系，其相关方程式为：

$P=0.896\,0M_P-4.575\,4$（n=36，r=0.947 9**）……………………………………………（4）

表4 柑橘木虱虫株率和柑橘黄龙病病株率关系调查

序号	果园地址	虫株率（%）	病株率（%）	发生程度	序号	果园地址	虫株率（%）	病株率（%）	发生程度
1	临海沿江	7.07	0.05	零星	19	临海小芝	5.02	0.1	轻
2	临海沿江	7.07	0.05	零星	20	临海大田	1.5	0.11	轻
3	临海涌泉	2.36	0.07	零星	21	临海括苍	7.23	0.23	轻
4	临海杜桥	3.02	0.07	零星	22	黄岩江口	5.71	0.57	轻
5	临海桃渚	3.73	0.03	零星	23	黄岩澄江	5.08	0.21	轻
6	临海上畔	2.43	0.02	零星	24	黄岩头陀	8.4	0.77	轻
7	临海东塍	5.91	0.05	零星	25	黄岩茅畲	6.32	0.33	轻
8	临海汇溪	1.77	0.01	零星	26	临海江南	8.03	1.14	中
9	临海邵家渡	3.58	0.05	零星	27	黄岩南城	10.98	3.23	中
10	临海永丰	8.56	0.01	零星	28	黄岩高桥	10.56	6.73	中
11	临海白水洋	6.75	0.03	零星	29	黄岩院桥	22.2	8.86	中
12	临海河头	8.9	0.01	零星	30	黄岩屿头	12.8	8.35	中
13	黄岩东城	0.77	0.01	零星	31	黄岩沙埠	28.78	13.95	重
14	黄岩西城	0.34	0.01	零星	32	黄岩北洋	22.74	12.4	重
15	黄岩新前	1.34	0.001	零星	33	黄岩宁溪	18.6	11.47	重
16	临海大洋	6.24	0.22	轻	34	黄岩平田	39.08	35.08	重
17	临海古城	6.52	0.32	轻	35	黄岩上垟	31.39	15.7	重
18	临海汛桥	4.31	0.1	轻	36	黄岩上郑	54.72	55.24	重

（四）柑橘木虱带毒率与柑橘黄龙病发病率关系

根据2002—2005年对柑橘黄龙病不同发生程度果园采集柑橘木虱成虫测定，结果见表5。经生物统计，柑橘木虱带毒率（D%）与果园柑橘黄龙病株发病率（P%）呈极显著相关关系：

D =0.508 5P+3.516 7（n=7，r=0.750 7**）…………………………………………………（5）

表5 柑橘黄龙病病株率与柑橘木虱带毒率关系测定

果园序号	采集时间	柑橘黄龙病病株率（%）	柑橘木虱采样虫数	柑橘木虱检测虫数	柑橘木虱带菌率（%）
1	2002.10	0	50	36	0
2	2004.11	0	50	30	3.3
3	2005.8	7.0	50	36	13.3
4	2002.10	12.3	50	36	5.6
5	2005.8	12.9	50	30	13.3
6	2005.8	13.1	50	30	10
7	2002.10	23.1	50	36	13.9

（五）柑橘黄龙病病株率与产量损失率关系

柑橘黄龙病是系统性侵染病害，发病果园造成病树果实无商品价值外，其水土保持、水源涵养、田间小气候等也会受到较大破坏，田间管理也容易丧失信心，致使产量损失率大大高于病株率。根据柑橘黄龙病病株率与产量损失率关系测定，结果见表6。经统计分析其病株率（P%）与果园产量损失率（Y%）呈极显著相关关系，其相关方程式为：

$$Y=3.1469P-0.5354\ (n=6, r=0.9979^{**}) \qquad (6)$$

表6　15年生柑橘园病株率与产量损失率测定

处理	调查果园数	平均病株率（%）	调查株数	平均株产果（个）	平均株产（kg）	产量损失率（%）
处理1	5	0	150	304	30.4	0.00
处理2	5	2	150	285	28.5	6.25
处理3	5	4	150	264	26.4	13.16
处理4	5	8	150	239	23.9	21.38
处理5	5	15	150	161	16.1	47.04
处理6	5	20	150	112	11.2	63.16

（六）防治指标拟订

1. 经济允许水平

柑橘黄龙病是由媒介柑橘木虱带菌传染发生的类细菌病害，控制柑橘抽梢期柑橘木虱是预防发病扩散流行的根本措施，故柑橘黄龙病的经济允许水平可由下式来确定：

$$EIL=(C\cdot F)/(P\cdot E\cdot L)\times 100=(IC+HC+MC)\times F/(P\cdot E\cdot Y)\times 100$$

根据柑橘木虱防治试验，10% 吡虫啉 WP 2 000倍、5% 氟虫腈 SC 1 500倍、1.8% 阿维菌素 EC 2 500倍3种农药对柑橘木虱成若虫都有良好的防治效果。全年在春梢、夏梢、秋梢初期持续交替防治3～5次，防治效果可达90%，折 IC 为8.00元，HC 为20.00元，MC 为2.00元，计防治成本为30.00元，每亩果园产量2 500 kg（Y），每 kg 1.0元（P），取 F=2，则 EIL=2.67%，即柑橘黄龙病“治虫防病”的经济允许水平为2.67%。

2. 策略性防治指标

根据柑橘黄龙病病株率与产量损失率关系方程，在经济允许损失水平下，确定柑橘园柑橘黄龙病的策略性防治指标为柑橘黄龙病初发期株发病率1.0%，即柑橘园柑橘黄龙病初发期株发病率超过1.0%时，应彻底挖除病树控制菌源；同时做好柑橘木虱全面药剂防治，以防携菌柑橘木虱将菌源向无病果园或健树迁移扩散传染为害。

柑橘黄龙病果实症状

3. 柑橘木虱带菌率预测及其预警指标

根据柑橘黄龙病病株率与柑橘木虱带菌率关系模型，可通过调查果园柑橘黄龙病病株率，预测果园柑橘木虱带菌率；当果园柑橘黄龙病初发期株发病率达到1.0%时，即果园柑橘木虱带菌率超过4.0%时，预示柑橘黄龙病将形成较大较重的扩散为害。所以，凡检测或预测柑橘园柑橘木虱带菌率超过4.0%时，即可作出柑橘黄龙病流行预警，应加大对柑橘木虱的全面防治。

4. 柑橘梢期防治指标

“治虫防病”是柑橘黄龙病防虫媒传播扩散的根本措施，防治柑橘木虱携菌扩散传染的防治适期为柑橘树新梢（春梢、夏梢、秋梢）抽发初期，其防治指标在经济允许水平下，确定柑橘木虱有效“株虫量”（有效“株虫量”=5梢虫量 × 带菌率 %）为0.075头，即柑橘黄龙病“治虫防病”的防治指标为带菌柑橘木虱“株虫量”0.1头 /（东西南北中5个梢虫量）。

三、小结与讨论

（1）柑橘黄龙病疫情扩散呈现指数函数运动轨迹。综观柑橘黄龙病入侵发生与为害动态，在失管果园病情运行呈指数函数扩散，其扩散模型为：$P=2.369\,6^{N-1.890\,7}$，按此模型分析，达到全园毁园仅需7～8年时间；但在“治虫防病”果园病情运行却呈线性模型扩散：$P_1=6.40N_1-6.80$，按此推算达到全园毁园需17～18年。由此可见，通过“治虫防病”可大大减轻或延缓柑橘黄龙病发生为害。

（2）柑橘黄龙病疫情扩散速度快，控制初发期菌源是重要基础。挖除病株是初发期柑橘黄龙病防控的重要措施，其防控的重点在于抓好策略性防控指标的实施，其策略性防控指标为柑橘黄龙病初发期病株率1%，或预测柑橘木虱带菌率4%。

（3）柑橘黄龙病发病扩散流行主要取决于柑橘新梢抽发感染敏感期的柑橘木虱种群数量及其带毒率高低。“治虫防病”是当前柑橘黄龙病防扩散流行的根本措施，其防控的关键在于柑橘树“三梢”（春梢、夏梢、秋梢）抽发感染敏感期的柑橘木虱统一药剂防治。实施指标防治是确保田间柑橘黄龙病有效控制的重要基础，其防治指标为橘树“三梢”（春梢、夏梢、秋梢）抽发初期带菌柑橘木虱有效“株虫量”（东西南北中5梢虫量 × 带菌率 %）0.1头。

（4）果园柑橘木虱带毒率（D）可采用 Nested-PCR 检测，也可通过果园柑橘黄龙病病株率预测。柑橘木虱带毒率可直接采取 PCR 测定，也可应用果园柑橘黄龙病病株率与柑橘木虱带毒率相关模型进行预测：$D=0.508\,5P+3.516\,7$。经实测验证吻合率达86.27%，这对控制柑橘黄龙病、推行有效“株虫量“防治指标具有良好的效果。经2005—2006年田间应用验证，与实际基本相吻合。通过上述指标的执行应用，对有效地控制柑橘黄龙病灾害流行，提高柑橘黄龙病综合防控水平，保障柑橘可持续生产具有重要指导意义。

参考文献

[1] 张左生 . 粮油作物病虫害预测预报 [M]. 上海：上海科技出版社，1995：290-292.

[2] 汪恩国，王华弟，关梅萍，等 . 杂交水稻黑条矮缩病为害与防治指标研究初报 [J]. 中国

农学通报，2005（1）：23-24.

[3] 叶志勇，余继华，汪恩国，等．柑橘木虱种群空间分布型及抽样技术研究 [J]. 中国植保导刊，2007（6）：35-37.

[4] 叶志勇，余继华，孟幼青，等．浅析柑橘黄龙病发病流行的主要因子 [J]. 中国植保导刊，2007（11）：25-27.

[5] 张敏荣，余继华，於一敏，等．采取健身栽培措施减轻柑橘黄龙病发生 [J]. 浙江柑橘，2007（4）：28-30.

[6] 叶志勇，余继华，陶　健等．柑橘木虱防治药剂筛选试验 [J]. 浙江农业科学，2007（4）：461-463.

[7] 余继华，汪恩国．柑橘黄龙病入侵与疫情扩散模型研究 [J]. 中国农学通报，2008（8）：387-391.

[8] 余继华，林云彪．外来有害生物及防控 [M]. 北京：中国科学技术出版社，2008：240-251.

原　　载：《浙江农业学报》2009年第4期。

基金项目：浙江省科技计划项目“柑橘黄龙病监测与防控策略研究”（2004C32087）。

注：汪恩国为通讯作者。

论文八：黄岩橘区柑橘黄龙病发生流行原因及防控对策

余继华[1]　叶志勇[1]　於一敏[2]　陶　健[1]

（1. 浙江省台州市黄岩区植物检疫站　2. 台州市黄岩区院桥镇农业办公室）

摘　要　为探索柑橘黄龙病发生流行原因，文章从柑橘黄龙病传毒媒介——柑橘木虱的普遍发生、一些果农从病区调运柑橘苗木和接穗、失管和半失管橘园面积扩大和病菌初侵染期病树确认难等5个方面，分析了柑橘黄龙病在黄岩橘区发生流行的原因。提出了柑橘黄龙病防控工作要建立完善长效机制，以政府负总责；强化柑橘类苗木的检疫监管；柑橘要实行规模化种植并精细化管理，提高橘树自身抗病能力；做好春夏秋三梢期的木虱防治工作；及时铲除病树等防控对策。

关键词　柑橘黄龙病　发生原因　防控对策

中图分类号　S436.661.1+2　**文献标识码**　B

2002年11月，黄岩橘区首次发现柑橘黄龙病疫情，当年全区只有院桥、沙埠2镇的36个行政村发生，病树数为8 510株。2003年有7个乡（镇、街道）共99个行政村发病，病树数增加到113 115株。到2004年，整个黄岩橘区除富山乡、北城街道外，其余17个乡（镇、街道）都已发生柑橘黄龙病，发病村数为225个，病树达312 105株。发病比较严重的9个乡（镇、街道），病株率为1.47%～44.61%，发病较轻的8个乡（镇、街道），病株率为0.000 8%～0.85%。为此，笔者对近3年黄岩橘区柑橘黄龙病发生流行的原因进行研究与分析，提出了防控对策。

一、发生流行的原因分析

(一)未经检疫，擅自调运柑橘类苗木、接穗

少数果苗经营户的植检法律、法规意识不强，擅自调运柑橘类苗木、接穗等繁殖材料，是柑橘黄龙病远距离传播、扩散的主要原因，特别是高接换种的橘园，因其接穗未经检疫和消毒处理，导致成片橘树提早绝产毁园。

(二)柑橘木虱普遍发生

由于冬季气温升高，柑橘木虱适生区向北推移，导致柑橘木虱在黄岩橘区普遍发生。2004年调查，黄岩共有18个乡(镇、街道)的250个村发生柑橘木虱，发生面积为3 035.47hm^2。木虱在病、健树之间的获毒、传毒，是柑橘黄龙病近距离传播、扩散的诱因。

(三)种植柑橘比较效益低，导致管理粗放

由于近年柑橘销售价格较低，部分橘农对柑橘疏于管理。黄岩柑橘种植面积6 057.4hm^2，失管面积为1 335.47hm^2，占22.1%。失管橘园树势弱，又不进行病虫害防治，成为各种病虫害的孳生地，也成了柑橘黄龙病传病媒介—柑橘木虱集散中心。

(四)缺少快速有效的检测诊断技术，对处在初侵染期和潜伏期的柑橘病树难以确认

柑橘黄龙病快速检测技术尚未得到普及与应用，很多处于初侵染期、潜伏期的前期病树因未表现出典型的症状，而未被及时发现。随着时间的推移，这些被感染的病树，逐渐表现出典型症状。不能及时发现初期病树，导致病树漏查、漏挖。

(五)对柑橘黄龙病的为害认识不足

疫病防控是政府的主要职责，但是个别乡(镇、街道)领导不够重视，未把柑橘黄龙病防控作为政府的重要工作来抓。另外，有些橘农对该病的发生存在侥幸心理而等待观望，尤其是新病区的有些橘农还未感受到柑橘黄龙病为害的严重性，导致柑橘黄龙病的疫情出现漏报，甚至瞒报现象。病树也存在漏挖或处理不彻底现象。

二、防控对策

(一)按可持续发展要求全面做好柑橘黄龙病的防控工作

一是在植物检疫和技术推广部门的指导下，选择无病区或隔离条件好的园、块进行连片种植，并要有一定的规模。二是建立优质果和品牌基地，并实行精细管理；采用脱毒苗的方法保护种质资源和建立母本园，对种质资源圃实施设施栽培，确保基地和种质资源不染病。三是建立无病苗木繁育基地，采用茎尖脱毒芽接技术培育健康种苗，并实行指定繁种、供种制度；对要移栽的苗木先检测确认不带菌后种植。四是柑橘种植向种橘能手集中，必须实施科学的栽培管理，实施健身防病栽培，规模化和集约化经营果园。

（二）建立和完善柑橘黄龙病防控的长效机制

一是建立宣传工作体系，各级政府和农业主管部门，充分利用各种传媒，进行广泛宣传，使农民充分了解其为害性，主动地开展防控工作。二是建立技术支撑体系，加强农业与科研部门之间的交流与协作，建立和普及柑橘黄龙病原快速检测技术平台，做到尽早发现病树。三是建议政府拨出专项经费作为柑橘黄龙病防控和病果园改造经费和病树挖除补助资金。四是完善监督和激励机制。明确县、乡两级政府职责，乡（镇）一级政府作为第一责任人，应全面负责辖区内疫病防控的组织和实施工作。实行年度考核制度，对完成目标管理工作任务、成绩突出的单位和个人给予表彰和奖励。

（三）依法检疫柑橘类苗木

严禁从柑橘黄龙病疫情发生地区调入柑橘类苗木和接穗；加强苗木市场检疫检查，对未经产地检疫和调运检疫或来自疫情发生区的柑橘类苗木和接穗，依法从严查处。交通、邮政、民航等部门应严格执行植物检疫法规，严禁承运或收寄未经检疫的柑橘类苗木和接穗。

（四）普查柑橘黄龙病疫情，挖除柑橘黄龙病病株

乡（镇）一级组织培训疫情普查人员和骨干橘农，提高对柑橘黄龙病的识别能力，全面彻底做好疫情普查工作，不留死角，减少漏查率，确保普查质量，为搞清疫情和挖除病株提供科学依据。提倡普查与挖除病株同时进行。柑橘黄龙病病株是毒源的集散中心，在来年春梢萌发之前必须彻底铲除。对株发病率在20%～30%的重病橘园，全部挖除柑橘树，实行全园改造，改种其他水果或经济作物，或隔2～3年再种无病苗。对失管橘园的病树，各乡（镇、街道）要组织专业队进行砍挖。

余继华在调查柑橘木虱

（五）做好柑橘木虱防治工作

在各柑橘主产区乡（镇、街道）设立病虫监测点，定点、定时系统开展柑橘木虱种群消长

监测，为“三梢”传毒关键期治虫防病提供科学依据。突出在春梢、夏梢和秋梢嫩芽初发传毒关键期抓好持续药剂防治，每次抽梢期持续喷药防治2～3次，将木虱虫量控制在不足以传毒水平以下，阻断传播扩散。

（六）实施优质、高产、健身栽培技术

增施有机肥料，合理搭配氮、磷、钾的比例，促进树势健壮生长。同时发动橘农做好春季疏摘春梢，夏季尽可能摘除全部嫩梢，秋季摘除早、晚秋梢，达到抽梢整齐，减少养分消耗和木虱发生，提高植株抗病能力。

柑橘木虱的普遍发生与柑橘类苗木和接穗的擅自调运，以及种橘比较效益低，导致失管和半失管橘园面积增加是柑橘黄龙病发生流行的主要原因。柑橘类苗木的调运必须经过植物检疫机构的同意；各级政府切实承担疫情防控的职责；做好柑橘木虱统防统治，提高防治效果；加强宣传，提高广大橘农防控疫情的自觉性；在秋冬季黄龙病显症期，必须彻底铲除病树，切断毒源。总之，针对柑橘黄龙病应采取“挖治管并重，综合防控”的策略，保障柑橘健康可持续生产。

原　　载：《中国植保导刊》2006年第1期。
基金项目：浙江省科技计划项目“柑橘黄龙病监测与防控策略研究”（2004C32087）。

论文九：柑橘黄龙病老龄果园发病力与时序发生规律研究

余继华[1]　汪恩国[2*]　张敏荣[1]　杨　晓[1]　卢　璐[1]　陶　建[1]

（1. 浙江省台州市黄岩区植物检疫站　2. 浙江省临海市植物保护站）

摘　要　为了揭示柑橘黄龙病自然感染年序病情发生规律，为提高监测预警防控水平提供科学依据，笔者于2002—2015年在天然隔离屏障良好的一个老龄果园开展柑橘黄龙病自然感染发病为害研究，在初入侵果园采取3个重复样地定点定株发病扩散为害系统调查。坚持14年试验结果表明：柑橘黄龙病自然感染发病力以自然感染发病4～5年后为最强盛，其发病力可达年新发病率10%～15%，较其初发病力增强2～3倍；其当年新发病率消长呈“M型”曲线变化规律：第一个自然感染发病显症高峰一般为初次入侵后的第五年前后，峰期一般为2～3年；第二个自然感染发病显症高峰为初次入侵后的第九年前后，峰期一般为1～3年，两峰之间为高位波动变化动态。老龄果园黄龙病积年发病呈Logistic曲线上行变化轨迹，其年序数值化变化模型为：Q=85.814 4/[1+EXP(4.006 3-0.583 7N)](n=14，r=0.994 1**)，其自然感染扩散大周期为16～17年(其中核心为害周期10年左右)。运用这些变化规律，对提升老龄果园黄龙病监测预警防控具有十分重要的指导意义。

关键词　柑橘　柑橘黄龙病　自然感染　发病力　发生规律
中图分类号　S412　**文献标识码**　A

柑橘黄龙病是世界柑橘生产上最具毁灭性的病害[1]。自20世纪初第一例柑橘黄龙病在华南地区首次报道以来[1]，中国有柑橘栽培的19个省、市、区已有11个遭受柑橘黄龙病为害。2004年巴西圣保罗州和2005年美国佛罗里达州[4]柑橘黄龙病相继发生，造成从业者的恐慌[2、3]。迄今，柑橘黄龙病已广泛分布于亚洲、非洲、南美洲和北美洲的40多个国家[1-6]。柑橘受黄龙病菌侵染后形成的红鼻果是柑橘黄龙病的典型症状，是田间诊断和识别的主要依据[7、8]。浙江台州是中国柑橘的著名产区之一，也是21世纪以来柑橘黄龙病的新发生区。自2002年入侵发病以来，发生范围不断扩大，发生面积不断增加，为害损失呈逐年加重趋势，成为当前柑橘生产的一种新的灾发性病害[9-11]。台州黄岩种植的柑橘大多为改革开放初期改造更新发展的果园，进入21世纪初大多为老龄果园（树龄多为15年以上），为有效指导防控，及时开展监测预警显得十分重要，尤其探明老龄果园柑橘黄龙病年序发生规律显得更为必要。谢钟琛[4]和陈慈相[5]等先后对福建和江西赣南柑橘黄龙病在空间方面发生动态作了较全面的研究，许长藩等[6]研究了黄龙病介体柑橘木虱传播规律，但对黄龙病时序病情发生规律，尤其老龄果园年序黄龙病病情消长规律却缺乏系统研究[1-6]。对此，笔者于2002—2015年坚持在柑橘黄龙病新入侵果园进行定园定点定株发病研究，以期探明老龄果园柑橘黄龙病发生规律，为监测预警防控决策提供科学依据。

一、材料与方法

（一）试验地概况

试验地点选择在台州市黄岩区上垟乡董岙村一果园，2002年首次查见黄龙病显症果实，其果园树龄为18年。该果园地处当地一水库内的一座小山丘（小瀛洲），自然隔离条件良好且具天然屏障的试验果园。果园土壤为砂性红黄壤土，土层深厚，土壤酸性，pH值在4.5～4.8，肥力中等。

（二）试验设计

试验设定3块样地，每块划定果园面积500m^2，连片方形定树45株。每块样地采取既不

病害自然扩散规律研究果园

挖除病树，也不采取柑橘木虱药剂防治措施，也不补植新种苗，任其自然感染发病扩散发展为害。每年于11月上旬在果实成熟期，依据柑橘黄龙病显症的“红鼻果”进行逐株调查，系统研究柑橘黄龙病发病力及其病情扩散动态，分样地统计柑橘黄龙病当年新发病株［当年新发病率（%）= 当年新发病橘树株数 / 调查总株数 ×100］、当年发病株就是积年发病株［积年发病率（%）= 当年发病橘树总株数 / 调查总株数 ×100］。

（三）调查方法

每年显症期对3块定点样地进行逐株调查，以株为单位，分别调查每株黄龙病病级，并按病级逐株记载。其病株病情分级标准为：0级：全树无病；1级：树上有零星（1个或2个果枝）显症病果；3级：显症病果枝占全树的1/3以下；5级：显症病果枝占全树的1/3以上至2/3以下；7级：显症病果枝占全树2/3以上；9级：全树死亡[12]；其病情指数 = ∑（各级病株数 × 该病级值）/（调查总株数 × 最高级值）×100。对于9级病果树，翌年以自然死亡即自然减树论处，不再继续作试验调查树数，也不再作发病树统计。

二、结果与分析

（一）柑橘黄龙病自然发病力变化及其年度之间病情消长规律

经图1显示可知，柑橘黄龙病自然感染发病力就是当年感染显症发病的新病树能力。通过以当年感染新发病显症病树的新发病率分析，柑橘黄龙病自然感染年度发病力变化轨迹呈波浪式“M 型”曲线变化规律，试验果园3个样地新发病率消长变化表现基本一致，以初次查诊柑橘黄龙病株发病率计算，第一个自然感染发病显症高峰一般为初次入侵后的第五年前后，峰期一般为2～3年，即样地Ⅰ当年新发病率从初始的2002年4.44%逐渐上升到2005—2007年高峰期的15.56%、11.11%和13.64%，样地Ⅱ从初始的2003年4.44%逐渐上升到2007—2008年高峰期的11.63%和11.90%，样地Ⅲ从初始的2003年2.22%逐渐上升到2006—2007年高峰期的13.33%和13.64%。然后果园各个样地新发病率均以波动方式处在高位运行变化，直至入侵后的第九年前后形成第二个自然感染高峰，峰期一般为1～3年，其样地Ⅰ新发病率2009年为11.90%，样地Ⅱ2010年为11.90%和2012年为19.44%，样地Ⅲ2011年为17.07%。

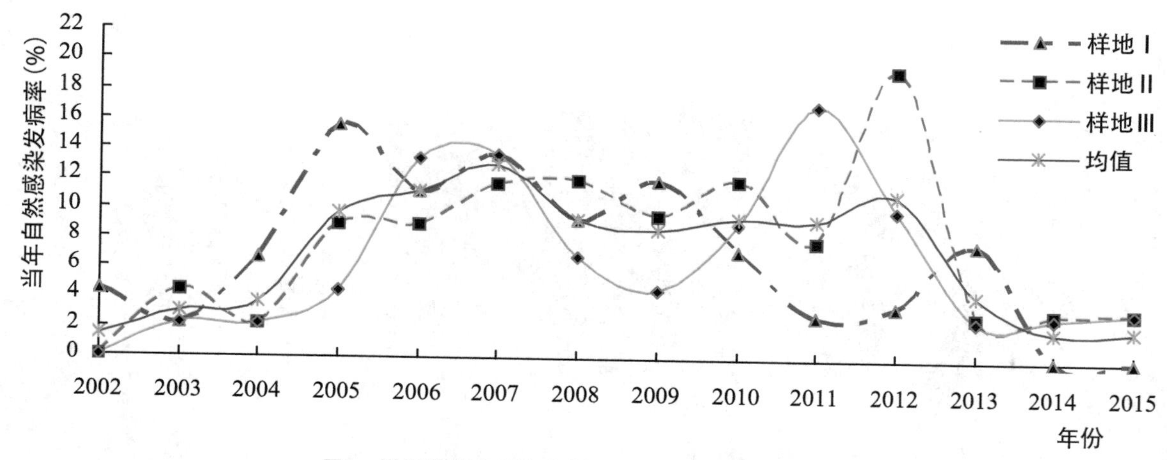

图1　柑橘黄龙病自然感染果园年度之间病情变化动态

至后再经过2年发病就处向低谷，其当年新发病率样地Ⅰ跌入2014年的0态，样地Ⅱ降为2013年的2.86%，样地Ⅲ下滑到2013年的2.56%。虽然果园在2年后发病率又有所回升且产生1个小高峰，但这谷底和小高峰都是毁园前的后发现象。由此可见，柑橘园初次自然感染黄龙病发病为害，一般4～5年后病情形成发病高峰，峰期发病力可达新发病率10%～15%，并在其高位波动运行5～6年后总体发病率趋80%以上。

（二）柑橘黄龙病年度发病力数学模型及其运行周期

柑橘黄龙病自然感染果园年度之间新发病率消长是随入侵时序年份推进而呈二次函数变化规律，通过将2002—2015年的3个样地新感染发病率均值（P%）进行曲线模拟，以2002年为数值化初始年度，即2002年 N=1，且 N=1，2，3，…，n，则新发病率变动轨迹数学模型为 $P=-0.237\,2N^2+3.543\,1N-2.374\,7$(n=14，r=0.888 9**，$r_{0.01}$=0.661 4)。综上模型分析，因为（$b^2-4ac$）= 10.300 4 ≥0，则其运行轨迹为抛物型二次函数曲线，当 $N=-b/(2a)=7.5\approx8$时，曲线轨迹存在高点极值即为发病率变化半周期，表明黄龙病自然扩散流行最大周期为15年左右，对新无病果园初次入侵感染发病到形成发生为害高峰需要持续感染发病7～8年。若以新发病率10% 作为高位运行值（Y=10%），则 X_1 = 5.568 6≈6和 X_2=9.368 6≈9，故黄龙病发病高峰期高位运行可持续3～4年。以此模型分析果园黄龙病从初始入侵到全园毁园（发病率80% 以上）只需10年左右。

（三）老龄果园黄龙病积年发病率运行轨迹及其病情发生为害规律

经图2可知，黄龙病积年发病率自然扩散流行呈典型的Logistic 曲线上行走势，其病情扩散为害是随时序推进而渐趋上升的变化规律。经统计处理分析，黄龙病积年发病率（Q%）与入侵年序数值化处理（设2002年为初始入侵年度，且 N=1，2，3，…）关系数学模型为Logistic 模型：$Q=85.814\,4/[1+EXP\,(4.006\,3-0.583\,7N)]$（n=14，r=0.994 1**）。表明老龄果园黄龙病首次查诊为2002年，其病情自然扩散变化呈周期性变化规律，大周期15年左右，其中核心为害周期10年左右。若田间查见发病后持续自然发病5、6年，则病情处高位状态并保持在渐近线附近运行，自然发病10～12年病株率80% 以上，即将整个果园为害处于毁园状

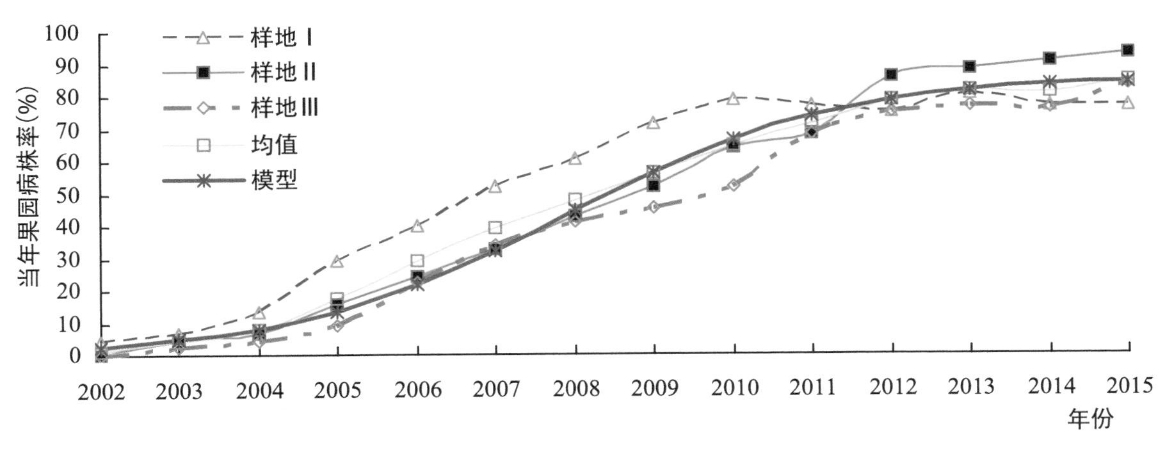

图2　柑橘黄龙病自然感染区积年累计发病率流行轨迹与动态

态。如此变化规律，是老龄果园黄龙病病原累积增加和传染媒介柑橘木虱共同影响所致。

三、结论

（一）柑橘黄龙病自然感染发病力以初入侵4～5年后为最强

试验结果表明，柑橘黄龙病自然感染年度发病力呈周期性变化特征，一般自初次自然感染发病4～5年后形成发病高峰，其发病力处最强盛，即峰期发病力可达年新发病率10%～15%，较其初次发病力增强2～3倍，并在其高位波动发病5～6年后使总体发病率超80%以上[13]。

（二）柑橘黄龙病年序新发病率消长呈“M型”曲线变化规律

14年自然发病果园连续调查表明，柑橘黄龙病当年新发病率消长呈“M型”曲线变化规律：第一个自然感染发病显症高峰一般为初次入侵后的第五年前后，峰期一般为2～3年；第二个自然感染发病显症高峰为初次入侵后的第九年前后，峰期一般为1～3年，两峰之间为高位波动变化动态。此后新发病率渐趋下降，直至果园全园发病毁园。

（三）老龄果园黄龙病积年病情扩散为害大周期为16～17年

柑橘黄龙病积年发病流行主要受寄主、病源量、介体种群数量、果园发病史和环境条件等诸多因素影响，发病发展至高位的时序范围较大，有报道为3～13年[11、14-15]。通过本试验建模分析表明，老龄果园黄龙病积年发病率自然扩散为害呈Logistic曲线上行变化轨迹，其年序数值变化数学模型为：$Q=85.8144/[1+EXP(4.0063-0.5837N)]$（$n=14$，$r=0.9941^{**}$）。表明老龄果园黄龙病自然扩散变化大周期16～17年，其中核心为害周期10年左右。运用这些变化规律，对提升老龄果园黄龙病监测预警防控具有十分重要的参考价值。

四、讨论

（一）柑橘老龄果园黄龙病发病扩散速率较为缓慢

谢钟琛[4]和陈慈相[5]等对黄龙病发病流行为害规律研究，着重通过对果园黄龙病发病普查认为黄龙病发病率主要与地理、品种、果园规模、气象要素等有关，而未对病害作系统发病研究；Gottwald等[3]研究认为，当田间病株和介体昆虫不采取任何控制措施时，3年生以上的果园发病率可在3~5年内达到甚至超过50%，而相对在老龄果园病情增长则较缓，一般在5年内甚至更长的时间里都难以达到这样的发病率，这也是通过田间调查估测分析得到的结果，实际上也未对病害作连续系统发病的跟踪研究。柑橘黄龙病为积年性流行病害，笔者是通过对田间病株和介体昆虫不采取任何控制措施的实际时间跟踪研究得出的结果。表明柑橘黄龙病在老龄果园尤其在新入侵区的老龄果园扩散速率较为缓慢，并呈周期性变化规律，这很大程度上是病害自身发病特性与果园树龄结合所致。

（二）对柑橘黄龙病时序变动模型验证

通过14年果园跟踪试验，柑橘园初次自然感染黄龙病发病为害，一般4~5年后病情形成发病高峰，并在其高位波动运行5~6年后总体发病率80%以上，从而建立了黄龙病积年发病率自然扩散流行Logistic模型，对杨建榕等[15]依据植物流行病学推导出的台湾地区柑橘黄

龙病发展模型 $X \approx X_0 e^{rt}$（X_0为初始发病率，r为病原菌传染系数，t为侵染时长）作了试验验证，表明及时病树挖除、介体昆虫柑橘木虱防治等措施对有效控制病害流行具有良好动能。

（三）柑橘黄龙病发病流行规律既取决于病害自身特性，也与介体昆虫、品种和气候条件等有关

柑橘黄龙病是积年流行性病害，苗木与接穗调运是远距离入侵的主要途径，柑橘木虱是果园间及果园内病树与健树之间的传播媒介，菟丝子也是柑橘树间传播媒介之一，目前尚无有效的治疗方法和抗病品种[16]。笔者于2014年和2015年连续2年进行了药剂治疗黄龙病的试验，并通过定量PCR检测，选用的农药对黄龙病菌浓度有影响，但病树仍表现症状，这与陈仕钦等[17]研究报道的用异噻唑啉酮和氨苄青霉素等药剂处理能降低病树的病菌浓度，对病症改善不明显相一致。

浙江省首轮柑橘黄龙病发生是在1980年代初期，发生范围在温州市瓯江以南柑橘种植区，当时省人民政府采取了划定温州瓯江以南为柑橘黄龙病疫区的封锁控制措施，在疫区连年挖病树治木虱，禁止疫区柑橘类苗木和病树外运，堵截了病源扩散途径，使疫情在近20年时间内没有跨越到瓯江以北橘区[18]。根据邓明学[19]研究，在柑橘黄龙病发生区以防治柑橘木虱为第一重要害虫综防区，在有病树存在的条件下，黄龙病病株率平均为2.05%；而以柑橘红蜘蛛为第一重要害虫的常规综防区，黄龙病病株率平均为22.83%。据邓欣毅[20]报道，柑橘木虱是柑橘黄龙病在果园中唯一非人为传播媒介，在黄龙病毁灭果园重新种植无病菌苗木，抓好防治木虱的7个关键时期，兼治其他害虫，只要果园内没有柑橘木虱，柑橘黄龙病就不能传播。在黄岩柑橘黄龙病毁园而改种无病苗的部分橘园，因周边生态环境有大量介体昆虫——柑橘木虱存在，带菌木虱喜欢集聚于无病幼龄橘树[21]，因此即使是种植无病苗也出现了第2轮毁园现象。柑橘木虱带菌率随着时序的变化而提高，2005年5月至2006年4月黄岩橘区柑橘木虱平均带菌率41.36%，12月带菌率63%；2010年7月至2011年3月平均带菌率达74.48%，12月其带菌率高达90%，这样高的带菌率，即使柑橘木虱数量较少，传播黄龙病菌的概率仍然较高，柑橘木虱带菌率的提高影响柑橘黄龙病发生为害周期的变化[22-23]，因此在病原与柑橘木虱并存的情况下，就易形成大面积发病流行。为了完善黄龙病发病为害规律，有待对介体昆虫尤其种群数量与带菌率对发病速率作进一步研究。

据孟幼青等[24]报道，浙江常规栽培的21个柑橘品种中，有20个品种发生柑橘黄龙病，但品种之间发病程度有差异。程保平等[16]采用常规和巢式PCR检测也证实，砂糖橘、贡柑、马水橘、甜橙、春甜桔、脐橙、佛手和粗柠檬中都检测到黄龙病菌，但佛手和粗柠檬阳性检测率较低。柑橘不同品种之间黄龙病发病程度有差异，主要原因是因为不同品种对介体昆虫吸引力有强弱。陈建利等[25]将13个柑橘品种组合在一起，柑橘木虱停靠在福橘、纽荷尔和佩奇甜橙上的成虫数量显著高于其他10个品种，福橘发病严重的原因是其对介体柑橘木虱的吸引力较强；刘登全等[26]用筛选到的黄龙病毒源树作接穗对椪柑、晚熟温州蜜柑和琯溪蜜柚进行芽接，观察嫁接植株的症状表现，椪柑表现高度感染，琯溪蜜柚有一定程度的耐病性，而晚熟温州蜜柑则表现高抗。基于分子技术，对现有优质品种转入抗病基因[27]，筛选培育抗病品种，以及研究对发病树的治疗技术，将有助于彻底解决黄龙病防控难题。

气候条件主要影响媒介昆虫的消长。春季干旱有利于木虱的活动繁殖，但冬季低温、夏季高温(旬均温28℃以上)、秋季干旱(相对湿度70%左右)，对柑橘木虱的种群有抑制作用，受冬季低温影响残存的少量柑橘木虱活虫，在寄主食物正常供给的情况下，在短期内木虱的种群数量就得到恢复[28-29]。因此，不会因为恶劣的气候条件而影响病区柑橘黄龙病的发生与流行。

参考文献

[1] Bove J M. Huanglongbing : A destructive, newly-emerging, century-old disease of citrus[J]. Journal of Plant Pathology,2006,88(1):7-37.

[2] Grafton-Cardwell E E, Stelinski L L, Stansly P A. Biology and Management of Asian Citrus Psyllid, Vector of the Huanglongbing Pathogens[J]. Annual Review of Entomology,2013,58:413-432.

[3] Gottwald T R, da Grasca J V, Bassanezi R B. Citrus Huanglongbing : The Pathogen and Its Impact[C]. Plant Health Progress, Plant management Netword 2007.

[4] 谢钟琛，李健，施清，等．福建省柑橘黄龙病为害及其流行规律研究[J].中国农业科学，2009,42(11):3 888-3 897.

[5] 陈慈相，张倩，谢金招，等．赣南地区柑橘黄龙病发生规律研究[J].中国南方果树，2015,44(6):43-45.

[6] 许长藩，夏雨华，李开本，等．柑橘木虱传播黄龙病的规律及病原在虫体内分布的研究[J].福建省农科院学报，1988,3(2):57-61.

[7] 林雄杰，范国成，胡菡青，等．福建温州蜜柑表现典型“红鼻果”症状[J].福建果树，2012(4):26-27.

[8] 唐铁京．柑橘黄龙病诊断和防控策略探讨[J].中国热带农业，2013(4):40-41.

[9] 汪恩国，李达林．柑橘黄龙病疫情监测与防控技术研究[J].中国农学通报，2012,28(4):278-282.

[10] 汪恩国，钟列权，明珂，等．柑橘黄龙病疫情运动规律与预警模型研究[J].浙江农业学报，2014,26(4):994-998.

[11] 余继华，汪恩国．柑橘黄龙病入侵与疫情扩散模型研究[J].中国农学通报，2008,24(8):387-391.

[12] 余继华，汪恩国，张敏荣，等．早熟柑橘黄龙病流行与所致产量损失关系研究[J].植物保护，2011(4):126-129.

[13] 余继华，卢璐，张敏荣，等．柑橘黄龙病不同管理方式疫情演变规律及防控效果研究[J].农学学报，2013,3(4):9-12.

[14] 柏自琴，周常勇．柑橘黄龙病病原分化及发生规律研究进展[J].中国农学通报，2012,28(1):133-137.

[15] 杨建榕，李健．台湾地区柑橘黄龙病流行病学研究进展[J].湖南农业大学学报：自然

科学版 ,2007,33(S):104-106.

[16] 程保平 , 鹿连明 , 彭埃天 , 等 . 柑橘多个品种和多个部位中黄龙病菌的检测与调查 [J]. 广东农业科学 ,2014(11):69-72.

[17] 陈仕钦 , 卢小林 , 陈玉龙 , 等 . 柑橘黄龙病防控药剂筛选试验初报 [J]. 植物保护 , 2014,40(2):166-170.

[18] 林云彪 , 余继华 , 孟幼青 . 柑橘黄龙病及持续治理 [M]. 北京：中国农业科学技术出版社 ,2012:42-51.

[19] 邓明学 . 以控制木虱为重点的柑橘黄龙病综合防治技术研究 [J]. 植物保护 , 2006, 32(6):147-149.

[20] 邓欣毅 , 雷智栋 . 柑橘黄龙病毁灭果园重新种植技术 [J]. 营销界 (农资与市场),2016, 8:72-74.

[21] 许长藩 , 夏雨华 , 柯冲 . 若干生态因素对柑橘木虱种群消长的影响 [J]. 福建农科院学报 ,1992,7(2):60-64.

[22] 余继华 , 顾云琴 . 植物疫情阻截与防控实践 [M]. 北京：中国农业出版社 ,2009:2-15.

[23] 鹿连明 , 杜丹超 , 张利平 , 等 . 黄岩橘区柑橘木虱发生情况及其带菌率 [J]. 浙江柑橘 , 2013,30(1):29-32.

[24] 孟幼青 , 董海涛 , 严铁 , 等 . 浙江不同品种柑橘黄龙病发生初报 [J]. 浙江农业科学 , 2006(5):568-569.

[25] 陈建利 , 阮传清 , 刘波 , 等 . 柑橘木虱对柑橘不同品种的趋性 [J]. 福建农业学报 ,2011, 26(2):280-283.

[26] 刘登全 , 崔朝宇 , 蒋军喜 , 等 . 不同柑橘品种对黄龙病的抗性鉴定 [J]. 江西农业大学学报 ,2014,36(1):97-101.

[27] 程春振 , 曾继吾 , 钟云 , 等 . 柑橘黄龙病研究进展 [J]. 园艺学报 ,2013,40(9):1656-1668.

[28] 张林锋 , 赵金鹏 , 曾鑫年 . 柑橘木虱种群动态与扩散的调查研究 [J]. 中国农学通报 , 2012,28(28):290-296.

[29] 白先进 , 邓崇岭 , 陆国保 , 等 , 柑桔木虱耐寒性调查研究 [J]. 中国南方果树 ,2008,37(6): 22-24.

原　　载：《农学学报》2017年第4期。

基金项目：农业部公益性行业(农业)科研专项经费项目“柑橘黄龙病和溃疡病综合防控技术研究与示范”(201003067)；科技部星火计划立项“健身栽培减轻柑橘黄龙病发生技术推广”(2013571)；浙江省科技计划项目“柑橘黄龙病监测与防控策略研究”(2004C32087)。

注：汪恩国为通讯作者。

论文十：黄岩区柑橘黄龙病成灾原因及防控措施

余继华　张敏荣　陶　健　杨　晓　卢　璐

（浙江省台州市黄岩区植物检疫站）

摘　要　从柑橘黄龙病传播途径和疫情特点着手，分析黄岩橘区黄龙病成灾原因，总结提出了实施政府主导、经费保障和宣传培训等政府行政措施，加强落实检疫监管、种植无病苗木、抓好三梢期木虱防治、挖除病树切断毒源和健身栽培等防控技术措施，实现了柑橘优势产业的可持续生产。

关键词　柑橘黄龙病　成灾原因　控制措施　黄岩

中图分类号　S436.66　**文献标识码**　B　**文章编号**　0528-9017（2014）12-1836-02

柑橘在黄岩有2000多年的栽培历史，是世界柑橘始祖地，“黄岩蜜橘”闻名中外，在唐代便被列为贡品，在国内外都有自己的特殊地位。自2002年首次发现柑橘黄龙病疫情后，黄岩区乡两级政府高度重视疫情的防控工作，坚持政府主导，坚持“治虫防病”，坚持“挖治管并重，综合防控”的策略，每年都化费大量的人力、物力、财力，至2014年累计投入防控经费903万元，砍挖病树199.45万株，通过落实各项疫情防控措施，建立防控示范区，提高全民防控信心，使发病株数从最高年份的2005年开始逐年下降，疫情防控工作取得了明显的成效，保障了柑橘的可持续生产。

一、柑橘黄龙病成灾原因

（一）种植带菌苗木

柑橘黄龙病是通过病苗木和病接穗的调运进行远距离传播的，种植带病苗木或嫁接带菌接穗往往使无病的新区变成病区。病原侵入到健康植株表现症状，潜育期可长达数月至数年，种植带病苗木，在营养生长期，一般不表现黄梢和斑驳的典型症状，疑似病株确诊难。但进入结果期，果实普遍显现“红鼻果”的典型症状，丧失价值。在黄岩就有因种植带病橘苗，而使成片橘园被毁的实例。有一农民2007年在黄岩上垟乡前岸村承包20hm^{2}山地种植柑橘，由于采用黄龙病区橘苗，到2011年柑橘投产时出现大量的“红鼻果”，发病橘树近万株，损失惨重；院桥镇唐家桥柑橘示范园区，2002年首先发现黄龙病，2007年毁园，部分农户自己繁育橘苗再种植在原来发病的果园上，橘苗在结果前表面上很“健康”，但到结果期却表现出“红鼻果”的典型症状，造成了第二次毁园，教训深刻。

（二）发生柑橘木虱

柑橘木虱在1996年首次传入，目前已在黄岩橘区普遍发生。2002年首次发生柑橘黄龙病后，木虱是引发黄龙病暴发流行的灾害性害虫。2004年调查，黄岩共发生面积为3 035.47hm^2。木虱在黄岩每年发生6～7代。对病株率在7.0%～23.1%发病果园，木虱带菌率在5.6%～13.9%，木虱带毒率与黄龙病株发病率两者呈极显著相关性。另据PCR检测，全年果园木虱平均带毒率41.36%，以11月和12月带毒率最高，分别为50%和63%，表明越冬代木虱成虫是不同代次中带毒率最高的，由此可见要高度重视冬季清园，抓好越冬代木虱防治。

（三）推广高接换种

高接换种就是在原有老品种的骨干枝条上嫁接优良品种，它是一种快速更新品种的园艺技术措施。高接换种需在老橘树上换接新芽，这样所有养分都集中供应给新梢，使新梢多发旺长，生长势强健。木虱是黄龙病的传病媒介，成虫有趋嫩绿产卵习性，旺长新梢吸引木虱产卵，并在嫩梢上完成个体生活史。因此，在不能保证接穗无病的情况下，对老橘树进行高接换种是诱发黄龙病主要因素。一是因为嫩梢萌发次数多，增加它再感病的机会；二是幼枝一旦感病后，病菌即迅速分布于体内其他组织。2005年在黄岩院桥、澄江两地调查，高接换种的平均病株率为27.23%，病指为12.33。未高接换种的平均病株率为5.78%，平均病指为2.48，说明在黄龙病区开展高接换种技术，是引起病情扩散蔓延的重要原因之一。

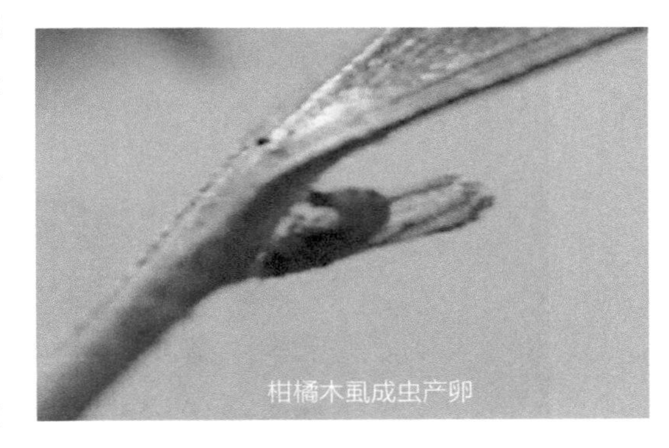
柑橘木虱成虫产卵

（四）弃管失管橘园

黄岩位于台州主城区，是沿海经济比较发达的地区之一，农业的比较效益下降，大部分橘区农民都转入第二、第三产业，种橘积极性下降，导致果园投入减少，果实外观质量差，柑橘价格低，橘园弃管失管面积不断增加，弃管失管橘园树势弱，抽梢期乱，已成为柑橘木虱主要的生活、繁衍场所，木虱在没有任何人为控制的条件下自然扩散，促进了黄龙病的蔓延。据2005年调查，栽培管理措施影响病株率高低，弃管失管果园平均病株率15%，管理精细的橘园平均病株率5%。

二、实施疫情防控的主要措施

（一）工作措施

1. 坚持政府主导

植物疫情属农业公共安全的范畴，做好柑橘黄龙病防控是法律法规赋予的社会责任。发现柑橘黄龙病疫情后，黄岩区政府立即成立重大植物疫情防控指挥部，分管农业副区长任指挥长，区政府有关单位和各乡镇（街道）为成员单位。各乡镇（街道）也相应成立组织机构，落实专人具体负责。区政府每2年与各乡镇（街道）签订“防控工作责任书”，明确乡镇（街道）政府在疫情防控工作中的职责任务，实行属地管理。同时，柑橘黄龙病防控工作曾被列入区人大议案和区政协重要提案，并对议案和提案落实情况进行督查，疫情防控工作成为政府行为。2007年，黄岩区政府还出台了以奖代补政策，对年度考核良好以上的给予经费奖励。对弃管失管或半失管的橘园，政府出台激励政策，鼓励农民对果园进行流转或进行改造，改种非柑橘类作物。

2. 坚持宣传培训

开展宣传培训，是普及植物疫情防控知识，提高全民意识的有效途径。2004年开展“一户一宣传”，印发12.5万份宣传资料，分发到橘农户；2005年制作柑橘黄龙病科教片，开展宣传周活动；2006年张贴黄龙病防控模式图，与电视台联合制作专题片“决战黄龙病”，进行电视宣传；2008年印发《柑橘木虱及其防控措施》宣传资料。几年来，共印发宣传资料22.5万份，发放张贴防控模式图8 500张，播放《柑橘黄龙病科教片》67场次，广播电视宣传100多次；开展培训340多期，受训人数为2.3万人次。2014年在全国植物检疫宣传月活动之际，又编著出版《植物疫情及防控手册》5 000本，分发到各村居。使黄龙病防控工作做到家喻户晓，人人皆知，提高了全民防控的自觉性和主动性。

开展技术培训

3. 坚持经费保障

柑橘黄龙病防控工作不同于一般的病虫草害治理，不定防治指标和经济允许水平，实行的是“零容忍”。因此，各级政府须有专项经费，才能保障防控工作顺利开展。2003年以来，黄岩区政府每年都安排黄龙病防控专项经费，并列入年度财政预算，接受人大监督。同时还做到防控经费投入与疫情发生情况同步，疫情发生面积大、发病株数多的年份，防控经费投入也相应增多，据统计，2003—2014年区财政共安排黄龙病防控专项经费903万元(2006年达216万元)，各乡镇(街道)也在年度预算中安排专项经费予以保障。

(二)技术措施

1. 强化检疫监管

对尚未发生柑橘黄龙病的地区，严格实施植物检疫防止病害的入侵是最为经济有效的手段。植物检疫机构严格执行产地检疫、调运检疫制度，杜绝病区橘苗、接穗等调入无病区或新植橘园，严禁从柑橘黄龙病区采集接穗进行高接换种和育苗。杜绝携带柑橘木虱的寄主植物进入非疫情发生区。

2. 种植无病苗木

种苗是柑橘黄龙病主要的传染途径。推广种植无病苗，不仅可以保护新区不发生黄龙病，而且可降低或消灭老病区果园的发病，减轻为害。在黄龙病区露天育苗圃很难培育出无病苗木，要采用设施培育无毒苗，而无毒苗都是容器苗，根系发达、长势良好整齐，带土移栽不缓苗，一年生幼龄树根系长度超过树冠，种植后3年就能投产，收成快。对于高接换种的，要在无黄龙病发生的采穗圃母树上采集外观健康的接穗，经盐酸四环素（1 000mg/L，2h）消毒处理后供嫁接使用。

3. 加强木虱防治

柑橘木虱雌成虫有选择寄主嫩芽或嫩梢产卵的习性，失管橘园和感染黄龙病的病树梢次多而乱，会引诱大量木虱前来取食、产卵繁殖，形成大量的带菌木虱，木虱1～3龄若虫不会传病，4～5龄若虫能传病，高龄若虫携带的病原会传到成虫并终身携带，能传染多株橘树。由此，确定木虱防治适期为若虫发生期，防治物候期为柑橘新梢抽发期。新梢萌芽至芽长5cm时开展第一次喷药，在抽梢比较整齐时，每梢期喷1～2次；抽梢不整齐、抽梢期较长且木虱持续发生的情况下，每个梢期喷药2～3次，每次间隔7天左右。在柑橘同一生态区内实行统一喷药，农药可选用10%吡虫啉WP或1.8%阿维菌EC等，要注意农药的交替使用。

4. 彻底铲除病树

柑橘黄龙病树既是传染源，又是木虱获得病原菌的主要场所，因此果园一旦发现黄龙病，砍挖病树和防治木虱两项重要措施必须密切结合进行。彻底铲除病树和实行重病果园改造是阻断毒源的重要前提。在秋冬季疫情普查，确认病树的基础上，对所发现的病树进行砍挖并清理，病树先喷药，后挖除，防止木虱迁移传染。对病株率10%以下的橘园，要彻底铲除病树，当年不得补种新树；对结果橘园病株率20%～30%、幼年橘园病株率在10%～20%，要全部挖除橘树进行全园改造，改种其他水果或经济作物，隔2～3年再种植无病苗木。如不能及时连根挖除的，则要求所剩病树主干不得高于10cm，并在主干横切面涂上煤油或柴油，加速其外皮层腐烂，防止次年抽生新梢招引木虱为害和传病。

5. 实施健身栽培

柑橘健身栽培主要包括健苗培植、矮化修剪、均衡结果、配方施肥、有机肥应用和病虫害综合防治等。通过柑橘健身栽培，可以使果实品质和优质果率提高，降低黄龙病的发病率和延缓橘树表现症状，延长橘树经济寿命。一是测土配方施肥。一年施肥2～3次，做到夏肥重施，采果肥及时施，春肥看树施，增施磷钾肥，适控氮肥，及时补充硼、锌、钼等微量元素，促使橘树壮而不旺长，提高树体抗性。二是加强三梢管理。结合春季控梢保果，对少花或中花旺长树，于开花前抹除树冠外所有春梢，中下部春梢抹除1/2～2/3，其余春梢留3～4张叶片摘心，加快春梢老熟；结果枝夏梢全部抹除，统一放早秋梢，全部抹除晚秋梢，缩短嫩梢期，改变木虱繁殖生长环境，减少木虱发生。

原　　载：《浙江农业科学》2014年第12期。

基金项目：农业部公益性行业（农业）科研专项经费项目“柑橘黄龙病和溃疡病综合防控技术研究与示范”（201003067）；浙江省科技计划项目“柑橘黄龙病监测与防控策略研究”（2004C32087）。

论文十一：坚持柑橘黄龙病防控保护柑橘持续生产

余继华

（浙江省台州市黄岩区植物检疫站）

摘　要　为总结提高柑橘黄龙病防控水平，本文以黄岩橘区6年的防控工作实践，提出了只要政府重视，加大公共财政投入，树立防控信心，认真落实防控责任，抓好种苗监管，抓好柑橘木虱监测与防治，坚持疫情普查与病树砍挖，切断疫情传播扩散链，推广健身栽培等综合措施，柑橘黄龙病是可防可控的，在柑橘黄龙病发生区能够实现柑橘的可持续生产。

关键词　柑橘黄龙病　综合防控　柑橘持续生产

中图分类号　S41-30　**文献标识码**　A

2002年冬季发现柑橘黄龙病后的6年期间，在黄岩区各级政府的共同努力和各职能部门通力合作下，按照“挖治管并重，综合防控”的要求，坚持财政投入，6年共投入防控专项经费628万元，坚持病株挖除，突出木虱防治，突出种苗管理，加强健身栽培，多管齐下，标本兼治，柑橘黄龙病的快速扩散蔓延速度有所减慢。2003年和2004年是疫情快速增长期，2005年为稳定期，2006年开始为疫情发生回落期。疫情防控工作2004—2006年连续三年全省综合考核被评为优秀。其主要工作有以下几方面。

一、政府重视，责任明确，社会关注，营造良好氛围

柑橘业在黄岩有着不可替代的特殊地位，黄岩蜜橘闻名中外，栽培历史悠久，是世界柑橘的始祖地之一。柑橘产业是黄岩农业的支柱产业和特色产业，柑橘种植面积6 000hm^2，产值达2.2亿元，占全区农业产值的34%，是农业增效、农民增收的主要渠道。柑橘黄龙病的发生与蔓延对柑橘产业的可持续发展构成了严重威胁。黄岩区对此高度重视，区、乡(镇、街道)两级政府建立专门机构，强化对黄龙病防控工作的领导。按照属地管理原则，区重大农业植物疫情防控指挥部与各乡镇(街道)签订“柑橘黄龙病防控目标管理责任书”，明确了防控责任。有的乡镇(如院桥、高桥等)还将防控责任细化分解到村一级，做到一级抓一级，层层抓落实。区里每年都召开柑橘黄龙病防控工作专题会议进行部署落实。

柑橘黄龙病防控工作，一直得到黄岩区人大、区政协和社会各界的高度关注，在2004年被列为黄岩区十三届人大二次会议一号议案；2005年3月区政协十一届三次会议和2006年3月十一届四次会议被列为政协重点提案；2006年1月中共黄岩区第十次党代会第四次会议被列为党代会提案；2007年再次被列为区第十四届人大第一次会议议案。区人大和区政协对提(议)案办理情况进行了多次督查，这样为柑橘黄龙病防控工作营造了良好的氛围。

二、加强宣传培训，普及防控知识

2004年开展“一户一宣传”印发宣传资料12.57万份，分发到橘区每一农户；2005年制作分发了《柑橘黄龙病科教片（VCD）》，开展宣传周活动，要求各地集中播放或到重点村轮换播放。该片以视频与图文的形式介绍了柑橘黄龙病的为害性、症状识别、防控技术等，使广大橘农能够很直观地了解掌握柑橘黄龙病有关知识；2006年制作电视专题片“决战黄龙病”，在黄岩电视台新闻视点栏目连续多次播放，还编制“柑橘龙病综合防控模式图”张贴到各自然村。2007年重点宣传柑橘黄龙病综合防控示范区建设，以示范区带动周边柑橘黄龙病防控工作，并通过黄岩电视台进行宣传报道。同时还积极为黄岩广播电台和《今日黄岩》报纸撰写稿件、印发宣传资料等形式，开展防控知识宣传活动。据统计：6年来共印发宣传资料近21万份，发放张贴防控模式图5 000张，播放《柑橘黄龙病科教片》67场次，广播电视宣传100次，柑橘黄龙病防控工作家喻户晓，收到了很好的宣传效果。

近年来，每年都组织召开各级各类技术培训，邀请省、市有关专家讲授柑橘黄龙病防控技术；黄岩区果品产销协会每月轮流到各地开展技术培训；各乡镇（街道）也开展了防控技术培训工作。据统计共开展培训270多期，受训人数为1.56万人次，组织各级各类科技咨询207次，咨询人数1.21万人次。

全省植物检疫宣传活动视频会议

三、采取积极有效措施，实施综合防控

（一）全面发动，查清疫情，挖清病树，控制发病范围

为了全面摸清疫病发生情况，2002年以来黄岩区要求各乡镇（街道）在进一步做好普查人员和骨干橘农技术培训的基础上，采取群众自报与专业队调查相结合，按照乡镇不漏村、村不漏片、片不漏园、园不漏块、块不漏株的要求进行地毯式普查。普查数据分村到户登记造册，并以村为单位张榜公布，依靠群众相互监督、相互制约、相互督促，提高普查数据

的真实性。据统计，6年来全区共组织普查队伍4 320人次，累计调查柑橘树3 486.56万株，到2008年底止全区已查明17个乡镇(街道)，194个行政村发现柑橘黄龙病，累计病株数为155.49万株(表1)，病园波及面积为1 816.7hm^2。

在疫情普查的基础上，采取群众自挖与组织专业队砍伐相结合的方法，做好病株的砍挖工作。对株发病率在10%以下的橘园，要求彻底挖除病树；对失管橘园的病树，要求各乡镇(街道)组织专业队进行砍伐和清理。如高桥街道、上郑乡组织专业砍伐队伍，尤其是高桥街道连续4年对辖区内的所有橘园的病树进行逐片逐园砍伐；2005年，沙埠镇下溪村组织专业队砍伐病树，每砍伐1株病树支付工资1元。到2008年年底全区共砍挖病树155.49万株，减少了再侵染源。详见表1。

表1 黄岩区柑橘黄龙病防控工作开展情况

年份	发病村数	发病株数(株)	砍挖株数(株)	木虱防治面积(万亩次)	区财政投入(万元)
2002	36	8 510	8 510	20	
2003	99	113 115	113 115	34	17
2004	206	312 105	312 105	30	61
2005	257	356 384	356 384	36	120
2006	239	304 996	304 996	36	210
2007	205	258 613	258 613	32	120
2008	194	201 172	201 172	28	100
合计		1 554 895	1 554 895	216	628

(二)政府加大财政投入，确保防控资金足额到位

为了鼓励橘农对重病橘园实施全园改造，2005年黄岩区政府出台政策给予支持，政策规定改造面积在6.7hm^{2}以上，并经验收合格的，补助3 000元/hm^2。此举把以往单纯的柑橘黄龙病防控工作调整到防治扑灭与改种其他作物和土地整理项目有机结合起来。对结果橘园株发病率在20%～30%的，要求全部挖除柑橘树，实行全园改造，改种其他水果或经济作物。据统计，到2007年底全区实行全园改造累计面积86.7hm^2，其中院桥镇实施全园改造面积41hm^2，砍挖成年橘树33 773株；北洋镇前蒋村将原来的温州蜜柑基地重发病果园，实施成片改种桃和李等水果，面积6hm^2。为彻底挖除病株，除对乡镇(街道)进行考核奖励外，区财政按成年橘5元/株(2002年20元/株)的标准给予补助，2007年实行以奖代补，按考核得分多少给予奖励3～4元/株，当年防控经费列入下年度财政预算，确保了资金到位率。2003—2008年区财政共安排补助经费628万元(表1)，由于经费有了保障，全区病树砍挖做到全面彻底不留死角。

(三)开展木虱监测与防治，减少疫病传播扩散速度

为加强木虱监测，掌握木虱防治适期。黄岩区在院桥镇的唐家桥、沙埠镇沙埠叶村和

上垟乡李家洋村等地设立监测点，2006年6月开始还增加了用黄板监测木虱发生消长动态。2002年以来，每年都发布木虱防治情报，要求重点抓好春、夏、秋梢抽发期木虱的防治工作，并根据木虱发生基数的高低进行分类指导，对虫口基数偏高的果园，连续用药，农药选用氟虫腈、吡虫啉、阿维菌素等。柑橘木虱防治做到乡镇(街道)不漏村、村不漏片、片不漏园、园不漏块。2007年8月，为6个柑橘黄龙病综合防控示范区，123.3hm^{2}柑橘园，免费提供防治柑橘木虱农药10%吡虫啉 WP 8.6万包，推动面上防治工作。据统计，2002—2008年木虱防治面积达到14.4万hm^2，防治达标率90%(表1)。通过狠抓木虱防治，有效地控制了木虱的种群数量，延缓了柑橘黄龙病的传播蔓延速度。

(四)加强健身栽培，提高植株抗病能力，开展防控示范展示，提高防控信心

柑橘健身栽培主要包括健苗培植、矮化修剪、均衡结果、配方施肥、有机肥应用和病虫害综合防治等。开展冬季清园和春季清园，实施优质高产栽培技术，增施有机肥料，合理搭配氮、磷、钾的比例，促进树势健壮生长，达到抽梢整齐，提高植株防病能力，在柑橘生长季节，做好各种病虫害的专治和兼治。南城街道蔡家洋村和民建村、上垟乡董岙村、头陀镇断江村、北城街道下洋顾村对柑橘园按照无公害生产模式图要求，对多种病虫害实行预防为主的策略，在柑橘生长的各个梢期都很难查到柑橘木虱，柑橘黄龙病发生极轻。这些橘园既是综合防控示范区，又是综合防控工作效果的展示窗口。如黄岩南城蔡家洋村和民建村，柑橘面积65.2hm^2，以本地早蜜橘为主，2007年查到柑橘黄龙病病株只有30株，断江村66.7hm^{2}橘园，也只查到378株病株。另据院桥镇2006年调查：实施健身栽培的果园病株率只有4.3%，而对照区病株率达到16.3%，详见表2。

柑橘黄龙病防控示范展示

表2 实施健身栽培对柑橘黄龙病的影响(2006年，院桥唐家桥)

处理	调查株数	树势组成						柑橘黄龙病	
		强势树数	强势树比例(%)	中等树数	中等比例(%)	弱势树数	弱势比例(%)	病株数	病株率(%)
实验区	410	170	41.5	210	51.2	30	7.3	18	4.3
对照(CK)	270	25	9.3	150	55.6	95	35.1	44	16.3

（五）加强种苗管理，防止疫情传播扩散

加强柑橘类苗木检疫管理是防止柑橘黄龙病远距离传播的极其重要的措施。在每年的冬、春两季种苗调运和嫁接时期，黄岩区切实加强了柑橘类苗木和接穗管理，禁止向省内外疫情发生地调运苗木、接穗，禁止橘农擅自调运柑橘类苗木、接穗，暂停了高接换种，以免引起疫情扩散。同时还加强柑橘类苗木市场检疫检查，严厉打击非法调运行为，6年来共销毁有病橘苗8.6万株，较好地封堵了毒源。

四、加强督查、考核、验收，提高防控措施到位率

省市督查柑橘黄龙病防控工作

按照“防控工作目标管理责任书”的八个方面内容，区防控指挥部根据各个阶段的工作进展情况，每年适时组织有关专业技术人员开展督查，并将督查结果在全区通报。另外，有些乡镇(街道)对村一级也进行了督查考核。由于加强了督查，使各项防控措施得到了落实。与此同时，2006年年底，区里还出台了柑橘黄龙病防控工作目标责任考核标准，每年在病树砍挖结束后，由区政府组织区农业局、区财政局等领导及有关专业技术人员，同时还邀请省柑橘研究所专家组成验收组，将防控工作分解成工作部署、防控示范、疫情普查、化学防除、综合防效等11分项，进行量化打分，综合考核评价，按得分多少，分为优秀、良好、合格和不合格四个档次，再按档次确定奖励标准，这样大大地促进了各项防控工作措施的落实。

对乡镇考核督查

柑橘黄龙病是新入侵的毁灭性病害，目前尚无有效的治疗方法控制其发生。黄岩在当地政府的高度重视下，坚持防控经费的持续投入，确保防控经费足额到位；坚持培训宣传，普及防控知识，提高群防群控的自觉性；坚持木虱监测与防控，延缓疫病传播蔓延速度；坚持疫情普查与病树砍挖，减少毒源；加强健身栽培，提高橘树自身抗病能力；加强种苗管理，防止疫情传播扩散。通过采取一系列行之有效的措施，柑橘黄龙病快速扩散的势头得到了控制，柑橘黄龙病是可防可控的。

参考文献

[1] 余继华,叶志勇,於一敏,等．黄岩橘区柑橘黄龙病发生流行原因及防控对策．中国植保导刊,2006(1):27-28.

[2] 余继华．农业重要检疫性生物及控制．北京：科学普及出版社,2007:75-84.

[3] 叶志勇,於一敏,余继华．柑橘木虱的发生与综合防治技术．浙江柑橘,2006(3):28-30.

[4] 张敏荣,余继华,於一敏,等．采取健身栽培措施减轻柑橘黄龙病发生．浙江柑橘,2007(4):28-30.

原　　载：《中国农业》2008年第6期。

基金项目：浙江省科技计划项目“柑橘黄龙病监测与防控策略研究”(2004C32087)。

论文十二：采取健身栽培措施可以减轻柑橘黄龙病发生

张敏荣[1]　余继华[1]　於一敏[2]　叶志勇[1]

(1．浙江省台州市黄岩区植物检疫站　2．台州市黄岩区院桥镇林特站)

摘　要　为摸索栽培措施对柑橘黄龙病发病程度的影响，从提高柑橘树体自身健康的角度，采取矮化修剪；适度疏果、均衡结果，减少树体养料消耗；测土配方施肥，实现以需定肥，增施有机肥和加强以防治柑橘木虱为重点的病虫害综合治理，培育健壮树体，提高橘树抗逆力，减轻了柑橘黄龙病的发生。

关键词　柑橘黄龙病　健身栽培　减轻发生

中图分类号　S363　**文献标识码**　A

在柑橘黄龙病发生区，除了实行严格的检疫防控措施外，实施健身栽培也可有效降低柑橘黄龙病的发病率，既能减轻发病症状，又能延长橘树经济寿命。柑橘健身栽培主要包括健苗培植、矮化修剪、均衡结果、配方施肥、有机肥施用和病虫害综合治理等。2003—2006年，以实施柑橘健身栽培措施为主，建立柑橘黄龙病综合防控示范区，在柑橘黄龙病防控示范区内柑橘黄龙病发生明显轻于对照区。现将结果报道如下。

一、主要技术措施

(一)重施有机肥，加施叶面肥，提高橘树自身素质

每年采后和春前各重施一遍有机肥，施肥量在30t/hm^{2}以上，最好是腐熟的猪栏肥。在全年各生长季节杜绝单独使用氮肥，改用氮、磷、钾含量各15%的三元复合肥，施肥量每亩为进口肥30～40kg或国产肥40～50kg。在果实膨大后期，每亩加施硫酸钾15～20kg，以增进

果实品质。在幼果期和干旱、低温等时期，采用0.2%KH_2PO_4和1% 过磷酸钙浸出液等进行叶面追肥，增强树体抗逆性。

(二)开心修剪，矮树栽培，培育健壮树体

每年春季对柑橘实施大枝修剪，培养开心形树冠，增强树体中下部的透光度。修剪方法是分2～3年逐步以降低节位方式锯除中间直立性大枝，达到并始终控制树高在2.0m以下，保证采果时不需借助橘凳。在锯除中间直立性大枝的同时也剪除直立性徒长枝，短截斜生徒长枝，形成杯状形树冠，使树体营养在各部位枝梢中平衡分布。

(三)合理疏果，均衡结果，保持橘树持久的生产力

疏果目的是减少树体大小年结果现象，使橘树不因丰产年份结果过多而衰退。疏果重点是摘除畸形果、日灼果、病虫果和大果、小果，按30～40 ：1的叶果比，留取生长中等的果实。一般分两次进行，时间在定果之后。第一次为7月中旬至8月中旬，一次性疏去畸形果、病虫果及多叶朝天果。第二次在8月下旬至9月上旬，疏去裂果、日灼果、病虫果，并根据挂果情况，再酌情疏除部分大果和小果。

(四)注重柑橘木虱和其他病虫害的综合治理

在病虫防治中，注重综合防治，特别要注重柑橘木虱的专治与兼治。如前期应注意结合蚜虫、蚧类、红蜘蛛等进行防治，后期结合砂皮病、黑点(斑)病、锈壁虱等进行兼治。采用农药为高效低毒低残留杀虫杀螨剂和广谱性杀菌剂。农药品种可选用阿维菌素、矿物油、吡虫啉、机油乳剂、炔螨特、代森锰锌等。在8—9月，柑橘木虱发生量大时，专门针对柑橘木虱选用对口农药进行防治。

(五)提倡深土施肥，减少肥料流失，提高橘树抗逆能力

近年来随着劳动力价格的上升，广大农户基本采用表面施肥，造成橘树根系上浮，严重削弱树体抗冻、抗旱和抗病虫害能力。采用深土施肥，特别是有机肥的深土埋入能有效地诱导橘根向深土生长，增强树体抗逆能力。深土施肥可根据不同树龄采用多种方式进行。幼树采用环状沟施法，位置在树冠外围；5年以上树龄采用放射状沟施法，沟深掌握在20～30cm，保肥性差的土壤可适当深施，沙性土养分易流失，宜浅施。环状沟渠应每年扩大，放射沟要每年更换位置，以达到全园改造目的。

(六)测土配方施肥，实行以需定肥，提高肥料利用率

测土配方施肥对平衡树体营养，保持健康生长作用很大。测土配方施肥首先要测定橘园的土壤肥力状况，根据柑橘需肥量、肥料利用率及橘树生长情况等因素，加以综合分析，然后实行以需定肥。据测定，一般亩产3 000kg 的橘园，其氮、磷、钾和有机质用量分别为纯氮29.9kg、有效磷23.4kg、氧化钾20.5kg、有机质59.5kg，因此配方施肥一般掌握氮磷钾比例为10 ：7 ：8，有机肥2 000kg 以上。

（七）合理应用微量元素肥料，促进橘树营养平衡

山地橘园多以红壤为主，土壤肥力差，微量元素缺乏。主要表现在缺钙、镁、硼、锌等，有碍于橘树健康生长，抵抗病虫害侵袭能力降低。因此，在春季施肥时应适当增施硝酸钙等活性钙肥，一般用量为150kg/hm^2，连续施用两年就有较明显的效果。缺硼可导致树体分生组织退化，维管组织发育不良。在每年4—5月叶面喷施0.1%～0.2%硼砂2～3次，对严重缺硼的橘园，可土施硼砂，用量为45～60kg/hm^2。缺锌使树体的顶端叶片变小，叶脉间褪绿，易造成小叶病、斑驳叶，冬季落叶严重，出现枯枝，可对叶面喷施0.3%～0.5%的硫酸锌溶液，全年喷施2～3次。

（八）平地橘园开挖沟渠，防止渍水影响根系健康生长

平地橘园由于排水不畅易造成树体衰退。沟渠可分三级设置。一是园内沟，深度达50cm以上，做到沟沟相通，并且每块园的排水出口均在2个以上。二是园间排水沟。根据田园走向，每隔80～100m横向垂直开挖一条深1.2m、宽1.0m的排水沟，使园内沟能直通此沟。三是总排水沟。与园间排水沟呈“井”字交叉，深度达1.5m，宽度达1.3～1.5m，能直通河道。

二、实施健身栽培措施的效果

（一）增强树体生长势，降低柑橘黄龙病发病率

通过柑橘健身栽培，综合防控示范区内橘树长势明显比对照区强健，柑橘黄龙病发病率远低于对照区。在示范区调查410株，发现病株18株，病株率4.3%，而在相邻的对照区调查270株，发现病株44株，病株率却高达16.3%（表1）。

柑橘健身栽培技术展示

表1　示范区与对照区树势、柑橘黄龙病株发病率比较（2006年　唐家桥）

处理	调查总株数	树势			黄龙病发病率	
		强（%）	中等（%）	弱（%）	有病株率（%）	无病株率（%）
实施区	410	170 (41.5%)	210 (51.2%)	30 (7.3%)	18 (4.3%)	392 (95.7)
ck	270	25 (9.3%)	150 (55.6%)	95 (35.1%)	44 (16.3%)	226 (83.7)

另据黄岩南城蔡家洋和民建示范区面积65.2hm^2，2006年调查发现病株81株，病株率为0.17%；头陀镇断江综合防控示范区面积33.33hm^2，2006年调查发现病株78株，病株率为0.26%。在院桥镇唐家桥村发病严重的果园实行相对成片改造后，重新种植幼年橘苗，由于实施了健身栽培措施，目前没有发现柑橘黄龙病疑似症状，收到了预期的效果。

（二）果实品质和优质果率明显提高

在确保单产37.5t/hm^{2}左右的前提下，通过健身栽培，果实品质明显提高（表2）。2005年，经过实地采收，实施区单产为38.8t/hm^2，对照区为26.75t/hm^2。经比较，实施区果实果皮变薄，可溶性固形物提高，易化渣，优质果率达80%以上，果品销售价格比非实施区提高0.4～0.6元/kg，总经济效益增加30%～40%，详见表2。

表2　实施区与对照区柑橘品质检测（2005年　唐家桥）

处理	单果重（g）	可食率（%）	果皮（cm）	总糖（%）	总酸（%）	TSS（%）	VS（mg/kg）
实施区	107.9	81.0	0.21	10.84	0.80	12.0	243.8
CK	139.1	80.6	0.23	8.44	0.79	10.0	265.0

三、小结

从近几年的应用效果可以看出，采用健身栽培措施，可有效增强柑橘树体生长势，降低柑橘黄龙病的发病率，对减轻黄龙病的为害，减少经济损失有明显作用，是一种投资少、实用性强的生产方式，可作为柑橘黄龙病防控的辅助措施予以推广应用。

原　　载：《浙江柑橘》2007年第4期。
基金项目：浙江省科技计划项目“柑橘黄龙病监测与防控策略研究”（2004C32087）。

第二节　柑橘木虱

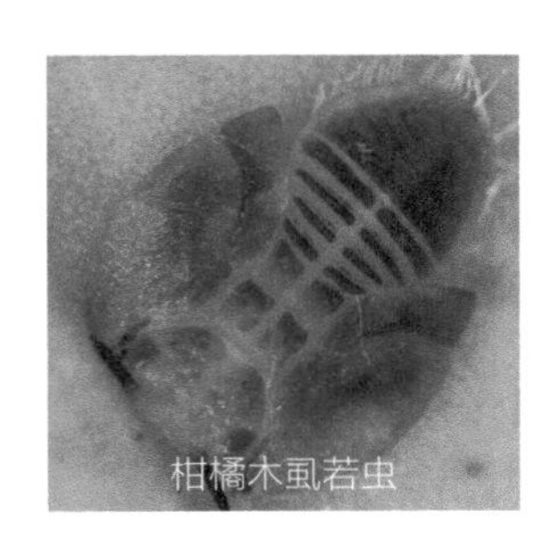
柑橘木虱若虫

柑橘木虱是柑橘抽梢期的害虫，年发生6～7代，世代重叠，以成虫越冬。若虫吸取新梢汁液，被害嫩梢幼芽萎缩干枯，新叶畸形扭曲。柑橘木虱是柑橘黄龙病的媒介昆虫，在柑橘黄龙病发生区，果园内病树与健树之间是由木虱传播的，因此柑橘木虱的防治是黄龙病防控的重点。2004年选择了8种杀虫剂进行了防治柑橘木虱药效试验，筛选出了理想的药剂。同时对柑橘木虱在果园分布型和抽样技术进行了调查研究，木虱成虫在果园内呈聚集分布状态。对柑橘木虱在一年之中各时期带毒率进行了取样检测，其结果是冬季带毒率最高，这样加强冬季木虱防治也是黄龙病防控的重要环节。本节收录了在《中国植保导刊》和《浙江农业科学》杂志上发表的论文。

论文一：柑橘木虱种群空间分布型及抽样技术研究

叶志勇[1]　余继华[1]　汪恩国[2]　陶　健[1]

（1. 浙江省台州市黄岩区植物检疫站　2. 浙江省临海市植保植检站）

摘　要　近年来柑橘木虱在台州市黄岩区柑橘果园上发生为害逐年加重，为了揭示柑橘木虱的空间分布信息和种群行为特征，2006年9月通过对秋季柑橘木虱不同发生密度果园的调查，取得了11组样本资料，应用聚集度指标法、Iwao 法和Taylor法等对其空间分布型进行测定检验，结果表明柑橘木虱成虫在柑橘上呈聚集分布，其聚集度是随着种群密度升高而增加。其聚集原因经Blackith种群聚集均数测定，当 $m < 3.4638$ 时和 $m \geq 3.4638$ 时，有其不同的聚集原因。在此基础上，通过Iwao的 $M^* - \overline{X}$ 回归检验方程明确了最佳样方大小；通过几种抽样方式比较以五点式和跳跃式为最佳，并提出了最佳理论抽样数和最佳序贯抽样模型。

关键词　柑橘　柑橘木虱　空间分布型　抽样技术

中图分类号　S436.661.2　**文献标识码**　B　**文章编号**　1672-6820（2007）06-0035-03

台州市黄岩蜜橘果园于1996年发现柑橘木虱(*Diaphorina citri* Kuwayana)为害，近年来发生范围不断扩大，为害损失呈逐年加重趋势。目前，对柑橘木虱的种群生物学和传毒为害动态方面研究有过报道，但关于柑橘木虱空间分布格局的研究尚未见报道[1]。为此，笔者于2006年9月对柑橘木虱的空间分布型及抽样技术进行了调查研究。现将结果报道如下。

一、调查研究方法

(一)空间分布型研究

1. 调查地概况

选择台州市黄岩区院桥镇柑橘木虱发生较为严重的唐家桥柑橘生产基地进行调查。该基地种植的品种主要为特早熟、早熟温州蜜柑，种植密度一般为1 200～1 500株/hm^2。调查时柑橘生长处在秋梢抽发期，正值秋季柑橘木虱种群数量增长期，高峰期平均每百叶有柑橘木虱成虫1 100只。

2. 调查方法

在该柑橘生产基地选择不同柑橘木虱虫口密度的11块橘地进行调查。每块样地按11m × 75.8 m直线取样100株，以1株为1个样本。每株分东、南、西、北4个方位各调查1个枝梢(梢长30 cm左右)，分别调查每株柑橘木虱的成虫数量，并逐株记载。

3. 测定方法

将田间调查所得数据以每块样地为1组，分别列出虫口数量的频次分布表，并分别计算出平均数($\overline{X}$)、方差(S^2)及平均拥挤度(M^*)。采用聚集度指标法(Beall扩散系数C、David and Moore从生指标I、Water's负二项分布参数K、Cassie指标C_A、Lioyd聚块性指标$M^*/\overline{X}$)、Iwao法、Taylor法等3种方法测定柑橘木虱成虫分布的内部结构及其格局，并采用Blackith提出的种群聚集均数(λ)分析其聚集原因[2-5]。

(二)抽样技术研究

1. 抽样方式

选有代表性的柑橘地一块，逐行逐株调查300株，记录每株成虫数量，并绘制虫口数量实况图。然后按以下5种方法进行抽样调查：一是五点式，每点6株；二是棋盘式，取10点，每点3株；三是Z字型，查30株；四是对角线，取10点，每点3株；五是跳跃式，取6点，每点5株。将抽样结果与全查结果作比较，并进行t检验，确定最佳抽样方式。

2. 理论抽样数

应用Iwao(1977)的理论抽样原理，建立理论抽样数模型，然后求出理论抽样数。

3. 序贯抽样

应用Kuno(1968)提出的新序贯抽样理论，建立新序贯抽样模型，制定序贯抽样表，并以此作为田间调查的抽样依据。

二、结果与分析

（一）柑橘木虱在柑橘上的空间分布格局

1. 聚集度指标法测定

应用聚集度指标法测定结果，由表1显示，柑橘木虱空间分布的各项指标均达到C>1、I>0、K>0、CA>0、M*/ $\overline{X}$ >1，符合聚集分布的检验标准。柑橘木虱成虫在不同虫口密度下呈现不同的分布特征，在低密度下聚集度较低，在高密度下聚集度高。故柑橘木虱成虫在柑橘上的空间分布格局是随着虫口密度的上升而聚集度增加，且符合负二项分布。

2.Iwao 法测定

运用Iwao（1977）提出的M*－$\overline{X}$回归分析法检验，柑橘木虱成虫在柑橘上种群分布结构的相关回归方程式为：M*=2.993 7$\overline{X}$ －0.382 1 （r=0.862 9**）。

得 α =−0.382 1，即 α＜0，表明柑橘木虱成虫在柑橘上的分布的基本成份是分散的个体，且 β =2.993 7，即 β >1，表明柑橘木虱成虫在柑橘树上的空间分布格局呈聚集分布。

表1　柑橘木虱种群在柑橘上分布的聚集度指标测定结果

样地序号	样本数(n)	平均数($\overline{X}$)	方差(S^2)	扩散系数(C)	丛生指数(I)	K指标	CA指标	拥挤度M*	M*/$\overline{X}$指标	分布格局
1	100	0.230 0	0.477 1	2.074 3	1.074 3	0.214 1	4.671 1	1.304 3	5.671 1	聚集
2	100	0.510 0	0.909 9	1.784 1	0.784 1	0.650 4	1.537 5	1.294 1	2.537 5	聚集
3	100	0.530 0	0.709 1	1.337 9	0.337 9	1.568 4	0.637 6	0.867 9	1.637 6	聚集
4	100	0.850 0	1.507 5	1.773 5	0.773 5	1.098 9	0.910 0	1.623 5	1.910 0	聚集
5	100	1.030 0	2.929 1	2.843 8	1.843 8	0.558 6	1.790 1	2.873 8	2.790 1	聚集
6	100	1.040 0	2.738 4	2.633 1	1.633 1	0.636 8	1.570 3	2.673 1	2.570 3	聚集
7	100	1.480 0	3.829 6	2.587 6	1.587 6	0.932 2	1.072 7	3.067 6	2.072 7	聚集
8	100	1.640 0	4.690 4	2.860 0	1.860 0	0.881 7	1.134 1	3.500 0	2.134 1	聚集
9	100	2.170 0	10.661 1	4.912 9	3.912 9	0.554 6	1.803 2	6.082 9	2.803 2	聚集
10	100	2.760 0	28.642 4	10.377 7	9.377 7	0.294 3	3.397 7	12.137 7	4.397 7	聚集
11	100	3.200 0	14.060 0	4.393 8	3.393 8	0.942 9	1.060 5	6.593 8	2.060 5	聚集

3.Taylor 法测定

利用Taylor（1965）的幂法则，拟合方差（S^2）与平均数（$\overline{X}$）的幂相关回归方程式，其结果分别为：$\lg S^2=1.556\,7\lg\overline{X}+0.436\,7$，（r=0.959 6**），即 $S^2=2.733\,4\overline{X}^{1.5567}$。

由于a=2.733 4，b=1.556 7，即b>1，进一步表明柑橘木虱成虫在柑橘树上的空间分布格局呈现聚集分布特征，并且其聚集强度是随着种群密度升高而增加。这与聚集度指标法测定结果相一致。

（二）影响聚集分布的原因

应用Blackith（1961）的种群聚集均数（λ）检验聚集的原因，其公式为 $\lambda=\overline{X}/2k\cdot r$，

其中k为负二项分布的指数k值，r为2k自由度，当α=0.5时的 χ^2分布的函数值。将各样地样方虫口平均数($\overline{X}$)与聚集均数(λ)进行相关分析，得：λ=0.580 9$\overline{X}$ −0.012 1，(r=0.940 1**)。由此可知，当样方虫口平均密度在3.463 8以下时，λ<2，聚集是由于某些环境如气候、栽培条件、植株生育状况等所引起的；当样方虫口平均密度在3.463 8以上时，λ≥2，其聚集是由害虫本身的聚集行为与环境条件综合影响的结果。

（三）抽样技术

用样本估计总体的精确程度，不仅取决于害虫种群的空间分布格局及其相应条件下的理论抽样数，而且还取决于调查时所采用的抽样方法。

1. 理论抽样数的确定

根据Iwao（1977）提出的抽样原理，其理论抽样数公式为：$N=t^2/D^2[(\alpha+1)/\overline{X}+(\beta-1)]$，将保证概率(t)取为1，则 $N=1/D^2[0.617 9/\overline{X}+1.993 7]$。取允许误差(D)分别为0.1、0.2、0.3的情况下，建立理论抽样数模型，即得：$N_1=61.79/\overline{X}+199.37$；$N_2=15.4475/\overline{X}+49.842 5$；$N_3=6.864 9/2\overline{X}+2.15$。应用上述理论抽样数模型，当分布型和允许误差确定后，即可求得柑橘木虱成虫在不同样方虫口密度(m)下应抽取的理论抽样数(株数)如表2所示。

表2 柑橘木虱理论抽样数

允许误差	不同样地虫口密度($\overline{X}$)最适抽样数(株)										
(D)	0.1	0.5	1	2	3	4	5	10	20	50	100
0.1	817	323	261	230	220	215	212	206	202	201	200
0.2	204	81	65	58	55	54	53	51	51	50	50
0.3	91	36	29	26	24	24	24	23	22	22	22

2. 抽样方式的确定

将样地全查结果分别与5种抽样结果进行比较和检验。结果见表3。各抽样方式t值均小于 $t_{0.05}=2.045$ (df=n−1=29)，表明5种抽样方式所得平均数与总体平均数无显著差异。故这5种抽样方式均可靠。但相比较而言，采用五点式和跳跃式2种抽样方式的调查结果更接近总体平均值，其误差率、t值和变异系数均较小，其代表性最佳。

表3 几种抽样方式的准确度比较

抽样方式	抽样数(n)(株)	平均数($\overline{X}$)(头或株)	标准差(s)	误差率(θ/μ)%	t值	变异系数(cv)
全查	300	1.386 7	1.705 0	—	—	1.229 5
Z字型	30	1.833 3	1.965 5	32.21	1.244 5	1.072 1
对角线	30	1.133 3	1.896 9	18.27	0.731 7	1.673 8
五点式	30	1.233 3	1.197 6	11.06	0.701 6	0.971 1
棋盘式	30	1.933 3	1.621 3	39.42	1.846 6	0.838 6
跳跃式	30	1.233 3	1.772 8	11.06	0.473 9	1.437 4

3. 序贯抽样

根据lwao（1977）提出的新序贯抽样理论，即设种群临界密度（防治指标）为 m_0，把抽样过程中接受与拒绝的2条直线定义为在特定t值下，∞抽样样本中个体总数 T_0（n）的上、下界。其通式为：$T_0(n)=m_0n\pm t\sqrt{n[(\alpha+1)m_0+(\beta-1)m_0^2]}$，式中取防治指标为每株虫量0.1头，即 m_0=0.1，n为抽样数，t为自由度∞时的t值，即t=1.96，α，β 分别为 $M^*-\overline{X}$ 回归方程式的截距和斜率，α=−0.382 1，β=2.993 7。代入通式得柑橘木虱序贯抽样模型：$T_0(n)=n/10\pm0.560\ 3\sqrt{n}$。当n分别为5，10，20，30，……，200时，即得柑橘木虱序贯抽样表（表4）。在田间调查应用序贯抽样表时，凡调查n株样本的累计超过上界，即判为防治对象田，而低于下界则暂不需要防治。当累计虫量在上、下界之间，则应继续进行调查，直到最大抽样数。当D=0.2，m_0=0.1时，其最大抽样数为204株；当D=0.3，m_0=0.1时，其最大抽样数为91株。若这时累计虫量仍在上、下界之间，则可根据它靠近哪一边限确定是否为防治对象田。

表4　柑橘木虱序贯抽样

调查数（株）	$T_0(n)=n\pm2.865\sqrt{n}$	
	上界	下界
10	3	—
20	5	—
30	6	0
40	8	1
50	9	1
60	10	2
70	12	2
80	13	3
90	14	4
100	16	4

三、小结与讨论

（1）通过聚集度指标法、$M^*-\overline{X}$回归法（Iwao 法）和Taylor幂法则等测定检验，柑橘木虱成虫的空间分布呈现聚集分布格局。其聚集强度是随着种群密度升高而增加。据对内部结构分析，由于受柑橘木虱种群生物习性和繁殖特性作用，柑橘木虱成虫往往出现相对的群聚行为，但其分布的基本成份仍为分散的单个个体，而非个体群，并在一定程度上个体间互相排斥，主要在于秋梢期柑橘木虱种群数量增长较快而迁移扩散活动所致。经聚集均数（λ）检验分析，当样方虫口平均密度在3.463 8头／株以下时，λ<2，聚集是由于某些环境如气候、栽培条件、植株生长状况等所引起的；当样方虫口平均密度在3.463 8头／株以上时，λ≥2时，其聚集是由害虫本身的群集行为与环境条件综合影响所致。

（2）通过对抽样技术分析，经多种抽样方式测定与比较，柑橘木虱的抽样方式以五点式和跳跃式为最佳。同时，应用Iwao抽样通式建立理论抽样数模型，由此确定了一套柑橘木虱成虫在不同密度下的理论抽样数表。作为查定防治决策时，可对照理论抽样数表进行，即建议在一般低密度($\overline{X}\leqslant 1.0$)地块，每块地查50～100株；在中、高密度($\overline{X}>10.0$)地块，每块地查20～50株，即可刻划出被调查田的发生状况。也可采用序贯抽样表进行序贯抽样，以节省调查时间。

参考文献

[1] 孟幼青，赵琳，林云彪，等．浙江柑橘木虱田间发生调查、带毒检测和药剂防治试验 [J]. 中国植保导刊，2005，25(1) 20-21.

[2] 汪恩国，陈克松，李达林，等．玉米田斜纹夜蛾空间分布型及抽样技术 [J]. 昆虫知识，2004，41(6)：585-588.

[3] 丁岩钦．昆虫数学生态学原理与应用 [M]. 北京：科学出版社，1980，84-124.

[4] 高孝华，李风云，赵群．棉田龟纹瓢虫种群消长与空间分布型研究 [J]. 中国植保导刊，2006，26(8)：35，10.

原　　载：《中国植保导刊》2007年第6期。
基金项目：浙江省科技计划项目“柑橘黄龙病监测与防控策略研究”(2004C32087)。

论文二：柑橘木虱防治药剂筛选试验

叶志勇[1]　余继华[1]　陶　健[1]　林长怀[1]　梁克宏[2]　於一敏[3]

(1. 浙江省台州市黄岩区植物检疫站　2. 台州市黄岩区果树推广总站
3. 台州市黄岩区院桥镇农业办公室)

摘　要　2004年在台州市黄岩选择低毒的锐劲特等8种杀虫剂进行了防治柑橘木虱药剂的筛选试验。结果表明，锐劲特、大丰收、灭虫灵、阿克泰、必喜5种农药防治柑橘木虱成虫、若虫的效果比较理想；它们之间的防效没有显著差异，药后7天、10天，对若虫的防效都超过92%，对成虫防效都超过80%，明显优于扑虱灵、兰宁、保克螨3种农药；2次用药的保梢效果，以大丰收为最好，能持续有效地控制柑橘木虱的发生，兰宁为最差。

关键词　柑橘木虱　低毒杀虫剂　化学防治　防治效果

中图分类号　S 435.112.3　**文献标识码**　B　**文章编号**　0528-9017-(2007)04-0463-02

柑橘木虱(*Diaphorina citri* Kuwayana)属半翅目木虱科。它是我国柑橘产区重要的新梢害虫之一，主要分布在广东、广西、福建、台湾、江西、四川、浙江、湖南、贵州、云南等省(区)，能为害宽皮橘、甜橙、柚、金橘、枸橼、柠檬、酸橙、枳、黄皮等芸香科植物。主要为害嫩芽和新梢，以成、若虫在嫩芽、幼叶上吸食，引起嫩梢干枯、萎缩、新叶扭曲畸形。柑橘木虱是柑橘黄龙病的媒介昆虫，是引起柑橘黄龙病传播、扩散的主要因素之一。为了筛选出防治柑橘木虱持续有效的低毒药剂，并明确其防治效果，选择了锐劲特、大丰收、灭虫灵等8种杀虫剂于2004年9—10月在黄岩田间柑橘树上进行了药效试验。

一、材料与方法

（一）药剂处理

一是10%大丰收（吡虫啉）WP 2 000倍；二是25%扑虱灵（噻嗪酮）WP 1 000倍；三是50%保克螨（丁醚脲）WP 1 500倍；（以上3种药剂系江苏常隆化工有限公司生产）；四是20%必喜（吡虫啉）SL 4 000倍；五是1.8%灭虫灵（阿维菌素）EC 2 500倍；六是20%兰宁（啶虫脒）SL 5 000倍（以上3种药剂系浙江海正化工股份有限公司生产）；七是5%锐劲特（氟虫腈，德国拜耳作物科学公司生产）SC 1 500倍；八是25%阿克泰（噻虫嗪，瑞士先正达作物保护有限公司生产）WG 5 000倍；九是清水对照，共9个处理。

（二）试验方法

试验地点设在台州市黄岩区院桥镇唐家桥村。供试柑橘品种为10年生早熟温州蜜柑，植株长势比较均匀。试验设重复3次，随机区组排列，各重复的处理小区为4株柑橘树。2004年9月5日（秋梢生长始盛期）进行防治试验，每株橘树在东、南、西、北、中各挂牌标记1个有木虱若虫寄生的嫩梢，每处理小区共查20个枝梢。定点调查喷药前和药后1天、3天、7天、10天每梢的虫口，并计算防治效果。防治效果（%）=[1-（药剂处理后活虫数 × 对照处理前活虫数 ÷ 药剂处理前活虫数 ÷ 对照处理后活虫数）] × 100%[1]。药后3天，因受雷阵雨天气的连续影响而未作调查。不同处理的防治效果数据经反正弦转换后，采用新复极差测验（SSR法）比较差异显著性[2]。

柑橘木虱药剂防治试验调查

二、结果与分析

（一）对柑橘木虱若虫的防效

如表1所示：10%大丰收WP 2 000倍、20%必喜SL 4 000倍、5%锐劲特SC 1 500倍、25%阿克泰WG 5 000倍、1.8%灭虫灵EC 2 500倍5种农药对柑橘木虱若虫有很好的防治效果，药后1天防效分别84.1%～93.5%；药后7天、10天的防效都超过92%（处理间差异不显著）。而25%扑虱灵WP 1 000倍、20%兰宁SL 5 000倍、50%保克螨WP 1 500倍3种农药对柑橘木虱若虫的防效不够理想，药后1天的防效为55.1%～74.5%；药后7天、10天的防效为40.4%～87.3%。大丰收、必喜、锐劲特、阿克泰、灭虫灵5种药剂的防效，明显优于扑虱灵、兰宁、保克螨3种药剂。

（二）对柑橘木虱成虫的防效

如表2所示：10%大丰收WP 2 000倍、20%必喜SL 4 000倍、5%锐劲特SC 1 500倍、25%阿克泰WG 5 000倍、1.8%灭虫灵EC 2 500倍5种农药对柑橘木虱成虫有很好或较好的防治效果，药后1天大丰收、必喜、阿克泰的防效都超过92%；药后7天、10天，这5种药剂的防效都超过80%(处理间差异不显著)。而兰宁、保克螨、扑虱灵对柑橘木虱成虫的防效比较差，明显低于其他药剂。

表1　不同药剂防治柑橘木虱若虫的效果

药剂名称	使用倍数	药前虫量(头)	药后1天		药后7天		药后10天		总体防效(%)(三期平均)
			活虫量(头)	防效(%)	活虫量(头)	防效(%)	活虫量(头)	防效(%)	
10%大丰收	2 000倍	184.00	14.33	93.5aA	0.33	99.7aA	0	100aA	97.7
20%必喜	4 000倍	165.33	29.67	84.1bcAB	3.33	92.6aAB	0	100aA	92.2
5%锐劲特	1 500倍	157.33	13.33	92.6abA	1.67	97.3aAB	0	100aA	96.6
25%阿克泰	5 000倍	135.67	21.67	85.8abAB	3.00	92.9aAB	0	100aA	92.9
1.8%灭虫灵	2 500倍	119.33	19.00	87.0abAB	2.33	95.5aAB	0.33	94.2aA	92.2
25%扑虱灵	1 000倍	111.00	58.33	55.1dC	10.33	75.4bcBC	1.67	87.3aAB	72.6
20%兰宁	5 000倍	96.33	28.67	74.5cBC	24.33	30.6dD	10.67	40.4bB	48.5
50%保克螨	1 500倍	116.67	53.33	58.8dC	18.00	61.5cC	15.00	47.5bB	55.9
清水(CK)	—	109.67	129.67	—	50.67	—	27.33	—	—

表2　不同药剂防治柑橘木虱成虫的效果

药剂名称	使用倍数	药前虫量(头)	药后1天		药后7天		药后10天		总体防效(%)(三期平均)
			活虫量(头)	防效(%)	活虫量(头)	防效(%)	活虫量(头)	防效(%)	
10%大丰收	2 000倍	34.33	1.00	95.5aA	0.33	99.4aA	0.67	96.7aA	97.2
20%必喜	4 000倍	32.67	5.00	92.9abA	2.00	97.8aA	1.67	92.3aA	94.3
5%锐劲特	1 500倍	49.33	17.33	74.1bcAB	1.00	98.8aA	5.00	86.7aAB	86.5
25%阿克泰	5 000倍	51.33	2.00	98.3aA	2.00	95.6aABC	4.33	80.2aAB	91.4
1.8%灭虫灵	2 500倍	24.00	10.33	70.3bcAB	2.67	86.6abABCD	2.67	84.9aAB	80.6
25%扑虱灵	1 000倍	47.33	44.00	25.7dC	21.00	58.9cD	12.00	46.6bB	43.7
20%兰宁	5 000倍	45.67	35.33	49.8cdBC	24.67	72.1bcBCD	8.33	77.2aAB	66.4
50%保克螨	1 500倍	32.33	21.33	27.3dC	8.67	59.2cCD	6.67	49.4bB	45.3
清水(CK)	—	28.33	37.67	—	46.00	—	20.67	—	—

（三）对柑橘木虱的总体防效

如表1、表2所示，防治柑橘木虱成、若虫，药后各3期调查统计平均，供试8种药剂对成、若虫的总体防效依次是：大丰收（97.5%）、必喜（93.3%）、阿克泰（92.2%）、锐劲特（91.6%）、灭虫灵（86.4%）、扑虱灵（58.2%）、兰宁（57.5%）、保克螨（50.6%）。前5种药剂的防效明显优于后3种药剂。

三、结论

试验结果表明，供试的8种药剂中，10% 大丰收 WP 2 000倍、20% 必喜 SL 4 000倍、25% 阿克泰 WG 5 000倍、5% 锐劲特 SC 1 500倍、1.8% 灭虫灵 EC 2 500倍5种农药对柑橘木虱成、若虫有很好或较好的防治效果，防效明显优于25% 扑虱灵 WP 1 000倍、20% 兰宁 SL 5 000倍、50% 保克螨 WP 1 500倍3种农药。因此，今后生产上可以选用上述5种农药交替使用防治柑橘木虱（用药时可参照本试验的稀释倍数）。上述5种农药的药效期可达7～10天，一般情况下，抽梢比较整齐时，每梢期喷药1次或2次即可控制柑橘木虱的为害；在抽梢不整齐、抽梢期较长且柑橘木虱持续发生的情况下，每梢期需喷药2次或3次。

参考文献

[1] 孟幼青，赵琳，林云彪，等．浙江柑橘木虱田间发生调查、带毒检测和药剂防治试验．中国植保导刊，2005，25（1）：20-21.

[2] 盖钧镒．试验统计方法．北京：中国农业出版社，2000.6，227-231.

原　　载：《浙江农业科学》2007年第4期。

基金项目：浙江省科技计划项目“柑橘黄龙病监测与防控策略研究”（2004C32087）。

第三节　柑橘溃疡病

柑橘溃疡病

据资料记载，台州于1955年发现柑橘溃疡病，是柑橘重要病害之一，也是全国植物检疫对象。柑橘溃疡病菌容易侵染橙类、柚类和杂柑类叶片、枝条与果实，影响果品商品价值。在1980年代和1990年代柑橘溃疡病对柑橘类苗木繁育调运影响很大，一旦苗木感染发病就不能调往外地，因此在当时广大苗农很重视柑橘溃疡病的防治工作，所生产的柑橘类苗木都能符合调运检疫要求。2002年黄岩发现柑橘黄龙病后，为控制柑橘黄龙病扩散蔓延，根据《柑橘苗木产地检疫规程》规定，黄岩已经没有合适的区域作为柑橘类苗木繁育基地，加上橙类和杂柑类种植面积逐渐减少，柑橘溃疡病发生也越来越轻。主编在收录该论文时，根据目前对论文的规范要求，增加了论文摘要与结语。

论文一：柑橘溃疡病的发生与综合防治技术

叶志勇[1]　叶　峰[2]　余继华[1]　姜文丽[1]　陶　健[1]

（1．浙江省台州市黄岩区植物检疫站　2．台州市黄岩区农业技术推广中心）

摘　要　文章介绍了柑橘溃疡病在黄岩的发生为害与分布情况，对柑橘品种之间为害的差异性进行了简述，橙类、柚类、杂柑类发病重于温州蜜柑等宽皮橘类；提出了加强植物检疫、建立无病苗圃、治虫防病、加强肥水管理和化学农药预防以及冬季清园等综合防控措施。

关键词　柑橘溃疡病　发生为害　防控技术

中图分类号　S436.661.1　**文献标识码**　A

柑橘溃疡病是柑橘重要病害之一，是我国植物检疫性病害。该病菌主要侵染芸香科植物，以甜橙、脐橙、酸橙、来檬等品种最为感病。据资料记载，黄岩于1955年发现柑橘溃疡病，当时属于零星发生，发生面积很少。随着甜橙类、柚类、杂柑类等一些易感病品种的逐渐引进、扩种，成年结果树的发生面积有所扩大，一般年份的发病面积约83.13hm^2，严重年份可达133.3hm^2 。

一、发生与为害

该病可为害柑橘叶片、枝梢和果实，苗木发病后导致生长不良，延迟出圃时间；成年结果树发病，常引起大量落叶、落果，甚至造成枝梢枯死，降低树势；未脱落的轻病果形成木栓化开裂的病斑，严重影响果品的外观和品质，降低了商品价值。

（一）发生分布

黄岩现有柑橘5 800hm^2。据2000—2004年普查，在全区19个乡镇、街道办事处中，南城、院桥、沙埠、澄江、新前、头陀、北洋、江口、茅畲、上垟、平田、宁溪、屿头等13个乡镇、街道办事处的感病品种果园均有发生。

（二）发病品种

黄岩是一个以宽皮橘类品种为主栽的柑橘产区，主要有温州蜜柑、槾橘、本地早、碰柑、早橘等五大主栽品种，共有180多个品种、品系，有一定面积和产量的品种、品系有27个。易发病的品种品系主要有：橙类（脐橙、纽荷尔、大山岛、清家、朋娜等）、柚类（文旦、葡萄柚等）、杂柑类（439、伊予柑等）。另外，与感病品种混栽的特早熟、早熟温州蜜柑也会发病，但发病较轻。单纯种植宽皮橘类品种的果园基本不发病或发病极轻。

（三）发病程度

1. 成年结果树

据2001年调查统计，全区柑橘溃疡病的发病面积为83.13hm^2，占柑橘总面积的1.16%。发病品种以橙类、柚类、杂柑类的感病品种为主，发病面积75.13hm^2，占发病总面积的90.4%；宽皮柑橘类主要发生在特早熟、早熟温州蜜柑品种上，且大多数是与橙类、柚类、杂柑类混栽的果园，发病面积为0.8hm^2，占发病总面积的9.6%，发病程度较轻，多为零星发生。

2. 苗木

据2001年柑橘类苗木的产地检疫结果，全区柑橘类苗木的繁育总数为29.8万株。宽皮橘类总苗数为24.78 万株。其中无病苗20.88万株，轻发病苗（株病率<0.1% ）1.2万株，中发病苗（株病率0.1%～1%）3.6万株；橙类总苗数为1.7万株，其中轻发病苗0.5万株，中发病苗1万株，重发病苗（株病率>1% ）0.2万株；柚类（葡萄柚）总苗数为1.22万株，其中轻发病苗0.3万株，中发病苗0.5万株，重发病苗0.42万株；杂柑类总苗数1.2万株，其中发病苗0.7万株，重发病苗0.5万株。

二、综合防治技术

柑橘溃疡病的防治要坚持“预防为主，综合防治”的策略，重点围绕橙类、柚类、杂柑类等易感病品种开展综合防治。对种子、苗木、砧木、接穗等繁殖材料，要加大产地检疫和植物检疫执法力度；对易感病的结果成年树果园和混栽果园，要加强栽培管理，并及时做好药剂防治。

（一）加强植物检疫

带病的种子、苗木、砧木、接穗等繁殖材料和果实是柑橘溃疡病远距离传播的主要载体。因此，在引进或调出种子、苗木、砧木、接穗等繁殖材料和易感病品种的果实时，要严格地进行检疫检验，凡经检验查出带有柑橘溃疡病病斑的繁殖材料，一律予以烧毁；凡查出带有病斑的果实，须经剔除病果和除害处理后才允许调运。对引进的繁殖材料，必要时进行复检、消毒处理、隔离试种。

清毒处理：一是种子先在50～52℃热水中预热5min，然后转入55～56℃恒温热水中浸50min，立即转入冷水中冷却。也可用1%福尔马林液浸10min，再用清水洗净后，晾干播种。二是未抽芽的苗木或接穗消毒，可用49℃湿热空气处理50min后，立即用冷水降温；对已嫁接的苗木，可用1 000～2 000单位/mL链霉素+1%酒精的混合液，浸苗1～3h，能把病苗治好，对生长无影响。

（二）建立无病苗圃

严格按照农业部《柑橘苗木产地检疫规程》，建立无病苗圃。在苗木繁育生长期间，要开展正常性的产地检疫，一旦发现病株，必须进行除害处理，甚至拔除烧毁，并及时喷药保护健苗。苗木出圃前要经过全面检疫检查，确认无发病苗木后，才允许出圃种植或销售。

（三）加强栽培管理

1. 肥水管理

不合理的施肥，会扰乱树体的营养生长，会使抽梢时期、次数、数量及老熟速度等不一致。一般多施氮肥的情况下会促进病害的发生，如在夏至前后施用大量速效性氮肥易促发大量夏梢，从而加重发病，故要控制氮肥施用量，而增施钾肥量。同时，要及时排除果园的积水，保持果园通风透光，降低湿度。

2. 治虫控病

柑橘溃疡病极易从伤口侵入，所以要及时进行潜叶蛾、凤蝶、象甲虫、恶性叶甲等害虫的防治，以减少伤口，切断病原侵入途径。

3. 控制夏梢，抹除早秋梢，适时放梢

夏梢抽发时期正值高温多雨、多热带风暴或台风的季风，温、湿度对柑橘溃疡病的发生较为有利，同时也是潜叶蛾为害比较严重的时期，及时抹除夏梢和部分早秋梢，有助于降低病原菌侵入的机率，溃疡病的发病程度能显著降低，待7月底或8月统一放梢后，及时连续地喷几次化学农药，即可达到较好的效果。在抹梢时，要注意选择晴天或露水干后进行操作。

（四）药剂防治

供选择的主要药剂有：一是石硫合剂50～70倍，在冬季清园时或春季萌芽前使用，有利于消灭该病菌源和其他病虫害。二是0.4%～0.7%等量式波尔多液，选择在6月前使用，6月使用易诱发锈壁虱；不能与其他农药或微肥混用；喷波尔多液后要间隔15～30天后再喷其他农药。三是77%氢氧化铜WP500倍液，要注意不能与磷酸二氢钾及微肥混喷。四是20%龙克菌（噻菌铜）SC500倍液。五是53.8%氢氧化铜（2 000型）DF500倍液。六是600×10^6农用链霉素+1%酒精。七是20%噻枯唑WP500倍液。

对易感病园，要掌握春、夏、秋梢在梢长1.5～2.5cm时喷第一次农药，以后间隔10天左右再喷1～2次；幼果在谢花后10～15天喷第一次农药，以后间隔15天左右，连续喷药2～3次。遇到台风或暴雨后要及时喷药1次，以便保梢保果。对普通发生园，主要在台风季节保护果实。不能混用的农药要坚持单用；同时，还要注意农药的轮换使用，以防产生抗药性。

（五）冬季清园

采收后的果园，应剪除病枝、枯枝、病叶，清扫落叶，病果、残枝，集中烧毁，并喷石硫合剂进行全园消毒，以减少翌年的菌源。

柑橘溃疡病是国内检疫性病害，一旦发生直接影响柑橘类苗木的调运和柑橘果实的对外贸易。因此，要加强植物检疫措施，建立无病苗木繁育基地，做好接穗和苗木的消毒处理；在栽培上要注意肥水管理，控制夏梢，抹除早秋梢，在抽梢期要做好治虫防病；对成年树尤其要重视甜橙类、柚类、杂柑类等感病品种喷药预防；同时要做好冬季清园工作，减少来年菌源，减轻柑橘溃疡病的发生。

原　载：《浙江柑橘》2005年第3期。

第四节　柑橘小实蝇

柑橘小实蝇

柑橘小实蝇曾经是全国植物检疫性有害生物，2007年首次发现，至2009年连续3年在台州温岭、三门和玉环等地的局部果园发生为害严重，此后却在台州很难查见为害。根据柑橘小实蝇生物特性，从生态环境、成虫群迁的可能性、气候条件、寄主植物及土壤条件等诸方面进行了研究探讨。台州市植物保护检疫站与省柑橘研究所等单位联合组成课题组对柑橘小实蝇发生规律与绿色防控技术进行了研究，黄岩作为协作单位参加了课题的部分工作，该项目获2013年台州市科学技术进步奖三等奖。本节收录了在《农学学报》和《农业科技通讯》等杂志上发表的柑橘小实蝇论文3篇。

论文一：台州柑橘小实蝇发生为害减轻原因探析

余继华　张敏荣　卢　璐　陶　健

（浙江省台州市黄岩区植物检疫站）

摘　要　柑橘小实蝇是起源于热带、亚热带有害生物，曾被认为是果蔬“头号杀手”。台州橘区在2007年首次报道发现柑橘小实蝇后，连续3年在局部橘园为害特别严重。但2010年后却很难查见柑橘小实蝇的为害，为探讨柑橘小实蝇为何不能在台州长期定殖原因，根据其生活习性，分析提出了柑橘小实蝇成虫群迁集中为害的可能性，以及气候条件、生态环境、寄主植物和土壤条件综合影响的结果。这对相似生态区柑橘小实蝇的检疫防控有积极的指导意义。

关键词　柑橘小实蝇　种群动态　影响因子

中图分类号　S436.661.2　**文献标识码**　B　**论文编号**　cjas16040018

一、引言

柑橘小实蝇 [*Bactrocera dorsalis*（Hendel）] 属双翅目实蝇科寡鬃实蝇亚科寡毛实蝇属，曾是一种重要的全国农业植物检疫性有害生物，2009年从《全国农业植物检疫性有害生物名单》中去掉，但仍然是《进境植物检疫性有害生物名录》中列出需要管控的检疫性有害生物。

柑橘小实蝇自2007年5月首次入侵台州以后，在温岭、三门和玉环的局部橘园和文旦园造成严重的为害，尤其是2008年在三门县浬浦镇一橘园，先在早熟温州蜜柑上为害并完成一个世代，而后转入迟熟温州蜜柑上为害，严重的橘园果实为害率80%以上，2009年在玉环县一文旦园也发生严重为害。自2009年以后柑橘小实蝇却在台州“销声匿迹”，至今没有再发现明显的为害。为此，笔者对柑橘小实蝇在台州发生为害减轻的原因进行了研究探讨，现报道如下。

二、成虫群迁的可能性

柑橘小实蝇成虫飞行能力强。据梁帆等[1]对柑橘小实蝇成虫飞行能力的测试，在室内饲养和繁殖的第三代成虫羽化后饲养至第7、第8日龄，累计飞行距离分别达44.83km和46.54km；崔建新等[2]根据柑橘小实蝇日龄与性别对成虫飞行距离的实验，雌蝇16日龄时22h累计飞行距离最大值为8.12km；雄蝇21日龄时连续22h的累计飞行距离为8.80km。据此推测柑橘小实蝇成虫飞行能力比较强，如果借助气流作用，其飞行距离可能会更远。分析2007—2009年柑橘小实蝇在台州发生为害情况，2007年为害特别严重的温岭市大溪镇、2008年三门县浬浦镇和2009年玉环县清港镇，遭受柑橘小实蝇严重为害的柑橘园和文旦园都在坐北朝南的山脚下，而且群集于一块橘园；2008年在黄岩沙埠镇沙埠叶村橘园单只诱捕器诱到104头成虫(但附近橘果却未发现有为害症状)，与上述3个地点的地理环境基本一致。这3年橘园成虫诱捕量最多的时间段主要集中在8—10月，此时正是南方暖湿气流频繁北上的时期，柑橘小实蝇成虫随着气流北上，碰到有山阻隔而又有适宜寄主时就在局部地区“安营扎寨”建立种群，对当地柑橘和文旦造成为害。因此认为柑橘小实蝇成虫有成群结队迁飞的可能性。

三、生态环境的影响

生态环境对柑橘小实蝇种群数量影响较大。郑思宁等[3-4]对柑橘小实蝇不同生境种群动态与密度研究表明，柑橘小实蝇山谷生境的种群数量明显高于山脊生境；沿河生境的种群数量要显著高于非沿河生境；山谷与沿河生境较山脊与非沿河生境相对湿度较高、昼夜温差小、小气候较稳定，适合柑橘小实蝇生存与活动；单一果园与混合果园相比，混合果园橘小实蝇发生期长，发生量大，为害重。柑橘小实蝇入侵后，在台州橘区发生为害严重的生态环境都位于朝南的山谷里，气温相对较高，小气候稳定，适于当年入侵的柑橘小实蝇生存。台州柑橘和文旦都是成片种植，挂果与成熟期基本一致，不利于柑橘小实蝇继代繁殖，加上台州气候四季分明，冬季恶劣的气候环境也不利于柑橘小实蝇越冬[5]。2007—2009年在温岭、三门和玉环相继严重发生后，第2年都没有在原区域继续发生为害，这可能与台州的生态环境不适应柑橘小实蝇生存繁衍有关。

四、气候条件的影响

柑橘小实蝇起源于东南亚的热带、亚热带，喜湿热，厌干冷环境，低温和干旱的气候不利于其生长和生存，温度是最重要的影响因子。柑橘小实蝇种群数量变化与空气温度(尤其是冬季低温)和湿度、光照及土壤墒情、蛹期降水量等气候存在有独立和共同影响的复杂性。空气温度、土壤温度和光刺激对柑橘小实蝇成虫繁殖起着重要作用，其贡献率达到53.48%，表明温度和光照对虫量变化作用最大[5-6]。柑橘小实蝇生长发育的适宜温度为28～25℃，当高于33℃或低于15℃时，蛹、幼虫和卵的死亡率均显著增加，温度还影响雌成虫产卵前期和产卵期，在适温范围产卵前期和产卵期短；冬季寒潮连续多日低温，成虫不利越冬[7]。据台州柑橘小实蝇课题组研究，当月平均气温在10℃以下时，橘小实蝇成虫较难成活，持续4天低温成虫死亡率可达100%，当平均气温在15～18℃时其种群数量处低密度状态，当平均气温18℃以上时种群数量增速较快，并随气温的升高而升高，橘小实蝇成虫密度随前2个月的平均气温的变化而变化，故全年柑橘小实蝇在秋季(9—10月)形成数量高峰，为害严重[8]。降水量过多过少都不利柑橘小实蝇的发生；月平均降水量少于50mm，种群数量较低；月平均降水量在100～200mm时，种群数量处在增长阶段；月平均降水量250mm以上时，其种群数量会迅速下降[6]。台州位于浙江东部沿海，夏秋期间受台风影响较多，若遇台风侵入登陆，短时间过境降水量都在250mm以上，如2015年8月7—10日受台风“苏迪罗”影响，台州普遍出现了暴雨到大暴雨、局部特大暴雨过程，面雨量360.0mm，降水最大的监测点达484.8mm，对柑橘小实蝇的发生极为不利。因此，气候条件影响了橘小实蝇种群在台州长期定殖。

五、寄主植物影响

柑橘小实蝇嗜好寄主作物影响其种群数量变化。种群动态和寄主植物的成熟期关系密切，嗜好寄主植物的转色成熟期成为各果园柑橘小实蝇发生的高峰期；柑橘小实蝇成虫对绿色食物的取食趋性最强，雌成虫对黄色食物产卵趋性最强[3, 9-12]。台州地区涉及到柑橘小实蝇寄主植物有柑橘、文旦、桃、梨、枇杷、杨梅、葡萄、柿子、西瓜、黄瓜、草莓、辣椒、丝瓜和茄子等，从柑橘小实蝇成虫产卵趋性分析，柑橘、文旦、桃、枇杷和柿子等水果挂果成熟期适合柑橘小实蝇产卵，并对这些水果造成为害。但桃和枇杷挂果成熟期在5—6月，春季温度不利于柑橘小实蝇的发生，加上寄主作物成熟采摘期短，柑橘小实蝇尚未累积到经济允许水平以上的为害种群，寄主作物已采摘完毕，因此，对这些寄主作物为害很轻。台州全市监测诱捕器诱成虫量也证实了这一点，在7月之前诱虫量很少，8月开始诱虫量逐步上升[13]，9—11月正值柑橘和文旦转色成熟期，且品种多(早熟、中熟和迟熟品种都有)，挂果期和成熟期长为柑橘小实蝇提供了丰富食料，在虫源充足的条件下，在局部橘园形成为害的高峰期。

另据张小亚等[14]研究发现，柑橘小实蝇对蔬菜区不同寄主植物有选择性为害习性。对西红柿的为害主要在成熟期；丝瓜在未成熟期为害，成熟期不为害；青椒在成熟期和未成熟期均为害；南瓜在未成熟期为害，成熟期不为害；茄子则在整个生育期均不为害；对柑橘的为害因各品种转色和成熟期不同而差异很大，其中温州蜜柑系列(早熟、中熟和迟熟)品种为害率最高[15]，“本地早”次之，“哈姆林”和“刘本橙”因成熟期太晚，几乎不为害；杨梅果实汁液可为橘小实蝇成虫性成熟补充营养，但产卵后卵不能在杨梅果实内发育[14]。

六、土壤条件的影响

柑橘小实蝇以老熟幼虫在土中化蛹才能完成生活史，因此土壤类型与土壤含水量对柑橘小实蝇的发生具有重要作用。柑橘小实蝇发生严重地区一般处于山地，土壤类型为壤土和砂土，研究发现柑橘小实蝇幼虫具自主选择或避让恶劣环境的行为选择，在遇到不适合化蛹场所时会选择有利化蛹的土壤环境；土壤含水量和土壤湿度对橘小实蝇蛹的存活率影响很大，当土壤含水量高于80%或低于40%时，老熟幼虫入土慢，死亡率高，同时蛹的羽化率也受到明显抑制[6]。在土壤含水率分别为5%和40%的条件下，幼虫化蛹率砂土要高于粘土，且在砂性土壤中几乎不受含水量影响[16]。台州柑橘主要分布在内陆平原和沿海滩涂，土壤类型大多为粘土，土壤渗透性差，含水量要高于山地土壤，同时常受台风影响，降水量较大，可能影响柑橘小实蝇幼虫的化蛹和蛹羽化。孔令斌等[6]认为，降水量和降水频率主要是通过土壤墒情来影响幼虫化蛹和蛹的羽化，在自然条件下的影响主要表现在：一是适当的降水量可保持大气湿润和土壤湿度，从而减少老熟幼虫和初羽化成虫的死亡率，有利于成虫的交尾和产卵活动；二是降水量过多将引起土壤含水量和湿度过高，影响到柑橘小实蝇老熟幼虫入土化蛹及蛹羽化出土；三是降水会影响土壤温度，柑橘小实蝇成虫数量与土壤温度却成正相关性[17-19]。

七、结语

柑橘小实蝇曾被认为是果蔬毁灭性害虫，原是东南亚热带、亚热带害虫，适应于高温高湿的生态环境[20]。影响柑橘小实蝇发生为害定殖的因子是多方面的，台州地处30°N以南，位于柑橘小实蝇适生区北缘，据吴宇芬等[21]研究，柑橘小实蝇在预测的适生区中因湿度等其他条件限制而无法生存，在30°N以北有适生区存在，但在30°N以南也有非适生区存在。国内对柑橘小实蝇发生为害研究，在气候因子、寄主植物和适生环境等方面报道较多。笔者依据柑橘小实蝇入侵台州之初发生为害情况和近几年在果蔬等寄主作物上很难查见成虫和幼虫的事实，提出了台州柑橘小实蝇的初入侵虫源，是从南方适生区借助气流成群迁入的可能性，这在国内鲜有报道。但是，迁入后则受到自然环境、果蔬生态环境、嗜好寄主植物种类、降水量和极端低温等因子以及土壤结构和含水量的综合交互影响，使柑橘小实蝇不能顺利地进行继代繁殖，不能在同一区域连年发生为害，这对相似果蔬生态区柑橘小实蝇检疫防控有积极的借鉴作用。

参考文献

[1]梁帆，吴佳教，梁广勤．橘小实蝇飞行能力测定试验初报[J]. 江西农业大学学报，2001，23（2）：259-260.

[2]崔建新，董钧锋，任向辉，等．日龄及性别对橘小实蝇实验种群飞行能力的影响[J]. 生态学报，2016，36（5）：1-11.

[3]郑思宁．不同生境中橘小实蝇种群动态及密度的差异[J]. 生态学报，2013，33（24）：7699-7706.

[4]张小亚，陈国庆，孟幼青，等．台州果蔬混栽橘园用性诱剂监测实蝇种群动态及效果评价[J]. 浙江农业科学，2011（6）：1 368-1 370.

[5]余丽萍，徐南昌．柑橘小实蝇生物学特性与温度的关系[J]. 中国园艺文摘，2012（5）：19-21.

[6]孔令斌，林伟，李志红，等．气候因子对橘小实蝇生长发育及地理分布的影响[J]. 昆虫知识，2008，45（4）：528-531.

[7]徐建国．美国柑橘实蝇的发生与治理[J]. 世界农业，2000（4）：35-37.

[8]卢璐，余继华，张敏荣，等．不同寄主柑橘小实蝇种群动态及与气象因子的关系[J]. 广西农学报，2014，29（4）：34-39.

[9]梁丹辉，陈冉，周琼．桔小实蝇成虫对不同颜色和气味物质的趋性反应[J]. 生命科学研究，2016，20（1）：36-39.

[10] 李月红，何陆芳，叶良松，等．柑橘小实蝇成虫对不同色板的趋性差异[J]. 浙江柑橘，2010，27（4）：24-25.

[11] 汪燕琴，孟幼青，施祖华．不同种类黄色粘板诱集柑橘小实蝇的效果[J]. 浙江柑橘，2011，28（3）：23-25.

[12] 汪燕琴，孟幼青，施祖华．不同种类黄色粘板诱集柑橘小实蝇的效果[J]. 浙江柑橘，2011，28（4）：23-25.

[13] 余继华，卢璐，张敏荣，等．黄岩地区柑橘小实蝇成虫监测结果初报[J]. 农业科技通讯，2010（11）：54-55，86.

[14] 张小亚，陈国庆，孟幼青，等．台州混栽橘园用性诱剂监测实蝇种群动态及效果评价[J]. 浙江农业科学，2011（6）1 368-1 370.

[15] 顾云琴，李云明，项顺尧．温岭市柑橘小实蝇为害柑橘的特点及防控技术[J]. 植物检疫，2009，23（4）：54-55.

[16] 台州市柑橘小实蝇发生规律与绿色防控技术研究课题组技术总结[Z].2012：63-64.

[17] 张小亚，陈国庆，孟幼青，等．橘小实蝇转主寄生的种群动态[J]. 浙江农业科学，2011（3）：631-633.

[18] 文韬，洪添胜，李立君，等．橘小实蝇成虫发生量与环境因子协同监测网络的设计 [J]. 湖南农业大学学报，2014，40(5)：506-512.

[19] 张小亚，陈国庆，孟幼青，等．台州黄岩地区柑橘小实蝇的周年生活史 [J]. 浙江农业科学，2011(2)：374-376.

[20] 王盛桥，向子钧，刘元．湖北省柑橘小实蝇风险分析初报 [J]. 湖北植保，2009(3)：5-6.

[21] 吴宇芬．橘小实蝇的地理分布模型 [J]. 福建农林大学学报：自然科学版，2005，34(2)：168-171.

原　　载：《农学学报》2016年第10期。

基金项目：浙江省三农五方项目（SN200812—A）；台州市科技计划重大科研项目（08KY01）。

论文二：黄岩地区柑橘小实蝇成虫监测结果初报

余继华　卢　璐　张敏荣　陶　健

（浙江省台州市黄岩区植物检疫站）

摘　要　2007—2009年通过对柑橘、杨梅等多种寄主进行橘小实蝇动态监测，分析寄主植物和气候因子对种群变动的影响。结果显示黄岩橘小实蝇成虫种群高峰期为8—10月，月平均气温及最高温和最低温，月降雨天数为影响橘小实蝇种群数量增长的主要气候因素。

关键词　橘小实蝇　寄主植物　气候因子　种群消长

中图分类号　S436.661.2　**文献标识码**　B

2007年在黄岩首次发现橘小实蝇入侵，目前该虫仍有发生。为揭示柑橘小实蝇种群在不同寄主植物上的消长情况及影响其消长的主要因子。我们对橘小实蝇成虫消长动态进行了监测与研究，现将结果报道如下。

一、材料与方法

2009年在19个乡镇共设立24个监测点，寄主作物以柑橘为主，另有杨梅、枇杷、梨、桃、葡萄、草莓、蕃茄、辣椒、红茄和菜用豆共10种，比2008年增加了6种作物。监测时间为 3—12月。

（一）监测方法

在确定寄主作物后，选择上一年已经发生过橘小实蝇的山地和平原作为监测点。每监测点挂诱捕器4个，诱捕器挂放在树冠中部外缘北侧背阴处，每只诱捕器间距约50m，性诱剂第一次加注1支（2mL），后每隔半月加1次，每次加注半支（1mL），每个周一调查1次，每次逐一检查实蝇种类，并分瓶记录柑橘小实蝇成虫数量。

（二）为害率调查

在柑橘果实成熟至采摘期间，随机抽取树上挂果100个进行调查，对有产卵痕的剥查虫果，记录幼虫数量。地上落果从第一次落果开始，隔7天收集1次落地果50～100个，记录虫果数。

二、结果与分析

（一）橘小实蝇成虫种群消长动态

2009年橘小实蝇雄成虫诱捕数量动态如图1。因每个点诱捕到的成虫比较少，为便于分析将24个监测点96个瓶每月总的诱捕量为一统计单位。鉴于橘小实蝇成虫雌雄比为1∶1，雄成虫诱捕量可以作为橘小实蝇成虫种群数量的估计参数[1]。

柑橘小实蝇成虫

监测结果表明（图1），橘小实蝇全年总趋势是在8月出现最大的种群增长高峰，9、10月稍有回落，但仍处在较高水平。3—5月，橘小实蝇种群活动处在较低水平，诱捕量少，3月份只有上郑乡的枇杷园和东城的柑橘园有诱到成虫；4月诱捕到小实蝇的点增加到4个，为平田和东城的柑橘园，江口的杨梅园，上郑的枇杷园；5月能诱捕到雄虫的点增加到6个，但诱捕数量仍维持在4月的低水平。在6—7月，橘小实蝇开始趋于活跃，种群数量成倍上升，6月共65头，7月共126头；8月橘小实蝇诱捕量比上个月又翻了近一倍，为228头，形成一个种群增长高峰；9—10月稍有回落，9月总量182头，10月179头，仍处于较高水平，8—10月为黄岩地区橘小实蝇种群的主发生期。11月气温开始下降，并受冷空气影响，种群数量回落，12月急剧下降，种群活动处于较低水平。

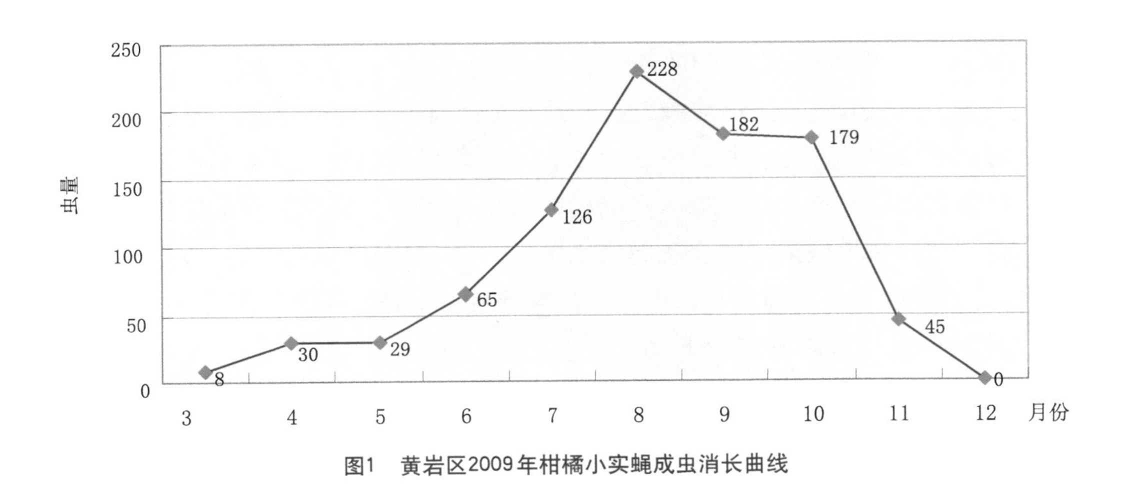

图1　黄岩区2009年柑橘小实蝇成虫消长曲线

（二）寄主作物对橘小实蝇种群动态的影响

监测的寄主作物有柑橘、杨梅、枇杷、梨、桃、葡萄、草莓、蕃茄、辣椒、红茄、菜用豆。在这些寄主作物中，以柑橘、杨梅、葡萄和枇杷是最适寄主，诱虫量相对较多，在其他作物上没有诱到成虫或少量成虫，还发现寄主作物的成熟期是影响橘小实蝇种群动态高发期的主要因子之一。

梨园上诱到的成虫量虽然不多，说明性诱剂的诱虫量有滞后性。梨果成熟时期为6—8月，从监测结果可以看出6月15日之前没有诱捕到橘小实蝇，到6月22日诱捕到1头雄成虫，此后成虫量上升，在8月3日诱到6头，形成一个高峰，显示诱虫量高峰不是出现在梨果成熟期，而是出现在果实采收以后。

柑橘是橘小实蝇主要喜好寄主作物之一。黄岩全区柑橘种植面积有4 922hm^2，遍布各乡镇(街道)。从柑橘园诱虫结果可以看出，在7月27日有一个成虫突增期，诱捕量极速跃升，形成一个小高峰，据初步分析是因为此时气温升高，气候适宜，加上前期在其他寄主植物上取食繁殖的成虫数量逐渐累积。在8月、9月、10月都有小高峰出现，11月因突然的持续低温阴雨天气，诱捕量骤减，与2008年同期相比，柑橘上的发生高峰期有所不同。2008年柑橘小实蝇在橘树上的高峰期出现在9月和12月，主要是沙埠镇沙埠叶村的监测点在12月8日成虫数量猛增至104头，出现全年最高峰，这可能与该年是暖冬天气有关，12月上旬的日最高气温仍有超过18～20℃，光照充足，再加上失管橘园无人采摘，造成大量橘果挂在树上，给橘小实蝇提供了大量的后续食料。

从葡萄园里的诱捕情况看。3月至7月13日没有诱捕到成虫，7月20日有1～2头，但从7月27日开始诱捕到的成虫数量呈上升趋势，在8月31日达到一个高峰，7天诱捕总量10头，9月下旬成虫量迅速回落到1～2头，曲线类似一个抛物线。而葡萄成熟时期为7—9月，可看出葡萄园成虫诱捕量随着作物成熟期的变化而变化。

杨梅园里橘小实蝇诱量相对其他寄主最多。杨梅在6—7月成熟，但4月到6月初在杨梅园上只诱捕到少量成虫，在7月6日和8月31日分别出现两个高峰，即高峰期相对果实成熟期延后。在其他寄主作物上(菜用豆、大棚草莓、辣椒、枇杷、杨梅、番茄、桃园)没有诱到橘小实蝇。

（三）气候因子对种群数量变动的影响

据有关报道，导致橘小实蝇种群数量变动的气象因子主要有温度、湿度、雨量及光照等。橘小实蝇种群数量的月变化与月平均气温、月平均最高温度、月平均最低温度、月极端最高温度、月极端最低温度、降水量和月降雨天数呈正相关，且相关性均达极显著，橘小实蝇种群数量变动与这些气候因子的变化有密切关系[2-3]。根据月平均气温、月平均最低气温、月降雨天数3个气候因子，对黄岩平原地区橘小实蝇种群动态影响因子进行分析，见表。

1. 温度对橘小实蝇种群动态的影响

温度对橘小实蝇各虫态的发育，活动有显著影响。橘小实蝇生长发育的温度范围为15～34℃，最适发育温度为18～30℃，当温度高于34℃或低于15℃时，橘小实蝇成虫、幼虫大量死亡；温度低于18℃时，卵、幼虫、蛹的历期会延长[4]。

表　黄岩区2009年各月主要气候因子数据

月 份	月平均气温(℃)	月平均最低气温(℃)	月降雨天数(d)
4	17.1	7.0	7
5	22.375	14.3	11
6	26.1	18.3	14
7	30.1	22.3	14
8	29.0	24.2	15
9	26.5	21.1	12
10	22.0	15.1	4
11	13.8	6	11
12	9.3	−0.4	9

2009年4—11月平均气温13.8～30.1℃，6—10月平均最低温度15.1～24.2℃，气温总体上处于橘小实蝇生长发育所需的温度范围；5—10月的平均温度、平均最低温度、最高温度都处于适宜温度范围内，但7—8月出现的高温炎热天气对其发育有抑制作用；12月至翌年3月，因为月平均最低温度低于15℃，影响橘小实蝇的正常活动，故难诱捕到成虫。

2. 月降雨天数对橘小实蝇种群动态的影响

雨日天数是影响种群变动的另一重要因子。在自然条件下，降水对橘小实蝇的影响主要表现在2个方面：一是适当降水量可保持土壤湿度和大气湿度，从而减少待化蛹的老熟幼虫和初羽化成虫的死亡率，有利于成虫的交配和产卵活动。二是降水量过多将引起土壤过湿，进而影响到橘小实蝇幼虫入土化蛹以及蛹羽化出土[5]。5月底至7月初是黄岩的梅雨季节，过多的降雨影响到橘小实蝇幼虫入土化蛹以及蛹羽化出土，也影响到成虫的交配和食物的寻找。9月、10月降雨天数分别减少到12天、4天，适宜的温度与湿度有利于橘小实蝇成虫的交配和产卵活动，使种群数量逐渐上升，从而成为影响橘小实蝇在9—10月形成持续高峰期的又一重要因素。

3. 海拔高度对橘小实蝇成虫诱捕量的影响

海拔高度高的西部山区小实蝇诱集量相对小于海拔低的地方。在24个监测点中，富山乡鞍山村海拔616m，属于西部山区，常年温度低于低海拔地区，连续几年没有诱到橘小实蝇成虫，而处于平原地区海拔高度8m 的江口街道杨梅园3—11月诱捕到的橘小实蝇数量高达247头。总的来看是西部山区高海拔的监测点和沙埠的丘陵地诱虫量少，而处于平原和沿海的低海拔地区橘小实蝇监测点诱虫量相对较多。

三、小结与讨论

橘小实蝇仅在每年的3—11月发生，3月之前基本没有飞行活动，4—5月诱捕量仍比较少，从全年诱虫总量来看，高峰期出现在8—10月，比云南，福建等地的高峰期要迟，这主要受气候因素影响。8—10月平均温度、最高最低气温处于橘小实蝇最适发育温度范围内，加之适量的降雨天数，这些因子综合作用，从而导致该段时期出现种群高峰期的现象。全年

柑橘小实蝇监测

监测点的总诱虫量999头，比2008年增加168头，增幅为20.2%。但是12月诱捕量明显低于2008年同期，这与2008年12月有反常偏暖气候有关。橘小实蝇成虫量最大时期出现在果实采收以后，表现有滞后性。橘小实蝇随寄主植物成熟期的推移，可以在不同寄主间进行转移为害。5—8月橘小实蝇以杨梅、枇杷、葡萄为寄主，9月后早熟柑橘渐趋成熟，为橘小实蝇提供良好的生长和繁殖的场所，其种群数量得以迅速增长。

参考文献

[1] 和万忠，孙兵召，李翠菊，等．云南河口县橘小实蝇生物学特性及防治 [J]. 昆虫知识，2002，39(1)：50-52.

[2] 陈鹏，叶辉．云南六库橘小实蝇成虫种群数量变动及其影响因子分析 [J]. 昆虫学报，2007，50(1)：38-45.

[3] 陈鹏，叶辉，刘建宏．云南瑞丽橘小实蝇成虫种群数量变动及其影响因子分析 [J]. 生态学报，2006.26(9)：2 801-2 809.

[4] HE W Z，SUN B Z，LICJ.bactrocera dorsailis and its control in hekou county of yunan province.Entomological Knowledge，2002，39(1)．

[5] 张祖兵，杨仕生，孙文，等．石榴园橘小实蝇种群动态研究 [J]. 安徽农业科学，2005，33(11)：2 034-2 035，2 071.

原　　载：《农业科技通讯》2010年第11期。

基金项目：浙江省三农五方项目(SN200812—A)；台州市科技计划重大科研项目(08KY01)。

论文三：柑橘小实蝇的发生与防控对策

张敏荣[1]　余继华[1]　王映雪[2]

（1. 浙江省台州市黄岩区植物检疫站　2. 浙江省平阳县植物检疫站）

摘　要　文章针对浙江水果产区柑橘小实蝇处于初发期的实际情况，介绍了柑橘小实蝇发生为害、形态识别、生物学特性等，并进行了潜在的危险性分析，提出了农业与化学防治相结合的综合防控对策。

关键词　柑橘小实蝇　发生　防控措施

中图分类号　S436.661.2　**文献标识码**　B

柑橘小实蝇(*Bactrocera dorsalis*)属双翅目，实蝇科，寡毛实蝇属，是一种重要的全国农业植物检疫性有害生物。近几年来，该虫在华南地区为害严重，并在局部地区暴发成灾，并逐步向北扩散。2006年以前浙江省没有柑橘小实蝇为害的记录，2006年下半年只在浙江的个别地方发现，2007年通过性引诱剂监测，全省接近50个县(市、区)有柑橘小实蝇发生，而且在部分地区造成了严重为害，黄岩区也已经在杨梅园和柑橘园被监测到柑橘小实蝇成虫。该虫以幼虫蛀食果实，致使果实腐烂脱落，造成产量的很大损失，被称为水果的“头号杀手”。

一、形态特征

成虫：头黄色或黄褐色，中胸背板大部黑色，具有2条黄色侧纵，上生黑色短毛，小盾片黄色，与上述两条黄色纵带连成“U”字形。翅前缘带褐色，伸达翅尖，较狭窄，其宽度不超过 R_{2+3} 脉；臀条褐色，不达后缘。足大部分黄色，后胫节通常为褐色或黑色，中足胫节具一红褐色端距。腹部棕黄色至锈褐色。第三节背板具1黑色横带，1黑色中纵带始于第三节黑横带，终于第五节末端之前，组成“T”形斑。雄虫阳茎端膜状组织上具透明的刺状物，背针突前叶短，第五腹板后缘深，雌虫产卵管端部略圆，略短于第五背板。

卵：长1.0mm，白色两端尖，其中一端比另一端更尖，梭形。

幼虫：蛆形，黄白色，3龄老熟幼虫体长7～11mm，头咽骨黑色，前气门具9～10个指状突，肛门隆起明显突出，全部伸到侧区的下缘，形成一个长椭圆形的后端。

蛹：围蛹，椭圆形，长4～5mm，淡黄色。初化蛹时呈乳白色，逐渐变为淡黄色，羽化时呈棕黄色。前端有气门残留的突起，后端气门处稍收缩。

二、发生为害情况

柑橘小实蝇已经在我国广东、福建、台湾、上海、江苏、江西、浙江、湖南、湖北、贵州、四川、海南等省(区、市)发生。该虫寄主作物多，能为害柑橘类、石榴、杨梅、桃、枇杷、香蕉、番石榴、木瓜、杨桃、梨、柿子、辣椒、茄子、西红柿、无花果、荔枝、龙眼等

250余种水果和蔬菜，成为我国南方水果生产上为害最为严重的害虫之一。

柑橘小实蝇雌成虫产卵在果实上(瓤瓣与果皮之间)，孵化后幼虫群集果实中取食果肉，使果实干瘪收缩，造成果实空虚，甚至腐烂。受害后常未熟先黄，早期脱落，造成大量落果，严重影响水果蔬菜产量。幼虫老熟后直接落地或随被害果落地后钻入表土化蛹。受害水果被害率一般在20%左右，严重的可达60%～80%，特别是多种果树混栽果园尤为严重。浙江省兰溪市有一梨园，2007年因柑橘小实蝇为害后，梨落果率达到30%以上。

三、生物学特性

柑橘小实蝇成虫寿命长，产卵量大，繁殖潜能非常大。据研究：成虫羽化后需经一段时间营养补充，使性成熟后才能交尾产卵，成虫寿命一般长达60～70天，可多次交尾、产卵，每雌成虫产卵量400～1 000多粒，世代繁殖倍数达358～699倍；成虫飞行能力强，活动范围大，成虫可进行长距离的飞行，曾有几十公里的飞翔记录。因此，能在较大范围内寻找适宜的寄主和传播。雄成虫对性诱剂非常敏感。干旱明显不利于柑橘小实蝇种群的发育和存活，高密度条件下成虫寿命缩短，雌成虫生殖力下降。

根据有效积温推算，柑橘小实蝇在我省一年可发生3～5代，冬季以蛹越冬。各虫态历期为：日平均温度在25～30℃时，卵期1～2天，幼虫期8～10天，蛹期8～12天，成虫期27～75天。各代成虫的产卵期也较长，因此世代重叠现象明显，同一时期内各种虫态均能见到。每年5—10月虫口密度最高，成虫全天均可羽化。幼虫孵化后数秒便开始活动，昼夜不停地取食为害，幼虫分三龄，三龄期食量最大，为害也最重。

据黄岩区11个监测点性诱剂捕获的数量观察，已经在杨梅园和柑橘园上诱集到柑橘小实蝇成虫，分别位于江口街道白龙岙村、沙埠镇沙埠叶村、头陀镇新丰果树种植场和上垟乡董岙村。但这些地方诱集到的成虫数量却很少，只是在江口街道白龙岙村杨梅园诱到成虫数量相对较多，在7月10日出现明显成虫高峰期，9月10日也有1个小高峰；因为在柑橘园诱到成虫数量较少，看不出有明显的成虫高峰期，但从11月20日开始虫量有上升趋势。具体见图。

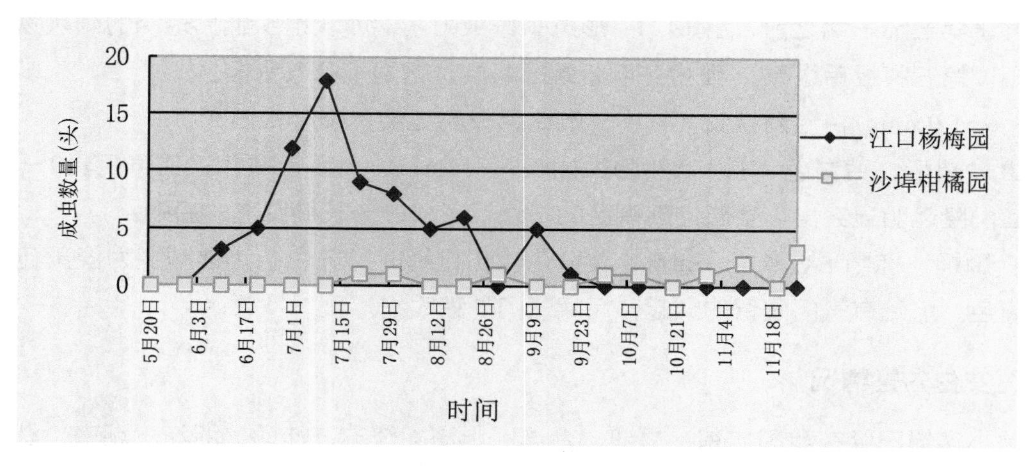

图　不同果园柑橘小实蝇诱集情况

四、发生趋势和潜在的危险性

据有关研究表明，柑橘小实蝇适生范围是20°N ～30°N。柑橘小实蝇的卵和幼虫可通过受害果品和蔬菜随国际国内贸易、交通运输、旅游等人类活动作远距离传播、扩散，特别是近年实施的鲜活农产品运输绿色通道，对柑橘小实蝇传播扩散极为有利，是导致柑橘小实蝇在省内许多地区发生的主要原因之一；该虫还可通过河流等将受害果蔬带到异地而传播；蛹随果蔬苗木的运输、携带也是一个重要的人为传播途径；成虫可较长距离地飞行传播。加上成虫繁殖能力极强，一旦传入新区将会造成大面积发生为害，因而潜在的危险性特别大。

五、防控措施

(一)严把检疫关，切断传播途径

柑橘小实蝇主要以幼虫随瓜果、蔬菜运输的形式来传播，所以加强瓜果、蔬菜的调运检疫显得尤其重要。一旦发现虫果，必须经有效的无害化处理后，方可调运，从源头上控制疫情的传播渠道。同时要重视苗木的检疫，防止有虫苗木传入无虫区，不从发生区引进苗木。

(二)农业防治

一是在为害的果园中，绝大多数落地果，都有橘小实蝇的幼虫，要每隔3天清除果园中的虫果、烂果、落果，将虫果、烂果、落果掩埋在50cm 以上深度的土坑中，用土覆盖严实；或者倒入水中浸泡8天以上；或用7 500倍50% 灭蝇安 WP 药液浸泡2天，经过处理后能很大程度上降低下一代的虫口密度。

二是在柑橘小实蝇越冬成虫羽化前深翻土，使之不能羽化。

三是在柑橘种植区内，零星种植的番石榴、桃、李、杨桃等易受橘小实蝇为害的果树，发动果农砍除，切断桥梁寄主，以减少虫源。

四是套袋防虫。对经济价值高的水果，在果实黄熟软化前套袋，套袋前进行一次病虫害的全面防治。

(三)性引诱剂、饵剂诱杀

一是性引诱剂是利用甲基丁香酯散发出类似雌蝇激素的气味诱杀雄蝇，其对雄成虫具有很强的引诱作用。每亩果园挂3～5个诱杀瓶，挂放在1.5m 左右高度，选取有利风向，避免受树叶直接遮蔽和阳光直射的地方。

二是饵剂诱杀。当田间为害严重时，在果实膨大期至果实转色期喷施猎蝇，用药量100mL/亩，用2次稀释法稀释6～8倍，采用手持式压力喷雾器粗滴喷雾，每隔3m 点喷，每点喷中下层树冠面积约碗口大小，每7天喷1次，采果前10天停药，如遇降雨，雨后需补喷。

(四)化学防治

一是地面施药。每隔2个月，用5% 辛硫磷 GR 7.5kg/hm^2 撒施，或用45% 马拉硫磷 EC 500～600倍或48% 毒死蜱 EC 800～1 000倍在地面泼浇，以杀灭脱果入土的幼虫和出土的成虫。

二是树体喷药。在果实转色期，柑橘小实蝇产卵盛期前施药，上午9—10时成虫活跃期时施药，一般每隔15天喷1次，连续3次或4次，直到果实收获前10～15天止。选用高效、低残留的有机磷、菊酯类农药，如用10%氯氰菊酯EC 2 000倍，或用30%天王柏油EC 800倍，或用48%毒死蜱EC 3 000倍。

参考文献

[1] 王守聪，钟天润．全国植物检疫性有害生物手册[M]. 北京：中国农业出版社，2006：7-10.

[2] 余继华．农业重要检疫性生物及控制[M]. 北京：科学普及出版社，2007：42-46.

[3] 温炳杰．气候因素对橘小实蝇种群消长的影响初探[J]. 中国植保导刊，2006(11)：24-25.

[4] 吴佳教，梁帆，梁广勤．橘小实蝇发育速率与温度关系研究[J]. 植物检疫，2006(6)：321-324.

原　　载：《浙江柑橘》2008年第1期。

基金项目：浙江省三农五方项目(SN200812-A)；台州市科技计划重大科研项目(08KY01)。

第三章　其他作物入侵有害生物防控研究

美洲斑潜蝇　黄瓜绿斑驳花叶病毒病　棉花枯萎病　加拿大一枝黄花

美洲斑潜蝇和棉花枯萎病曾经是全国植物检疫对象，黄瓜绿斑驳花叶病毒是目前还在实施的检疫性有害生物，加拿大一枝黄花是恶性杂草。美洲斑潜蝇发生历期短、世代重叠，幼虫又潜入植株体内取食为害，防治困难。为筛选有效药剂，选用了7种农药进行药效对比试验，取得了预期效果，该论文发表在1997年的《浙江农业科学》杂志上。棉花枯萎病是棉花生产上危险性病害，病菌随种子调运作远距离传播扩散，一旦发生很难防治。1980年代在原黄岩县棉区棉花枯萎病发生比较普遍，而且又没有好的防治方法，在总结经验的基础上，采取种植抗病品种、实行水稻与棉花轮作和对零星病株土壤消毒的方法，有效地控制了病害的为害，论文发表在《中国棉花》杂志上。

黄瓜绿斑驳花叶病毒是全国植物检疫性有害生物，2012年春季在黄岩南城街道吉岙村西瓜园首次发现，是农户擅自从外地调入带病西瓜嫁接苗而传入，病害发生确诊后，对发病瓜园进行了全面清理，拔除所有瓜藤，就地集中烧毁，进行水旱轮作，取得了显著效果，至今没有发现新的疫点，本节收录了在《农业灾害研究》杂志上发表的论文，供学习参考。加拿大一枝黄花是外来恶性植物，2005年在黄岩院桥镇下春村首先发现，是因台州机场工程挖土倒在下春山脚荒地而传入，以后逐渐扩散，至2016年除院桥镇外，分布范围已经遍及高桥街道、沙埠镇、江口街道、澄江街道、新前街道、头陀镇、北洋镇和平田乡。防控措施在春季主要采取喷施除草剂的方法抑制植株生长；秋季在开花期种子尚未成熟时人工割除上部植株，或者连根挖除植株烧毁；能翻耕复种的地块，采取翻耕复种农作物，压缩发生面积。论文发表在《农业灾害研究》杂志上。

论文一：美洲斑潜蝇药剂防治试验

林长怀　余继华　许中保　陶　健

（台州市黄岩区植物检疫站）

摘　要　选用30%华威1号EC、48%毒死蜱EC、1.8%阿维菌素EC、2.5%制潜灵EC、5%氟啶脲EC、5%氟虫腈SC、20%中西杀灭菊酯EC等7种杀虫剂进行了防治美洲斑潜蝇药效筛选试验。结果表明，30%华威1号EC 2 500倍、1.8%阿维菌素EC 3 000倍、48%毒死蜱EC 1 000倍，在青菜5叶期喷施防效较好。

关键词　美洲斑潜蝇　杀虫剂　试验　防治效果

中图分类号　S431.16　**文献标识码**　B

美洲斑潜蝇曾是我国植物检疫性有害生物，以幼虫为害叶片而影响作物商品价值。幼虫取食正面叶肉，形成先细后宽的蛇形虫道，破坏叶内的叶绿体细胞，降低光合作用。植株幼苗期，为害可使植株发育推迟，影响作物产量，严重时使植株枯死，影响花卉等观赏植物的经济价值。为了筛选高效农药，有效地控制美洲斑潜蝇的发生与为害，我们选用了华威1号等7种农药，于1996年9月在台州市黄岩区南城街道蔬菜基地进行了药效对比试验。现将结果小结如下：

一、材料及方法

（一）试验作物

青菜品种为矮抗青，5叶期。

（二）试验农药

30%华威1号EC 2 500倍、48%毒死蜱（乐斯本）EC 1 000倍、1.8%阿维菌素（阿巴丁）EC 3 000倍、2.5%制潜灵EC 1 500倍、5%氟啶脲（抑太保）EC 3 000倍、5%氟虫腈（锐劲特）SC 2 500倍、20%中西杀灭菊酯EC 2 500倍，另设喷清水对照。

（三）试验设计

小区随机排列，共8个处理，每处理3个重复，共24个小区，每小区面积为4m^2。

（四）试验方法

用背包式喷雾器，采用常规喷雾方法，对青菜叶片正反面喷雾，以叶片喷湿为度，喷药1次。施药前每小区定20株，做好标记，每株查5张叶片，根据虫情分级标准，计算虫情指数。药后第3天调查虫指增长情况。以各施药小区虫情指数增长率与同区组对照区虫情指数增长率比较，计算防效，并以各处理平均虫情指数增长率进行方差分析。

美洲斑潜蝇为害严重度按虫道数多少分为5级：0级：无虫道；1级：叶片有少量低龄

幼虫食痕；2 级：叶片被幼虫为害面积在20%以下；3 级：叶片被幼虫为害面积介于20%～40%；4级：叶片被幼虫为害面积介于40%～60%；5级：叶片被幼虫为害面积达60%以上。

虫情指数和保叶效果的计算公式：

虫情指数(%)=[Σ(各级叶数 × 严重度等级)/(总叶数 × 最严重等级)]×100

保叶效果(%)=[(对照虫情指数提高百分率—处理虫情指数提高百分率)/对照虫情指数提高百分率]×100

二、结果与分析

试验结果(表)可见，参试的7个农药品种中，以30%华威1号2 500倍处理防治效果最好，平均防效达94.13%；1.8%阿巴丁3 000倍、48%乐斯本1 000倍处理也有较佳的防效，分别达86.07%和84.67%。而5%抑太保3 000倍和20%中西杀灭菊酯2 500倍处理防效较差。方差分析结果，华威1号处理虫情指数增长率除与阿巴丁、乐斯本处理未达显著水平外，与其他各处理差异均达显著水平。

表 几种农药防治美洲斑潜蝇效果试验

供试药剂	使用浓度	重复1		重复2		重复3		平均防效(%)
		虫指增长率(%)	防效(%)	虫指增长率(%)	防效(%)	虫指增长率(%)	防效(%)	
48%乐斯本EC	1 000倍	6.93	80.05	5.58	88.51	10.36	85.44	84.67
1.8%阿巴丁EC	3 000倍	4.43	87.25	7.66	84.23	9.43	86.74	86.07
2.5%制潜灵EC	1 500倍	23.12	33.45	25.66	47.18	11.85	83.34	54.66
5%抑太保EC	3 000倍	26.56	23.55	60.68	—	77.22	—	—
5%锐劲特SC	2 500倍	14.57	58.06	7.80	83.94	6.13	91.38	77.79
30%华威1号EC	2 500倍	1.92	94.47	2.15	95.57	5.45	92.34	94.13
20%中西杀灭菊酯EC	2 500倍	40.57	—	66.60	—	48.83	31.35	—
CK(喷清水)		34.74	—	48.58	—	71.13	—	—

从以上试验结果可见，防治美洲斑潜蝇以30%华威1号EC 2 500倍在青菜5叶期喷施最佳。1.8%阿巴丁EC 3 000倍、48%乐斯本EC也有较好的防效。2.5%制潜灵EC作为防治潜叶蝇类害虫的专用农药，以本试验结果来看，效果不够理想，提高浓度是否会提高防效有待进一步研究。由于美洲斑潜蝇各代发生历期短，世代重叠，幼虫又潜入寄主植物内取食为害，因此要选用内吸性强的农药，而触杀作用强、药效短的农药，如杀灭菊酯等药剂就难以达到较好的防治效果。至于乐斯本等农药的稳定性，尚需进一步试验论证。

原 载：《浙江农业科学》1997年第4期)。

论文二：台州黄岩黄瓜绿斑驳花叶病毒病及防控措施

余继华 张敏荣 陶 建 卢 璐

（浙江省台州市黄岩区植物检疫站）

摘 要 结合黄岩除治黄瓜绿斑驳花叶病毒病的经验，介绍了黄瓜绿斑驳花叶病毒病的分布与为害，在西瓜、甜瓜和黄瓜上的病状特征，以及该病的传播途径，提出加强植物检疫、培育无病壮苗及农业、化学预防该病的措施。

关键词 黄瓜绿斑驳花叶病毒病 西瓜 发生为害特点 防控措施

中图分类号 S41.30 **文献标识码** A

2012年春季，浙江省台州市黄岩区对辖区内种植的西瓜园进行全面普查，首次在黄岩南城吉岙村西瓜园发现黄瓜绿斑驳花叶病毒（*Cucumber Green Mottle Mosaic Virus*，CGMMV）疫情，发生面积0.73hm^2。疫情发生后，按照检疫性有害生物的处置方法，对发病瓜园进行全园清理，拔除所有瓜藤，捡净瓜园枯枝落叶，集中就地烧毁，进行水旱轮作，加强种苗监管等措施，至2015年春季在老病区附近及全区所有瓜园调查并向瓜农了解，没有发现新的黄瓜绿斑驳花叶病毒病疫情。黄瓜绿斑驳花叶病毒以种苗传播为主要途径，是西瓜和甜瓜等葫芦科植物重要病害，一旦发病绝产绝收，又是国内检疫性有害生物，仍须引起高度重视。

一、分布与为害

根据全国农业植物检疫性有害生物分布行政区名录，截至2014年年底，黄瓜绿斑驳花叶病毒在辽宁、上海、江苏、浙江、安徽、山东、湖北、湖南、广东、广西、海南等11个省（区、市）有发生；浙江省主要分布在萧山、建德、乐清、南湖、武义、浦江、磐安、东阳、定海、普陀、椒江、路桥、山门、温岭和青田等17个县（市、区）[1]。

黄瓜绿斑驳花叶病毒主要寄主是西瓜、黄瓜和甜瓜。该病毒具有高致病性、传播速度快、难以防治，一旦发生对瓜类生产造成毁灭性的损失，一般会造成产量损失15%～30%，严重的会达到60%以上，甚至绝收[2]。2012年黄岩南城街道一农户种植西瓜0.73hm^2，感染黄瓜绿斑驳花叶病毒而绝收，直接经济损失5万余元。另据报道，2010年安徽省长丰县在西瓜上首次发现该病，面积0.2hm^2，几乎绝收。2012年安徽省淮南市潘集区、宿州市涌桥区在西瓜上发病面积20hm^2，病田产量损失50%以上，部分田块西瓜几乎全部不能食用，导致绝收，农民损失惨重[2]。温岭市植物保护检疫站2011年7月田间普查，西瓜株发病率5%～100%，平均42.2%，产量损失达6成以上[3]。2012年台州全市发病田块平均减产8 527.5kg/hm^{2}直接经济损失为1 099.4万元[4]。

二、不同寄主症状特征

（一）西瓜症状

在植株的幼叶出现不规则的褪绿色或淡黄色，呈斑驳花叶状，使绿色部分隆起叶面凸凹不平，叶缘向上翻卷，叶片略变窄细。叶片老化后症状逐渐不明显，与健叶无大区别。病果表面出现浓绿色略圆的斑纹，有时在中央出现坏死斑。果梗出现褐色坏死条纹。果肉周边接近果皮部呈黄色水渍状，进而种子周围的果肉变紫红色或暗红色水渍状，果肉内出现块状黄色纤维，逐渐成为空洞。成熟果的果肉全变成暗红色，内有大量空洞呈丝瓜瓤状，软化腐烂，不能食用，失去商品价值。

（二）甜瓜症状

甜瓜受害后茎端新叶出现黄斑，但随着叶片的老化症状有所减轻。生长初期接种后7～10天，顶部第3、第4片幼叶出现黄色斑或花叶，远看顶部附近呈黄色，以后展开的3、4片叶症状反而减轻，再后的第3、第4片叶又出现黄花叶，不断变化。成株侧枝叶出现不整形或星状黄花叶，生育后期顶部叶片有时再现大型黄色轮斑。果实有两类症状，一种在幼果再现绿色花叶状，肥大后期呈绿色斑。另一种在绿色部的中心出现灰白色状。

（三）黄瓜症状

开始在新叶出现黄色小斑点，以后黄色部分扩展成花叶，并发生浓绿瘤状突起，有时黄色小斑点沿叶脉扩展成星状，或脉间褪色出现叶脉绿带。果实在病轻时只发生淡黄色圆形小斑点，病重时出现浓绿色瘤状突起变成畸形，严重时造成绝产。

三、传播途径

黄瓜绿斑驳花叶病毒通过多种方式传播，包括种子、嫁接、农事操作、植物间接触、汁液、花粉、病残体及含病株残体的土壤、栽培营养液、灌溉水、被污染的包装容器等。其中带毒种子是远距离传播主要途径。种子表皮、内种皮均带毒，病毒在种子内可存活8～18个月，带毒种子培育出的花瓣、雄蕊、花粉均可检出病毒。西瓜病株繁育的种子带毒率100%，幼苗传毒率2.25%；甜瓜病株繁育的种子带毒率93.85%，幼苗传毒率为2.83%[5]。接触性传染是近距离传播主要途径。可通过病株和健株间的自然摩擦、甲虫等的叮咬等渠道自然传播。容易通过农事活动，如嫁接、修剪、上架、摘心、人工授粉、摘果而相互感染。其他受病毒污染的支柱、花盆、旧薄膜、农具、刀片都能传毒，剪枝用的刀片最高传毒率达45%。将病根埋在土内14个月后，病毒仍保持毒力，因此病土也是重要侵染源之一。

四、检疫与防控措施

（一）严格执行植物检疫

黄岩西部山区农民“追着太阳种西瓜”，种瓜足迹遍及18个省（市），西瓜种子都是从黄岩当地购买而带到各地种植，黄岩又不生产繁育西瓜种子，种子都是从外地调入的。因此，种苗原产地要严格按照种苗产地检疫规程生产繁育无毒种子，从源头上把好关，切断黄瓜绿斑驳花叶病毒远距离传播途径。西瓜、甜瓜等葫芦科种子、种苗、砧木跨县级行政区域调运都必须经过检疫检验，防止病害传播扩散，一旦发生该病害立即采取果断处置措施予以扑灭。

（二）培育无病壮苗

种子在播种前必须经过处理消毒。采用热处理，将种子置于72℃条件下处理72h，此方法适合于种子含水率4%以下2年内的新鲜种子。采用0.5%～1.0%盐酸、0.3%～0.5%次氯酸钠和10%亚磷酸三钠浸种10min清洗干净后进行播种。发现病苗及时送检确认后销毁，未经检验合格的秧苗不出圃，确保无携毒苗进入田间种植[6]。

（三）农业措施预防

对发病田块，实行轮作倒茬，种植非葫芦科植物3年以上，或水旱轮作。嫁接所用的工具要全部消毒（蒸汽熏蒸，或用40%福尔马林100倍液消毒），避免接触交叉传染。嫁接时无论是砧木或接穗，都要选择无斑驳、花叶的健株。及时清除田间病残体，带出田外集中进行深埋或焚烧处理。

（四）化学措施预防

使用溴甲烷、生石灰、氯化苦等对育苗地和已发病的地块进行土壤消毒处理。育苗棚用溴甲烷作土壤消毒，用药量为30～40g/m^2，棚室密封熏蒸48～72h，通风2～3天后，揭开薄膜14天以上，再播种或移栽定植；高温闷棚，应在7—8月高温强光照时进行，用麦秸7.5～15t/hm^2，切成4～6cm长撒于地面，再均匀撒上生石灰1.5～3.0t/hm^2，深翻、铺膜、灌水、密封15～20天，再播种或移栽瓜苗。定植后苗期选用5%菌毒清WP300倍液、30%毒克星WP500倍液等抗病毒药剂进行喷雾预防[7]。

参考文献

[1] 农业部办公厅．全国农业植物检疫性有害生物分布行政区名录．北京，2015.6.

[2] 黄超，苗广飞．黄瓜绿斑驳花叶病毒病的发生及为害防控措施[J]. 安徽农学通报，2013，19(8)：76-77.

[3] 李云明，顾云琴，项顺尧，等．黄瓜绿斑驳花叶病毒病为害西瓜特点及防治技术[J]. 现代农业科技，2012(7)：175.

[4] 明珂，李艳敏，施海萍，等．黄瓜绿斑驳花叶病毒病发生特点及防治措施[J]. 现代农业科技，2013(13)：144-145.

[5] 吴会杰，秦碧霞，陈红运，等．黄瓜绿斑驳花叶病毒西瓜、甜瓜种子的带毒率和传毒率[J]. 中国农业科学，2011，44(7)：1 527-1 532.

[6] 王荣洲．黄瓜绿斑驳花叶病毒病的发生、为害症状与防治对策[J]. 新农村，2013(2)：23-24.

[7] 王付彬，杨兰英，马井玉．山东省黄瓜绿斑驳花叶病毒病发生规律及防控措施[J]. 农业科技通讯，2014(9)：275-276.

原　载：《农业灾害研究》2015年第7期。

论文三：棉花枯萎病治理技术

余继华[1]　申屠广仁[2]

（1．浙江省黄岩植植物检疫站　2．浙江省植物保总站）

摘　要　文章根据黄岩棉花种植区的实际情况和棉花枯萎病发病的特点，提出了种植抗病品种、水旱轮作和对零星病株土壤用强氯精消毒处理的办法，预防棉花枯萎病的发生为害。

关键词　棉花枯萎病　发生为害　治理技术

中图分类号　S435.621.2　**文献标识码**　B

棉花枯萎病（*Fusariumoxysporum* f.sp.*vasinfectum*（Atk.）*Synderand* Hansen）是棉花生产上的危险性病害，几乎遍布世界，在棉区为害较重，病菌顽强，传播蔓延快。在自然条件下，只侵染棉花、秋葵和红麻等少数植物；在温室或病圃接种条件下，可侵染麦类、豆科、茄科、瓜类和烟草等多种植物。该病常造成棉花前期大量死苗，后期叶片及蕾铃大量脱落，甚至枯死。发病轻的田块结铃减少，棉花纤维品质下降；发病重的田块，发病率可高达60%～70%，死苗率35%～40%，一般造成减产20%～30%。从零星发生到暴发流行经15年左右。为了控制其为害，笔者从1987年开始。 在总结经验的基础上，对棉花枯萎病的优化治理技术进行了多方面的探讨，取得了一定成效。现简述于后。

一、种植抗病品种

黄岩沿海地区是棉花枯萎病发生最早的老病区。据1987年调查“协作2号”棉田，棉花枯萎病的平均发病株率已达17.23%，个别棉田病情指数已达45的绝产临界线。为了保住棉花面积，不使单产继续下降，同年引种了抗病品种“中棉12”。经3年的试验结果表明，“中棉12”的抗病性优于抗病品种“86-1”，丰产性优于“86-1”和“协作2号”。1989年已推广“中棉12号”126.67hm^2，为重病田产量回升创造了条件。

二、稻棉轮作

据有关资料介绍，在淹水60天的条件下，土壤中枯萎病菌下降42.9%，淹水120天的条件下，土壤中枯萎病菌下降96.8%。据此，在黄岩稻棉混作区，实行水稻与棉花轮作，已取得明显效果。对轮作周期的调查表明，棉花枯萎病严重发生的棉地改种水稻3年后，再连续种棉花3年，即使种植常规棉花品种，也不会导致皮棉产量严重损失，但到第四年必须复种水稻。

调查结果表明，当病情指数在0.54 和1.37时，群体产量损失率分别为 -0.35% 和0.42%，损失甚微，连续第三年种棉时，损失率为9.01% ；第四年种棉因枯萎病严重发生损失率跃到31.89%。由此可知，改种3年水稻后最多只能连种3年棉花。同时，在调查中还发现改种水稻4年后，第一年种棉不发病；第二年亦很少发病；水稻与棉花隔年种植病情指数在13左右。因此，实行稻棉轮作，改种水稻的年限应在3年以上，连续种棉花年限须在3年以内。

三、零星病株土壤消毒

以往，土壤消毒都用氯化苦或棉隆处理，因其使用不便，难以推广。本试验是在棉花枯萎病零星发生的棉地内进行的。方法是用80%强氯精300倍，在棉花移栽前5天，灌浇7.5kg/m^2强氯精稀释液，防治效果可达70%左右，明显优于对照农药500倍的抗枯宁，且对棉花还有一定的增产作用。

在水稻和棉花混栽区，实行水稻与棉花轮作3年以上，是预防棉花枯萎病最理想的方法；在此同时种植抗病品种；对零星发病的棉田，在棉苗移栽前用强氯精浇灌土壤预防效果显著。因此，采取水旱轮作、种植抗病品种和土壤消毒处理等是治理棉花枯萎病理想的措施。

原　载：《中国棉花》1990年第5期。

论文四：黄岩地区加拿大一枝黄花生物学特性及防控措施

余继华[1]　张敏荣[1]　陶　健[1]　贺伯君[2]　卢　璐[1]　杨　晓[1]　张　宁[1]

（1. 浙江省台州市黄岩区植物检疫站　2. 浙江省台州市黄岩区江口街道农业综合服务中心）

摘　要　以黄岩地区加拿大一枝黄花防控实践，简要介绍了加拿大一枝黄花形态学特征和生态学特性，提出了抓冬防、春防和秋防的“三防”技术措施，并强调了化学防治与人工铲除相结合的方法，以及加强组织领导、落实防控责任、开展宣传发动和持续开展群防群控等工作措施，有效地控制了加拿大一枝黄花的发生，保障了自然生态和农业生态安全。

关键词　加拿大一枝黄花　生物学　生态学　防控措施

中图分类号　S545　**文献标识码**　B

黄岩地处浙江中部沿海，是台州市主城区之一，商品经济比较发达。2013年年末，全区总人口为60.33万人。黄岩属亚热带季风气候，年平均气温17℃，年平均降水量为1 600～1 800mm，地形为长方形，西高东低，西部为中低山地，中东部为平原，区域总面积988km^2。黄岩区域在2005年首次发现外来植物——加拿大一枝黄花（*Solidago canadensis*），它属菊科一枝黄花属多年生草本植物。原产北美东北部，1935年作为庭院观赏植物被引种到上海，后因占居本地物种生态位（使本地植物失去生存空间）、化感作用、破坏景观的自然性和完整性、影响遗传多样性而逸生为恶性杂草[1, 8]。由于其强大的繁殖能力、竞争能力以及传播扩散能力，现逐步蔓延发展成为华东地区重要的外来入侵恶性植物，并逐渐由东部沿海地区向西部内陆地区辐射扩散[6]，已成为巨大的生态隐患。10年来，我们坚持抓春、秋两季关键时期防控，采取化学防除和人工铲除相结合的综合措施，虽然发生的范围有8个乡镇(街道)，但仍处在零星一丛或一小片的发生状态，发生面积一直控制在5hm^{2}以内，仅占台州全市发生面积的1%左右，防控工作成效显著。现就加拿大一枝黄花生物学特性及防控措施简述如下。

一、形态学特征

(一)成株

多年生草本植物。植株高0.3～3m，有的高达4m[5]，茎直立、秆粗壮，中下部直径可达2cm，下部一般无分枝，常成紫黑色，密生短的硬毛，地下具横走的根状茎。

(二)根茎

每株植株地下有4～15条根状茎，以根茎为中心向四周辐射状伸展生长，最长近1m其上长有2～3个或多个分枝，成为无性繁殖体，顶端有芽，根状茎内储有大量的养分。

(三)叶

叶披针形或线状披针形，互生，椭圆形、顶渐尖，基部楔形，近无柄。大多呈三出脉，边缘具不明显锯齿，纸质，两面具短糙毛。

(四)花、果实

花果期10—11月。蝎尾状圆锥花序，顶生，长10～50cm，具向外伸展的分支，分支上侧密生黄色头状花序。头状花序总苞片长3.5～4mm，舌状花雌性，花柱顶端两裂成丝状；管状花两性，花柱裂片长圆形，扁平。花既能自花授粉，又能通过昆虫传粉。果实为连萼瘦果，长1mm，有细毛，冠毛呈白色，长3～4mm。

二、生物学与生态学特性

(一)繁殖能力强

加拿大一枝黄花既能进行有性繁殖又能进行无性繁殖，一株植株可形成2万多粒种子，高的达到3万粒，在自然条件下发芽率50%左右，在理想条件下发芽率达80%，在次年会形成1万多株的小苗[4, 7]；在北美原产地加拿大一枝黄花通过地下根状茎向四周伸展的无性繁殖形成的最大克隆种群可以达到直径10m左右[1]；茎秆插入土中在合适条件下仍能生长形成完整的植株，足显其顽强的生命力[5]。

(二)传播能力强

加拿大一枝黄花通过远距离与近距离结合的方式向外传播扩散，因其种子细小，并有冠毛，千粒重只有0.045～0.050g，能随风或气流或动物携带作远距离传播[7]；通过地下根状茎向植株四周扩展作近距离扩散。调查还发现，加拿大一枝黄花随土壤传播的迹象，在城乡荒地建房挖出的土壤运到那里，加拿大一枝黄花就生长到那里。

（三）生长期长

加拿大一枝黄花3月中下旬日平均气温10.5℃左右，最高气温20℃左右时开始出苗，在1年中有2个出苗高峰，一个在4月上旬至5月中旬末，日平均气温18℃左右，最高气温30℃左右时为出苗盛期，出苗数占全年的75%以上；另一个在9月上中旬，出苗数较少[8]。每年4—9月为营养生长期，10月上中旬开始开花，在秋季其他杂草枯萎或停止生长的时候，加拿大一枝黄花依然茂盛，花黄叶绿，而且地下根茎继续横走，不断蚕食其他杂草的领地，而此时其他杂草已无力与之竞争。

（四）竞争与化感作用

加拿大一枝黄花的地上部和地下部都能向体外释放特定的化学物质抑制当地植物种子发芽和生长发育，对其他植物产生有害的影响[1−3]。在调查中发现，在加拿大一枝黄花生长密集区域的地下几乎找不到其他杂草的根。除化感作用外还因为加拿大一枝黄花强大的生长优势，与其他杂草争水、争肥、争阳光，使得它对所到之处本土植物产生了严重的威胁，易成为单一的优势种群。

（五）空生态位资源利用

加拿大一枝黄花初入侵地点通常为荒地或受人类活动严重干扰的生态环境[1]。在黄岩地区，加拿大一枝黄花常见于城乡荒地、住宅旁、废弃地、厂区、山坡、河堤、免耕地、公路边、铁路沿线、农田边、绿化区疏林地带，在有人工栽培措施的地方很少发现。加拿大一枝黄花喜阳不耐阴，在高大遮荫的乔木下基本没有发现正常生长的种群。耐旱，耐较贫瘠的土壤，因此山坡荒地都能生长良好，甚至在水泥地裂缝、石缝中也能茂盛生长。

三、防控措施

（一）技术措施

通过近10年来防控实践，形成了一套行之有效的防控措施，即：春季和秋季是全年防控的关键时期，采取复耕复种、化学除草剂防除和人工铲除相结合的措施，开展科学防控。

1. 冬季防控

在冬季对加拿大一枝黄花主要生长区实施翻耕覆盖种子，以减少春季出苗量。据沈国辉等试验研究，利用加拿大一枝黄花种子小、发芽势差、顶土能力弱的特点，将种子埋在1cm以上的土层下就无法发芽出土[4]。

2. 春季防控

在抓好可耕地复耕复种的基础上，4月中旬至5月下旬全面开展春季防控，对较为成片又密集发生的公路两侧、山坡荒地、厂区废地及其他非耕地上的加拿大一枝黄花，掌握茎秆幼嫩的时期，采取以化学除草剂防除为主。除草剂选用41% 草甘膦 AS 100倍加10% 甲磺隆 WP 5 000倍均匀喷雾。

3. 秋季防控

9月下旬至10月下旬全面开展秋季防控，采取以化学除草剂与人工铲除相结合的方法，对较为成片密集发生在荒芜农田、可开垦旱地、沟渠两旁、果园等耕地，以及较为成片密集发生在公路两侧、山坡荒地、厂区废地及其他非耕地上，选用41%草甘膦AS 100倍，或用20%氯氟吡氧乙酸(使它隆)EC600倍[9]，或用41%草甘膦AS 100倍加20%氯氟吡氧乙酸(使它隆) EC 1 200倍均匀喷雾；对零星发生的地方，在加拿大一枝黄花开花期，种子尚未成熟前，以乡镇为单位组织专业队采用人工的方法连根拔除或挖除，并集中烧毁。

（二）工作措施

1. 加强组织领导

2005年加拿大一枝黄花发生以来，黄岩区乡两级政府把疫情防控工作纳入政府公共服务职能，分别建立了由区政府和乡镇分管领导为指挥长，有关单位负责人为成员的两级重大农业植物疫情防控指挥部，切实加强了加拿大一枝黄花防控工作的组织领导，确保防控工作有组织、有步骤地开展。加拿大一枝黄花防控工作得到了黄岩区委书记的重视，在下乡检查工作时对加拿大一枝黄花防控工作也进行了督查指导。

2. 落实防控责任

多年来，区政府把加拿大一枝黄花列入重大农业植物疫情防控工作责任书的主要内容之一，每2年与乡镇一级政府签订责任书，列入年度工作目标任务考核内容，按照属地管理原则，由乡镇(街道)负责清除辖区内的加拿大一枝黄花。

3. 开展宣传培训

为营造全社会关注加拿大一枝黄花防控工作的舆论氛围，充分利用广播、电视、报纸、印发资料、科技下乡、举办培训班等有效途径，大力宣传加拿大一枝黄花为害的严重性，2014年我们还编印了《植物疫情及防控手册》一书，分发到全区所有村居，书中介绍了加拿大一枝黄花为害性、形态识别、生物学特性及防控措施，使之家喻户晓，人人皆知。在加拿大一枝黄花开花季节曾多次接到市民电话说在某一地方发生一枝黄花，要求植物检疫部门派人督促清除，加拿大一枝黄花防控工作社会关注度普遍提高。

4. 积极组织防控

每年年初防控指挥部将全年农业植物疫情防控技术方案发文至各乡镇(街道)，在春、秋两季部署农业植物疫情春季和秋季防控工作，抓住关键时期对加拿大一枝黄花开展化学防治和人工拔除相结合，为全年防控工作赢得了时间、争取了主动。在此同时，采用组织志愿者、发动群众、建立专业队等形式，全面开展防控，不留死角，确保了防控质量。近两年黄岩义务工作者协会自发以“保护生态环境，清除外来有害生物——加拿大一枝黄花”为主题，义工们踊跃报名参与，义工中有老师、有学生、有机关干部、有外来务工人员，他们身着义工服装，自带手套、锄头，有的用锄头挖，有的用手拔，秋季清除行动场面壮观。2014年10月《台州日报》对此作了报道，提高了社会影响面，收到了很好的社会效果。

加拿大一枝黄花为害性强，极大地破坏了当地的自然生态系统和农业生态系统已被列为世界100种外来入侵物种[2]。综观黄岩近十年来针对加拿大一枝黄花开展的防控工作，做到政府重视，责任到位，宣传到位，全民参与，动用社会力量持续开展冬防、春防和秋防，加拿大一枝黄花得到了有效控制 。

参考文献

[1] 董梅,陆建忠,张文驹,等．加拿大一枝黄花：一种正在迅速扩张的外来入侵植物［J］．植物分类学报,2006,44(1):72-85.

[2] 郭琼霞,陈颖,沈荔花,等．加拿大一枝黄花对豆类和蔬菜的化感作用研究［J］．检验检疫科学,2006(6):10-12.

[3] 王开金,陈列忠,俞晓平．加拿大一枝黄花化感作用的初步研究［J］．浙江农业学报,2006,18(5):299-303.

[4] 沈国辉,钱振官,蔡晓玲,等．加拿大一枝黄花种子生物学特性研究[J].上海农业学报,2004,20(4):105-107.

[5] 吴竞仑,王一专,李永丰,等．加拿大一枝黄花的治理［J］．江苏农业科学,2005(2):51-53.

[6] 陈志伟,杨京平,王荣洲,等．浙江省加拿大一枝黄花的空间分布格局及其与人类活动的关系［J］．生态学报,2009,29(1):120-129.

[7] 黄洪武,董立尧,李俊,等．外来入侵植物加拿大一枝黄花的研究进展［J］．杂草科学,2007(2):6-9.

[8] 吴海荣,强胜．加拿大一枝黄花生物生态学特性及防治［J］．杂草科学,2005(1):52-56.

[9] 焦骏森,王俊,张有明,等．不同除草剂防除加拿大一枝黄花效果比较［J］．杂草科学,2005(3):56-57.

原　载:《农业灾害研究》2014年第12期。

第四章　综合工作研究

综合工作研究分为以下几个方面：一是外来有害生物防控实践；二是调运检疫数据分析与思考；三是县级植物检疫工作问题剖析及建议；四是农业与农民收入影响因子分析与建议。外来有害生物的防控应注重各级政府的主导作用，经费要持续投入，广泛宣传提高民众的自我防范意识，开展跨行政区域的联防联控，提高防控的总体效果。利用几十年调运检疫数据分析与种植结构调整的关系，尤其提到对于种植多年生经济作物，要认真分析产业发展趋势，不可盲目发展。县级植物检疫工作首先应有统一规范的机构，队伍要稳定，提高从职人员职业道德素养和业务技术水平，修订完善植物检疫法规。农业与农民收入问题是全社会关注的焦点，分析了日本农业特点和存在的问题，提出了我国农业的发展思路；就影响黄岩农民收入内部因子和外部因子进行剖析，同时也提出了促进黄岩农民增收的几点建议。在这一部分共遴选了在省级以上期刊发表的相关论文10篇。

论文一：台州外来有害生物的现状及阻截对策

余继华

（浙江省台州市黄岩区植物检疫站）

摘　要　综合分析台州市外来有害生物传入的主要途径与发生现状，提出了提高全民防范意识、加强疫情监测与预警、强化检疫管理、开展跨行政区域的联防联控、改变有害生物的生存环境等阻截措施，控制外来有害生物传播、扩散与蔓延。

关键词　外来生物　发生现状　对策　建议

中图分类号　S41-30　**文献标识码**　B

随着农产品流通和旅游业的发展，近年外来植物检疫性生物传入速度加快、频率增加、为害加重。据有关资料报道，20世纪70年代，我国仅新发现1种外来检疫性有害生物，80年代2种，90年代10种，2000—2007年新发现20种。2002年海关共截获各类有害生物1 310种，22 448批次，分别比上年增加1.5倍和3.4倍，生物入侵的形势越来越严峻。20世纪90年代以来，台州市已经传入外来植物有害生物12种，这些有害生物传入后不断扩散为害，难以彻底根除，给农业生产造成了毁灭性的损失。作者长期从事外来检疫性有害生物的检疫与防控工作，现就台州市外来有害生物现状以及阻截对策谈几点意见。

一、有害生物现状

（一）外来生物入侵途径

外来生物入侵途径主要有3种。一是引入用于农林牧渔生产、生态环境改造与恢复、景观美化、观赏等目的的物种，随后演变为入侵有害物种；二是随着农产品贸易、运输、旅游等活动而传入的物种；三是靠物种自身的扩散传播力或借助于自然力量而传入。通过对外来有害生物传入案例的分析，发现除极少数有害生物如紫茎泽兰（*Eupatorium adenophorum*）是通过自然传播途径传入我国以外，其他外来有害生物绝大多数都是由于人为因素传入的。

（二）有害生物发生现状

台州作为我国沿海经济发达城市，国际、国内贸易活动十分频繁。与此同时，外来有害生物入侵状况也十分严峻。目前，由国内传入台州的外来农业有害生物10余种，其中为害严重或较重的有柑橘黄龙病菌（*Liberobacter asiaticum* Poona etal）、柑橘小实蝇（*Bactrocera dorsalis*）、梨细菌性病害、稻水象甲（*Lissorhoptrus oryzophilus*）、水稻细菌性条斑病（*Xanthomonas oryzae* pv.*oryzicola*）、四纹豆象（*Callosobruchus maculatus*）、三叶斑潜蝇（*Liriomyza trifolii*）、烟粉虱（*Bemisia tabaci*）、美洲斑潜蝇（*Liriomyza sativa*）、蔗扁蛾（Opogona sacchari）、豚草属（*Ambrosia* spp）、加拿大一枝黄花（*Solidago Canadensis*）等。这些外来有害生物传入台州后，造成粮食、果蔬减产、旅游景观资源和生态系统受到损害，严重威胁农业生产安全，阻碍了对外贸易的发展，破坏了生态环境。如：柑橘黄龙病发生后，使闻名中外的黄岩蜜橘、玉环柚和温岭高橙，遭到前所未有的生物灾难，造成大面积毁园改

稻水象甲成虫　稻水象甲为害　水稻细菌性条斑病病叶　菟丝子为害状　柑橘黄龙病病果　柑橘黄龙病病叶　柑橘溃疡病　加拿大一枝黄花　豚草属

种，产量锐减。

（三）外来有害生物的管理现状

目前，台州对外来有害生物的管理涉及口岸检验检疫部门、农业、林业部门和环保部门，由于管理体制上各自为政，疫情信息不共享，未形成共同防范外来有害生物的协调机制。有关对台州有毁灭性影响的外来有害生物的风险评估工作仍为空白。尚未明确植检机构的公共管理性质和专业执法职能，各级财政未建立外来有害生物疫情控制扑灭长效投入机制。有害生物监测和阻截带建设滞后。对外来有害生物入侵的预警、扩散与传播的生物学、生态学研究甚少，对已定殖的外来有害生物的入侵机制及关键控制措施也未进行全面、系统的分析，防范外来有害生物入侵的监督管理体系尚未形成。台州必须按照科学发展观的要求，建立一整套外来有害生物管理机制，逐步提升外来有害生物监测、预警和阻截水平。

二、外来有害生物阻截对策及建议

（一）加强全民教育，提高公众意识

通过广播、电视、报纸、网络等新闻媒体宣传教育社会公众，在车站、港口、机场、旅游境区，针对不同类群的公众，普及防范外来有害生物的相关知识，提高全民阻截外来有害生物意识和对早期生物入侵的警惕性，减少对外来有害生物的有意或无意引进，确保人类健康和生态的安全。

（二）强化检疫管理

加强检疫管理工作，国内引种必须严格执行植物检疫法律、法规。国外引种，建议建立统一的“物种引入许可证制度”。对许可依据、标准、程序、后续管理、协调机制进行统一的管理，规范物种引入后的跟踪监管。加强对已传入有害生物的综合治理，增加财政投入，建立完善外来有害生物防控长效投入机制。

（三）建立联合协调机制或“三检合一”的检疫体系

目前，我国植物检疫体系由检验检疫、国内植物检疫及森林植物检疫等3个机构组成。由于职能分工相互交错、存在管理盲点、各自为政和浪费行政技术资源等问题。如：浙江口岸检疫部门早在2003年就已经监测到了柑橘小实蝇，国内检疫部门却在2006年才被监测到。口岸检疫部门在检验检疫时截获了大量有害生物，掌握了大量的外来有害生物信息，却由于无协调机制，疫情信息不共享，加上一些有害生物传入初期，由于为害不明显，国内检疫部门很难发现，于是造成错失防治良机。因此，建立“三检合一”的检疫体系尤为重要。

（四）建立疫情监测和预警体系

充分利用现代化的信息技术与手段，进一步提高动植物疫情搜集整理能力、分析能力和预测能力。建立疫情信息数据库和国内外有害生物发生、流行信息数据库，实现资源共享；成立外来有害生物风险预警与评估专家组，及时评估、审查和制定外来有害生物风险分析与预警措施；加强阻截带建设，完善早期风险预警和应急反应机制，制定和完善重大外来有害

生物应急预案，一旦发现重大外来有害生物入侵，立即启动应急预案，采取有力措施尽快控制和扑灭；建立快捷、多渠道、协调的应急报告制度和及时、准确的信息发布机制，实现疫情信息资源共享。

（五）开展跨行政区域联防联控

生物入侵无境界，防止外来有害物种入侵，阻止有害生物传出。这就需要建立跨行政区域的协调机制，加强对植物产品的监管，对货物流向进行跟踪检查；对于一些飞行能力和自然扩散能力较强的外来生物在不同行政区域进行统防统治，提高控防效果。

（六）改变外来生物的生态环境

生物多样性利用，对于单食性害虫可以实行改种非寄主植物；对于多食性害虫可以采取种植单一作物，减少桥梁寄主；对于象稻水象甲和棉花黄萎病菌之类的有害生物可以采取水旱轮作的措施来改变其生态环境，达到控害的目的。如，在1996—1998年黄岩院桥镇潘家岙村是稻水象甲为害最严重的1个村，第一代成虫平均每丛虫量达1～2头，早稻产量损失达30%～50%。利用稻水象甲只为害禾本科植物和无水条件下不能完成世代发育的特性，从1999年开始不种早稻，改种蔬菜等旱地作物，改变了生态环境。从此以后，即使在水沟边的禾本科杂草上也查不到稻水象甲成虫。

（七）彻底铲除毒源，尽力消除隐患

对于那些刚刚传入，还没有大面积扩散的外来物种，依靠人力铲除，或者利用机械设备来铲除效果显著。如：黄岩沙埠镇对小面积发生的加拿大一枝黄花，采取人工铲除的方法，得到了彻底根除；对于零星发生的柑橘黄龙病病树，采取人工砍挖和用电锯锯掉地上部分的方法，有效地延长了该果园的经济寿命。

参考文献

[1] 陈小帆，张洪玲，罗子娟，等．我国外来有害生物入侵与控制措施 [J]. 植物检疫，2005（2），25-28.

[2] 王倪，金晓红，王昶远．现代物流与外来有害生物入侵的思考 [J]. 林业科技，2007（1），40-59.

[3] 夏飞平．重视外来有害生物的威胁 [J]. 中国环境管理，1999（6），13-15.

[4] 王虹扬，何春光，盛连喜．吉林省生物入侵的现状及对策 [J]. 安全与环境学报，2004（5），60-63.

[5] 吴降星，刘桂良，陈永亭．浙东沿海地区加拿大一枝黄花发生规律与防治技术初探 [J] 安徽农学通报，2006（4），118-119.

[6] 沈雪林，钱兰华，蔡平．加强外来种子种苗检疫监管防止有害物种进境 [J]，种子科技，2008（1），11-13.

[7] 余继华，林云彪．外来有害生物及防控 [H]. 中国科学技术出版社，2008，8.

[8] 余继华 . 黄岩地区稻水象甲发生上升原因及其防治对策 [J], 植物保护, 2000(6), 39-40.

[9] 余继华, 叶志勇, 於一敏, 等 . 黄岩橘区柑橘黄龙病发生流行原因及防控对策 [J], 中国植保导刊, 2006(1), 27-28.

原　载："第二届全国生物入侵学术研讨会论文集"2008年11月。

论文二：黄岩区重大植物疫情防控工作探索与实践

余继华

（浙江省台州市黄岩区植物检疫站）

摘　要　农副产品的大量流通导致了外来有害生物不断入侵和传播扩散，给植物检疫工作带来很大困难。本文对入侵黄岩区的水稻细菌性条斑病、稻水象甲和柑橘黄龙病等重大植物疫情防控工作的实践，为相似地区开展入侵有害生物的防控提供参考。

关键词　植物疫情　防控实践　黄岩

中图分类号　S41　**文献标识码**　B

黄岩地处浙江沿海中东部，是台州市中心城区之一，全区土地总面积 988km²，辖有5镇6乡8街道，570个村居，总人口57.9 万人。2006年，粮食作物总面积达1 061hm²，蔬菜面积9 293hm²，水果总面积为10 566hm²。农业总产值12.01亿元，其中粮食总产值1.17亿元，蔬菜、瓜类产值4.06亿元，水果类产值4.31亿元。

一、黄岩植物检疫工作总体情况

黄岩植物检疫站于1984年与植保站合作建立，1985年才开始单独建站。期间，虽然经历了行政区域的几次变动，但机构一直保持不变，从1989年开始至今一直实行财务单独核算，形成了具有事业法人资格、有单独的办公场所、专职会计和出纳、对外独立行使植物检疫职权的一个比较完整的执法主体。同时，依靠自身的经费积累于 1987年和1995年先后2次建造办公与生活用房，面积共计850m²，改善职工办公和生活条件。

黄岩农产品物流体系建设较为发达，建有台州市西部农产品物流配送中心和黄岩农产品物流配送中心，专门从事鲜活农产品的物流配送。农副产品的大量流通导致了外来有害生物的不断入侵和传播扩散，给植物检疫工作带来极大的困难。1988—2007 年已经传入的主要外来检疫性（危险性）有害生物种类有水稻细菌性条斑病菌、稻水象甲、柑橘黄龙病菌、美洲斑潜蝇、三叶斑潜蝇、加拿大一枝黄花、四纹豆象、柑橘小实蝇等，红火蚁、葡萄根瘤蚜等也将面临入侵威胁。在外来有害生物防控方面，以稻水象甲、柑橘黄龙病菌、水稻细菌性条斑病菌等重大外来入侵检疫性有害生物防治目标明确，措施有力，成效明显。稻水象甲于1996年发现，通过组织专业队，狠抓越冬代成虫防治，在1998年就达到基本扑灭的标准；柑橘黄龙病防控工作在2004—2007 年连续4年全省考核优秀；水稻细菌性条斑病防控工作也获得台州市农业丰收奖。

二、重大植物疫情防控工作探索与实践

（一）水稻细菌性条斑病

1987年，黄岩农业局针对当时水稻细菌性条斑病在与黄岩毗邻的仙居、临海发现的情况，要求黄岩广大农村干部和村民遵守植物检疫法规，严禁到病区引调水稻种子、稻谷、饲料及稻草；任何单位或个人，凡到外地引调种子，需经植物检疫部门许可，办理植物检疫要求书后，凭证书方可调入，否则视为违法调运；抓好普查与复查工作，争取早发现、早行动、早扑灭，防患于未然。在疫病防范方面，从1986年开始对早、晚稻种子全面推广强氯精消毒处理。另外，还建立了病害报告奖励制度，对报告水稻细菌性条斑病疫情的给予现金奖励，对阻截水稻细菌性条斑病的传入起到很大作用，使水稻细条病比邻近的县延迟3年传入。水稻细条病是于1989年在原黄岩县的峰江乡谷岙村和苍西村及蓬街镇的徐三村首先发现的，面积4.6hm²。疫情发现后，组织区、乡（镇）农技人员，发动群众，采取果断措施，对发病的稻草全部就地烧毁，稻谷就近加工，谷糠就地烧毁。当年，仅峰江乡的谷岙村、苍西村2个村就焚烧病田稻草24t，集中加工稻谷20t，烧毁病谷糠6.5t，最大限度地消除了隐患。同时，对病区进行了以种子消毒和喷药保护为主的防病灭病综合治理措施，有效地延缓了水稻细菌性条斑病的扩散蔓延，取得了很好的效果，使得病区连续多年未发现水稻细条病的再次发生。

水稻细菌性条斑病除害处理烧毁病稻草

（二）稻水象甲

稻水象甲于1996年5月在黄岩江口芦村、北城新宅首次发现，当年全区只有2个镇、2个村发现稻水象甲，发生面积为58.8hm²，涉及面积2 439.3hm²；疫情发现后，立即引起了区、镇两级政府的高度重视，农技部门加强了疫情监测和技术指导，取得了当年发现当年予以控制的成效。但1997年5月，在黄岩南部边缘沿线的院桥、沙埠、茅畲3个镇（乡）又发现稻水象甲疫情，当年发生范围为5个乡镇、18个村，发生面积有366.1hm²，波及面积4 562.1hm²；到1998年，发生范围有5个乡镇20个村，发生面积425.7hm²，涉及面积仍为4 562.1hm²。为进一步做好稻水象甲防控工作，黄岩区政府出台了“以奖代补”政策，对达标乡镇根据发生面积多少给予0.5万～1.0万元不等的奖励。与此同时，黄岩区农业局再按发生面积，补助防治经费30元 / hm²。

对稻水象甲防控工作，黄岩区按照省政府“封锁控制、分割围歼、逐步压缩、综合治理、限期扑灭”的20字方针（浙江省和台州市对黄岩提出了要求：在稻水象甲第一代成虫发生期，虫量控制在0.1头/百丛以下的基本扑灭标准），在发生稻水象甲的江口、城关、院桥、沙埠、茅畲等地，每年年初会同当地政府，认真研究防治扑灭措施，抓住关键时期，选用对口农药，组织防治专业队，开展防治扑灭工作，实现了浙江省提出的3年内稻水象甲不越过黄土岭这一目标。根据稻水象甲成虫为害早稻秧田和本田初期的特点，抓住越冬成虫防治这一关键，采取“狠治越冬代成虫、兼治一代幼虫、挑治第一代成虫”的防治策略，即抓好秧田期和本田初期的防治工作。秧田期可选用20%三唑磷EC、50%倍硫磷EC或用40%水胺硫磷EC 1 500mL/hm²。上述药剂用机动喷雾机弥雾时加水150kg/hm²，用背包式喷雾器时加水600kg/hm²喷雾（下同）。本田期除上述药剂外，也可选用0.3%氟虫腈（锐劲特）GR 15～30kg/hm²，拌细泥150～300kg撒施；5%氟虫腈（锐劲特）EC 750mL/hm²、25%噻虫嗪（阿克泰）WG30～60kg/hm²等任选1种，对水750kg喷雾，在防治过程中进行统一时间，统一药剂，统一行动，做到村不漏户，户不漏田，保证防治工作全面彻底不留死角，对控制越冬代成虫和第一代幼虫取得了显著效果。1998年7月6日，浙江省植物保护总站组织专业技术人员，对5个镇（乡）进行实地抽查，共查16个村，抽查197块田，39 400丛水稻，平均成虫量为0.046头/百丛，达到了基本扑灭标准。

检查稻水象甲防控效果

（三）柑橘黄龙病

自从2002年发现柑橘黄龙病疫情以来，黄岩区高度重视疫情防控工作，认真贯彻落实“挖治管并重，综合防控”的策略，坚持病株挖除，突出木虱防治，突出种苗管理，加强健身栽培。通过多管齐下，标本兼治，使柑橘黄龙病的快速扩散蔓延势头得到有效遏制。2006年，柑橘黄龙病疫情发生态势趋于回落，2007年发病株数比2006年减少15.21%，2008年发病株数又比2007年减少22.21%。疫情防控工作2004—2007年度连续4年在全省综合考核中被评为优秀。现将主要工作措施陈述如下。

1. 加强领导

柑橘黄龙病的发生与蔓延对柑橘产业的可持续发展构成了严重威胁。为此，区、乡两级政府建立了专门机构，强化对柑橘黄龙病防控工作的领导。区政府与各乡镇（街道）签订了“重大农业植物疫情防控工作责任书”，明确了防控责任。部分乡镇（如院桥、高桥、平田等）还将防控责任细化分解到村级，做到一级抓一级，层层抓落实。黄岩区政府办公室每年都发文要求各地继续抓好柑橘黄龙病防控工作，并就柑橘黄龙病等重大植物疫情防控工作召开专题会议进行部署落实。

政协副主席带队调研柑橘黄龙病防控

政协委员调研柑橘黄龙病防控

2. 强化宣传发动

开展多种形式的宣传，2004年开展“一户一宣传”；2005 年制作科教片，开展宣传周活动。6年来，共印发宣传资料近21万份，发放张贴防控模式图5 000张，播放《柑橘黄龙病科教片》67场次，广播电视宣传100多次，使防控工作做到家喻户晓，人人皆知；共开展培训270多期，受训人数为1.56万人次，组织各级各类科技咨询 207次，咨询人数达1.21万人次，进一步提高了对柑橘黄龙病的识别能力。

3. 全面开展疫情普查和病株挖除

2002年以来的疫情普查工作，采取群众自报与专业队调查相结合的方式，按照乡不漏村、村不漏片、片不漏园、园不漏块、块不漏株的要求实行全面普查。普查数据分村到户进行登记造册，建立疫情档案，并以村为单位张榜公布，依靠群众相互监督、相互制约、相互督促，提高普查数据的真实性。6年来，全区共组织普查队伍4 320人次，累计调查柑橘树3 496.56万株，到2007年年底查明已有17个乡镇（街道），205个行政村发现柑橘黄龙病，累计发病株数为135.37万株，病园波及面积为1 816.7hm²。在疫情普查的基础上，采取群众自挖与组织专业队砍伐相结合的方法，彻底挖除病树；对失管橘园的病树，各乡镇（街道）投入经费组织专业队进行砍伐和清理。如高桥街道、院桥镇组织专业砍伐队伍，对辖区内发病橘园的病树逐片逐园进行砍伐，尤其是高桥街道从2004年开始连续4年组织砍伐专业队，每年都历时2～3个月对街道内所有村的橘园内所有病树进行砍伐。6 年来全区累计砍挖病株数135.37万株，使柑橘黄龙病的发生范围缩小，减少了发病株数，持续开展的防控工作取得了实效。

组织专业队锯除病树

4. 抓好木虱防治和种苗管理

（1）加强木虱防治。在院桥镇的唐家桥和上垟乡李家洋村等地设立监测点。2002年以来，每年都不定期发布木虱防治情报，要求各地根据物候特点和木虱虫情监测结果，重点抓好春、夏、秋梢抽发期木虱的防治工作，并根据木虱发生基数的高低进行分类指导，对虫口基数偏高的果园连续用药。2007 年8月，对6个柑橘黄龙病综合防控示范区的123.3hm² 柑橘园免费提供防治木虱农药8.6万包，有力地推动了木虱防治工作。2002—2007年木虱防治面积达到12.55万 hm²，防治达标率90%。

(2) 抓好苗木检疫管理。在每年的冬、春两季种苗调运和嫁接时期，禁止向省内外疫情发生地调入苗木、接穗；禁止橘农擅自调运柑橘类苗木、接穗；暂停高接换种，以免引起疫情扩散；同时，加强柑橘类苗木市场的检疫检查，6年来共销毁有病橘苗8.6万株，从源头上控制了病害的传播扩散。

5. 抓示范区建设

将南城街道蔡家洋村和民建村、上垟乡董岙村、头陀镇断江村、北城街道下洋顾村作为柑橘黄龙病防控工作示范区。这些橘园既是综合防控示范区，又是防控效果的展示窗口。如南城蔡家洋村和民建村，柑橘面积65.2hm²，以本地早蜜橘为主，2005年调查发现柑橘黄龙病病株 134 株，2007 年调查发现只有50 株；头陀镇断江村33.3hm² 橘园，2005年只查到45株病株。另据院桥镇2006年调查：实施健身栽培的果园病株率只有4.3%，而对照区病株率达到16.3%。

6. 加大财政扶持力度

为彻底挖除病株，除对乡镇(街道)进行考核奖励外，黄岩区财政按成年橘4元 / 株的标准给予补助。2007年度实行以奖代补，按考核得分给予3～4元 / 株的奖励，当年防控经费都列入下年度财政预算，确保了资金到位率。2003—2008 年区财政共安排专项补助经费618万元，有效地保障了柑橘黄龙病防控工作的推进。

7. 开展督查与考核验收

按照黄岩区重大植物疫情防控指挥部与各乡镇(街道)签订的“防控工作目标管理责任书”内容，区防控指挥部每年适时组织有关专业技术人员开展督查，并将督查结果在全区通报，以确保各项防控措施落实到位。2007 年底，区政府又出台了考核标准，每年在病树砍挖结束后，将防控工作分解成组织保障、责任保障、防控示范、疫情普查、化学防除等11个分项进行量化打分，综合考核评价。按得分多少，分为优秀、良好、合格和不合格4个档次，再按档次确定奖励标准，大大促进了各项防控措施的落实。

检疫性有害生物防控不同于常规病虫防治，黄岩针对外来入侵有害生物防控，政府重视，措施有力，在水稻细菌性条斑病、稻水象甲，尤其是柑橘黄龙病防控工作，坚持政府主导，坚持责任考核、坚持宣传培训、坚持木虱防治、坚持疫情普查和病树挖除，坚持防控示范和坚持种苗监管，重大农业植物疫情防控工作取得了显著成绩，稻水象甲如期完成省定目标任务，柑橘黄龙病连续多年获全省考核优秀。

原　载：《现代农业科技》2009年第11期。

论文三：黄岩柑橘和杨梅苗木调运检疫的思考

余继华　张敏荣　陶　健　叶志勇

（浙江省台州市黄岩区植物检疫站）

摘　要　本文以水果类苗木调运检疫数量的变化情况反映了水果产业的发展趋势变化。20世纪80年代中期大力发展柑橘产业，1985—1988年就有3 131万株柑橘类苗木运往南方各省区，导致今日大批橘子挂在树上无人采摘；2000年后又有大批杨梅苗木运往外地，若干年后有可能造成与柑橘业一样的惨状，值得思考。

关键词　水果苗木　调运检疫　种植结构调整　思考

中图分类号　S41　**文献标识码**　B

黄岩是柑橘的始祖地，柑橘栽培有2000多年的历史，黄岩蜜橘名闻天下；黄岩又是东魁杨梅的原产地。20世纪80年代初期黄岩农民利用“黄岩蜜橘”和“东魁杨梅”的品牌优势，开始繁育以柑橘苗和杨梅苗为主的水果类苗木，推动当地农村经济的发展，并逐步形成育苗产业，每年都有大批苗木运销到南方各省区，为南方水果业开发性生产作出了贡献。据26年水果苗木调运检疫数量统计：1984—2009年累计运往外地的苗木有7 313批次，8 608.63万株。但是，多年生经济作物大面积种植后也带来了诸如农业生态问题和不能及时调整种植结构等问题，造成大片果园失管，有害生物爆发，影响农民增收、农村经济发展，值得政府各有关部门重视与思考。

一、水果类苗木与橘果调运检疫情况

（一）柑橘类苗木调运检疫

据统计1984—2002年，黄岩共办理柑橘苗木检疫签证1 847批次，3 968.84万株，而同期水果苗木调运检疫总量为7 501.67万株，柑橘苗木占水果类苗木总量的52.91%（表1）。1985—1988年，这4年从黄岩调出去的水果类苗木总数达4 641.41万株，其中柑橘类苗木就有3 131.48万株，占水果类苗木总数的67.47%。这期间刚好是改革开放以来种植业结构大调整时期，而且这一次调整在宜种植柑橘的湖南、湖北、广西、江

柑橘苗圃

西、四川和重庆等省市区是以种植柑橘类水果为主的开发性生产，那时每年仅从黄岩调出去的柑橘苗木数量近千万株，而且形成一个很明显的高峰期（图1）。但从1986年开始呈直线下降趋势，1998—2002年每年签证数量只有几万株（2002年以后由于柑橘黄龙病的发生，当地政府禁止柑橘类苗木调往外地，调运检疫数量为零），这与20世纪80年代中期调出去的柑橘苗大面积种植后，此时已经进入盛产期，产量逐年增加，出现明显的产销过剩现象，供严重大于求，柑橘鲜果价格低、种橘效益差、改种其他小水果有直接关系。

表1　黄岩历年柑橘和杨梅等苗木调运检疫情况统计

年份	柑橘		杨梅		枇杷等其他		小计	
	数量（万株）	批次	数量（万株）	批次	数量（万株）	批次	数量（万株）	批次
1984	102.3	30	3.2	5	19.79	18	125.29	53
1985	1 022.06	314	110.24	85	134.28	136	1 266.58	535
1986	1 065.68	347	186.48	154	221.40	158	1 473.56	659
1987	701.53	313	233.77	262	318.74	358	1 254.04	933
1988	342.21	175	139.46	187	165.56	229	647.23	591
1989	266.17	153	73.19	93	82.22	123	421.58	369
1990	76.79	90	54.66	100	5.18	93	136.63	283
1991	172.93	161	0.00	0	169.02	219	341.95	380
1992	27.72	128	75.73	139	89.71	24	193.16	291
1993	51.08	53	60.36	68	74.79	30	186.23	151
1994	25.40	30	51.09	68	18.34	19	94.83	117
1995	17.02	8	44.94	81	9.75	30	71.71	119
1996	14.85	6	56.93	56	21.22	26	93.00	88
1997	64.92	15	39.47	32	12.96	20	117.35	67
1998	3.09	5	67.09	38	30.84	26	101.02	69
1999	1.96	3	82.29	104	66.65	18	150.90	125
2000	1.63	2	252.35	237	31.57	27	285.55	266
2001	1.70	4	158.46	271	41.10	70	201.26	345
2002	9.80	10	310.69	328	19.31	54	339.80	392
2003	0.00	0	330.17	311	10.78	60	340.95	371
2004	0.00	0	136.97	232	12.70	51	149.67	283
2005	0.00	0	197.49	145	1.25	14	198.74	159
2006	0.00	0	106.48	159	7.84	9	114.32	168
2007	0.00	0	146.56	115	2.24	5	148.8	120
2008	0.00	0	51.13	108	1.24	18	52.37	126
2009	0.00	0	101.43	235	0.68	18	102.11	253
合计	3 968.84	1 847	3 070.63	3 613	1 569.16	1 853	8 608.63	7 313

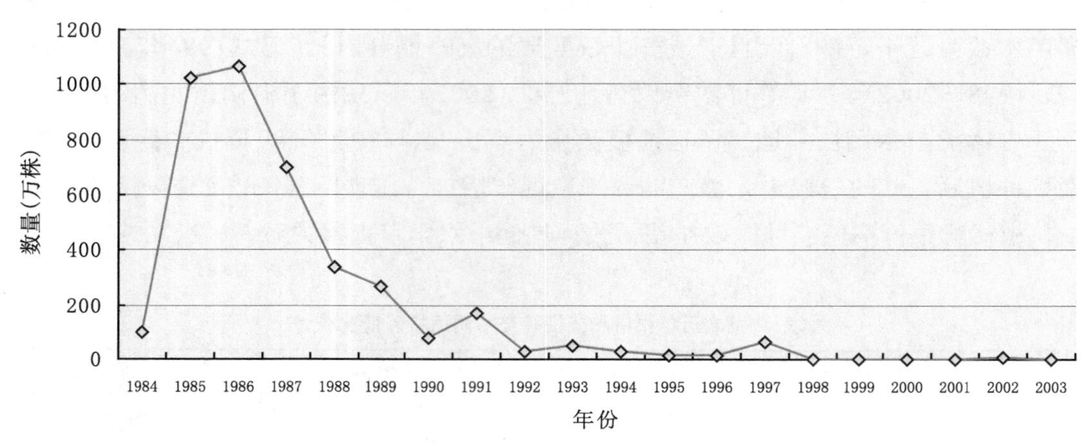

图1 柑橘类苗木调运检疫数量变化趋势

(二)杨梅苗木调运检疫

据1984—2009年杨梅苗木调运检疫统计，26年间累计调出3 070.51万株。从表1可以看出，1985—1988年形成一个调运高峰期，4年累计调出669.95万株，平均每年调运167.49万株。此后，2000—2003年又形成一个调运高峰(图2)，这4年通过检疫签证调出去的水果苗木总数为1 167.56万株，其中杨梅苗木就有1 051.67万株，占调出水果类苗木总数的90.07%，平均每年调出262.92万株。在黄岩繁育的杨梅苗中以东魁品种为主，主要运往福建、江西、贵州、云南、广东、广西、湖南、重庆等省、市区，以及浙江省内其他县市，说明南方水果种植逐步转向以杨梅为主的小水果，见图2。

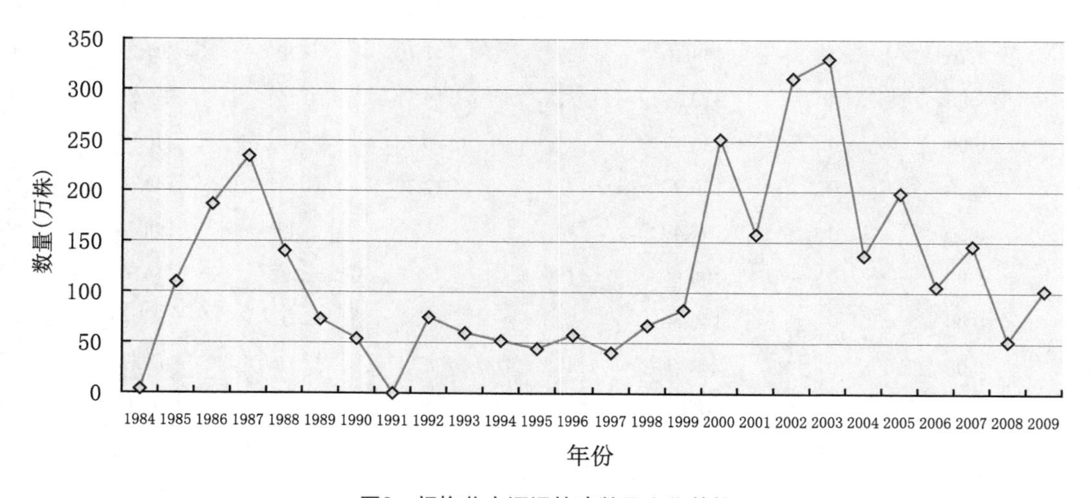

图2 杨梅苗木调运检疫数量变化趋势

（三）柑橘果实调运检疫的变化

柑橘类水果实行调运检疫签证开始于1989年。1997年浙江省人民政府开通了柑橘类水果运输绿色通道，2005年开始在浙江省内公路上运输的所有鲜活农产品，又开通了绿色通道，凡是浙江省内的鲜活农产品、在省内的公路上、省内牌照的车辆，凭植物检疫证书可以免收过路、过桥和过隧道费用，这样大大调动了广大农民种植经济作物的积极性，种植面积不断扩大，大量鲜活农产品源源不断地运往外地。据1989—2009年统计，黄岩经检疫签证调往外地的鲜活农产品总数为139 098批次，达818 306t（表2），其中柑橘果实调运达655 946t，占80.16%。这其中又以1997—2000年为橘果调运高峰期，共调运41 470批次，327 152t，占1989年以来的21年期间橘果调运检疫总数655 946t 的49.87%，占同期植物产品调运检疫签证332 767t 的98.31%。但是从2005年开始蔬菜等其他产品调运检疫数量已连续5年超过了橘果的数量，橘果调运数量在下降。2005—2009年调运检疫数量共计为213 297t，其中蔬菜等产品调运检疫数量达137 773t，占总量的64.59%；柑橘果实检疫总数为75 524 t，仅占总量的35.41%。柑橘果实平均每年调运数量为15 105t，而同期蔬菜等其他植物产品平均每年调运数量却达27 555t（图3）。2005年以后，因柑橘果实价格低廉（2008年跌至0.16元 /kg），大量橘果挂在树上无人采摘，种橘没有效益，橘园管理放松，柑橘黄龙病等有害生物又爆发成灾，致使成片橘园荒芜或改种其他经济作物，柑橘业已经失去了昔日的辉煌，橘果外调的数量急剧下降，这也从另一侧面反映出黄岩种植业结构的调整逐渐向效益高、见效快的经济作物转变。黄岩柑橘产业的变化正是南方柑橘产区的一个缩影。

表2　黄岩区历年橘果与蔬菜等调运检疫情况统计

年份	柑橘		蔬菜等其他		小计	
	数量（t）	批次	数量（t）	批次	数量（t）	批次
1989	292	50			292	50
1990	10 684	2 618	4	1	10 688	2 619
1991	18 020	3 652	1 215	308	19 235	3 960
1992	41 371	8 734	913	256	42 283	8 990
1993	25 709	5 023	352	102	26 061	5 125
1994	22 944	4 640	719	189	23 663	4 829
1995	20 536	3 849	22	5	20 558	3 854
1996	24 043	4 107	65	16	24 107	4 123
1997	75 669	10 095	182	47	75 851	10 142
1998	106 996	12 724	575	164	107 571	12 888
1999	74 924	9 295	2 048	311	76 972	9 606
2000	69 563	9 356	2 810	750	72 373	10 106
2001	29 213	3 140	3 902	597	33 114	3 737
2002	36 524	4 889	3 059	760	39 583	5 649
2003	8 400	971	1 121	253	9 521	1 224

（续表）

年份	柑橘		蔬菜等其他		小计	
	数量(t)	批次	数量(t)	批次	数量(t)	批次
2004	15 534	1 662	7 600	1 541	23 134	3 203
2005	10 531	1 428	21 504	5 403	32 035	6 831
2006	14 164	2 174	24 938	6 655	39 102	8 829
2007	13 028	2 719	42 617	11 582	55 645	14 301
2008	15 076	2 515	23 800	6 831	38 876	9 346
2009	22 725	2 236	24 914	7 450	47 639	9 686
合计	655 946	95 877	300 133	43 221	818 306	139 098

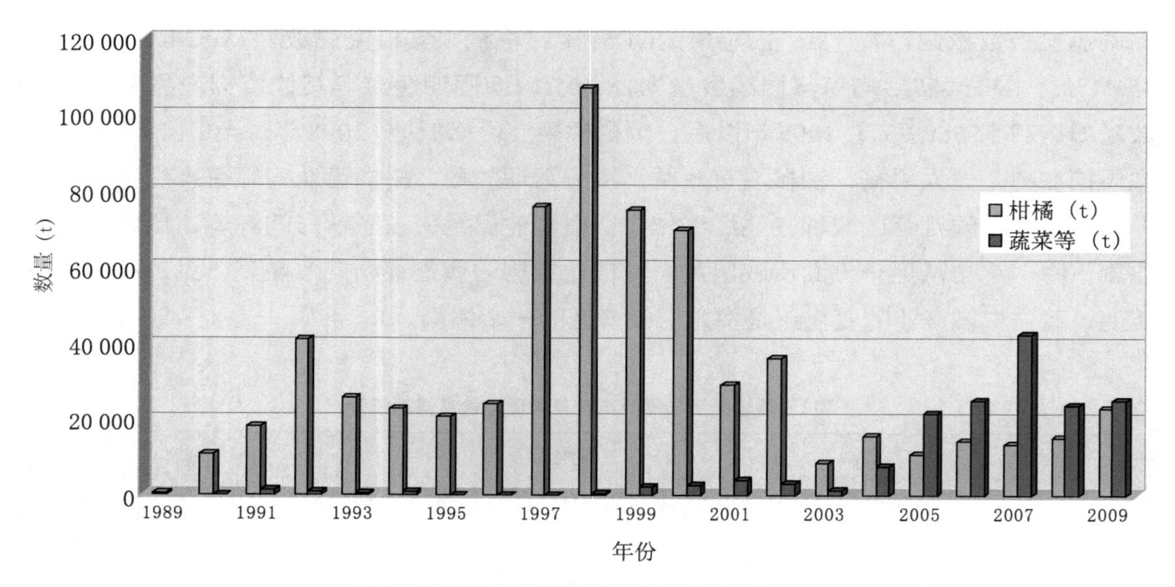

图3 柑橘和蔬菜等植物产品调运检疫数量变化

二、柑橘苗和柑橘果实调运检疫带来的思考

综合分析26年来黄岩区调运检疫数据：以柑橘和杨梅苗木为主的水果类苗木调运检疫，从1984年开始伴随着改革开放以来的第一次种植业结构以柑橘生产为主的种植业结构调整，在长江流域大面积种植柑橘，大力发展柑橘产业。在市场经济驱动下，经过16年后，2000年开始以杨梅等小水果为主的苗木调运检疫数量增加，说明在南方新一轮水果种植结构调整以杨梅为主的小水果种植已经全面开始。那时候大量柑橘类苗木调往湖北、湖南、广西、江西等省区，所种植的柑橘，目前已经进入盛产期，对中国柑橘业的发展起到了积极作用，同时也出现了丰年卖橘难的现状。26年来从黄岩调往外地柑橘苗木有3 969万株，杨梅苗木也达到了3 071万株（实际调出去的数量已经接近柑橘苗了），柑橘产业盛衰的教训深刻。杨梅受生产成熟期短、果品难以贮藏与运输、市场销售半径小等因素制约；再说杨梅与柑橘一样也

是多年生经济作物，不象一年生或一年多季作物那样可以随着市场的变化随时作出种植结构调整，而今在西部大开发和中部崛起浪潮的推动下，在中西部地区大力推广种植杨梅，发展杨梅产业，这是否也会象当年大力发展柑橘业那样，重蹈覆辙呢？值得政府相关部门深思。

原　载：《浙江柑橘》2010年第2期。

论文四：对橘果进行调运检疫的尝试与体会

余继华

（浙江省黄岩植物检疫站）

摘　要　对柑橘鲜果实行调运检疫是调运单位和个人主动要求而开展的一项新工作。文章对如何做好柑橘果实调运检疫工作，提出了凭产地检疫合格证报检、运出县级行政区域的凭产地合格证签发调运检疫证书、适当降低检疫收费标准，以及加强公路检查站建设，对违章调运的要依法给予适当的处罚等措施，提高检疫签证率，规范调运检疫秩序。

关键词　柑橘果实　调运检疫　体会

中图分类号　S41　**文献标识码**　B

浙江黄岩素以“蜜橘之乡”著称，在柑橘收获季节，有大量的新鲜橘果销往外地。1989年下半年开始，调往部分省（市）的鲜果，没有调运检疫证书的均作违章调运而受到查处。在这种情况下，黄岩从事柑橘果实运销的单位和个人，纷纷主动上门要求对他们的橘果进行调运检疫，并为其出具植物检疫证书。1989年10月25日到1990年4月6日，黄岩植物检疫站受理自愿要求检疫的柑橘果实137 批次，78.95万kg。柑橘果实(包括其他鲜活农产品)调运检疫是国内植物检疫工作的一个新内容。笔者认为要搞好这项工作，需解决以下几个问题。

一、鲜果调运检疫应凭产地检疫合格证报检

目前，大宗的植物都定有检疫性有害生物，这些检疫性有害生物却又主要随植物的种子、苗木及其产品作远距离传播扩散。在柑橘上法定的检疫对象有4种(包括省补充对象)，黄岩仅有柑橘溃疡病是发生区，溃疡病的存在和发展，势必导致橘果带菌，开展产地检疫，做好橘果生长季节的除害处理，是非常重要的。经产地检疫合格的柑橘果实凭证运出原产地，运出县境的柑橘果实须凭产地检疫合格证，到县级以上植检部门报检，取得植物检疫证书后方可出运。

二、运出县境的鲜果应凭产地检疫合格证复检并签发植物检疫证书

调运复检，一方面检验了产地检疫的好坏，另一方面避免了盲目开证，有效地防止启封换货。进行调运复检，做到不见鲜橘不授理，不检橘子不办证，这样就堵了这方面的漏洞。

三、鲜果检疫收费标准应低于种苗检疫收费

国家对鲜果(包括其他鲜活农产品)检疫收费还没有规定标准，如果参照水果类苗木按货值的0.8%收费，似乎偏高。因为，水果是供人们食用的消费品，人口密集地区销量大，果皮(壳)容易集中处理，具有间接传病的特点，对农业生产的危险性相对较小。苗木繁殖材料是否带病，直接影响到农业生产，具有直接传病的特点。若将收费标准降到0.4%～0.6%，果农比较容易接受，也避免了任愿违章，不愿遵章的现象。

柑橘果实调运检疫

四、对违章者要规定适当的罚款额度

《浙江省植物检疫实施办法》规定，违反植物检疫法规，经营植物和植物产品的单位或个人，罚款范围为货物价值的5%～30%，新鲜水果属植物产品应包括在内，并严格按照执行。目前，省与省之间存在罚款额度不一。例如，去冬新鲜橘果调运旺季，一车橘子（5t）收检疫费50元左右，若无证运到外省罚款也只有30～40元，有的甚至更低。这样就根本起不到鲜果的调运检疫作用，在一定程度上助长了违章思想。解决办法应由国家根据经济发达程度，分类制定标准；查扣单位对外地的违章者加倍处罚，促使他们必须自觉去原产地办证。

五、加强检查站建设

植物检疫检查站，在阻截检疫性有害生物，防止违章调运，促使调运单位和个人主动申报检疫，提高办证率，宣传植检法规，教育公民守法等方面发挥重要作用。植物检疫执法人员应树立全局观念，秉公执法，严格执法，提高原产地办证率。

对柑橘果实实行调运检疫是调运单位和个人主动要求的情况下而开展的，全国没有统一规范的检疫操作程序和收费标准。全面开展柑橘果实调运检疫，首先应做好产地检疫，在柑橘果实成熟采摘前对果园进行产地调查，确认没有检疫性有害生物发生时，签发产地检疫合格证；其次在橘果调运前凭产地检疫合格证，必要时进行复检，然后核签调运检疫证书；再次要统一检疫收费标准；四是要加强检查站的检查力度，对违章调运给予适当的处罚，提高调运检疫办证率。

原　载：《植物检疫》1991年第6期。

论文五：谈谈如何深化橘果调运检疫

余继华　林长怀　潘琼华

（浙江省黄岩植物检疫站）

摘　要　文章对进一步做好橘果调运检疫，提出了具体的措施。以产地检疫为基础，简化调运签证手续，检疫收费一定要统一规范，检疫哨卡严格执法，并要加强自身廉政建设，同时要与交通运输部门密切配合，使橘果调运检疫工作走上规范化的轨道。

关键词　柑橘果实　调运检疫　措施

中图分类号　S41　**文献标识码**　B

为了配合兄弟省（市）的设卡检疫，推动联检联防，促进无检疫性病虫橘果的省内外销售，保护柑橘业的安全生产和健康发展，维护国家、集体和橘农的利益。浙江省根据本省实际，从1990年开始对柑橘类果实实施产地检疫、调运检疫和设卡检疫。经过两年的实施，要深化这项工作，笔者认为以下几个方面值得研究探讨。

一、产地检疫是进行橘果检疫的基础

柑橘溃疡病在黄岩是发生区。该病主要随苗木、接穗及其果实作远距离传播扩散。在黄岩较大面积栽培的几个品种，如温州蜜柑、槾橘、本地早蜜橘、早橘等都不是绝对抗病的。柑橘溃疡病的发生，势必导致柑橘产品（果实）带病，在出口柑橘中比较耐病的温州蜜柑果实上也有0.02%的溃疡病病果率，内销的病果率也会高。因此，开展产地检疫，在橘果生长季节采取综合治理措施，做好除害处理，是橘果检疫的基础工作。这项工作主要由所在县（市）植物检疫站组织，乡级兼职植物检疫员发动并指导橘农进行实施。

柑橘果实产地检疫

二、运出县境的橘果，凭产地检疫合格证核换植物检疫证书

调运复检能够检查产地检疫的效果，避免盲目开证，有效地防止漏检现象。黄岩是橘果主产区，目前投产柑橘3 733.33hm^2，按常年产量，除了罐头加工和当地鲜食，如果用载重量5t的卡车，平均每天运载40车次，至少需要5个月才能完成。若这些橘果都要经过调运复检，工作量很大，又影响城市交通，县级植检站有很大困难。因此进行橘果检疫应以产地检疫为主，凭产地检疫合格证到县级检疫机构报检，县级检疫机构经核实，必要时进行抽样检验，

然后换签给调运植物检疫证书即可。

三、橘果检疫收费要有统一的标准

目前，对橘果（包括其他水果）检疫收费，各地执行的标准不一。有的按货值收费；有的则按吨位收费（由货值换算而来大多抹去尾数）；每吨的收费标准又差异较大（有的按当地收购价，有的按市场价）；有的收2元/t，而有的则收6元/t。这种现状继续下去，异地办证现象会普遍发生，将会造成鲜果调运检疫秩序混乱。因此，笔者认为，上级业务尤其是省级业务部门要按照国家规定的统一收费标准，确定全省市场综合价，统一收费标准。

四、严格执行检疫法规，严厉打击违章调运

经营橘果的单位或个人，违反检疫法规的，根据"浙江省植物检疫实施办法"的规定，罚款范围为货值的5%～30%。各级植检机构必须在加强宣传教育，推行设点现场办公，方便群众报检签证的同时，严格执行检疫法规，处罚得当，做到执法必严，违法必究，促使调运者遵纪守法提高办证率。

五、要取得交通运输管理部门的密切配合

在橘果调运期间，违章超载现象普遍发生，究其原因主要是；从事专业运输的车辆，大部分是个体的，或是个人承包的，他们偏面追求高收人，交通安全意识淡薄；超过核定的载质量运载橘果。作为橘果经营者，由于付出了高额的运费，要求车主尽量多装载来降低单位数量的运输成本。我们在检查站的检查过程中，检疫证书上标注的数量是5t，实际装载是6～7t的相当普遍，有的甚至超过9t（据1991年调运检疫证书统计，黄岩外调的橘果为1.8万t，而实际外运的却超过3万t）。这一点，对交通运输管理部门来说，属违反道路交通条例；从植检角度来讲属违章超载。前者是对驾驶员的处罚，而后者则是对货主的处理。衡量两者的处罚关系，相对而言，对车主驾驶员的处理是防止违章超载最有效的措施。因此，取得公路稽查机构的支持与配合，对驾驶员与货主进行双重处罚，违章超载现象肯定会得到有效的控制。

六、加强检疫哨卡的廉政建设

植物检疫机构所属的检疫哨卡，在打击违章调运，维护植物检疫法规的权威性，提高公民的法律意识等方面起到了积极作用。但是，近年来由于有些检查站个别人员，自身不过硬，经不起社会上不正之风的考验，有的向货主索要钱物，无证放行；或降低罚款数额的现象时有发生。虽然这是个别现象，但在社会上乃至植检系统内部造成极坏影响。直接损害了检疫部门的信誉，进而也有损于检疫法规的严肃性，所以，要迅即建立检疫哨卡的监察管理制度，加强廉政建设。在此基础上检查人员要佩证执勤，便于管理相对人检举监督，同时还要制订相应的奖惩措施。

实行橘果调运检疫应以产地检疫为基础；调运检疫签证为关键；设卡检疫则是必不可少的重要环节，但必须建立完善检疫哨卡的管理制度，加强廉政建设，杜绝吃、拿、卡、要。对检疫收费标准要作出明确的统一的规定。对无证调运者要严格按照法规的规定给予严肃的

处理。同时，还要得到交通运输管理部门的密切配合。这样才能使鲜果调运检疫逐步走上正常化、规范化的轨道。

原　载：《植物检疫》1993年第3期。

论文六：黄岩开展柑橘苗木调运检疫的做法与体会

摘　要　在20世纪80年代初期，每年从黄岩调往外地的柑橘类苗木近千万株，最多的1年超过2千万株，育苗户近7千户，此时，植物检疫机构刚恢复建立，调运检疫工作尚在探索阶段。为提高柑橘苗木调运检疫工作水平，文章提出了具体做法，调运检疫应以产地检疫为基础、调运前复检为关键和设卡检疫为补充，还对柑橘苗木挂标签，防止夹带未经产地检疫的苗木出运；做好调运检疫工作要有相对独立的检疫机构，检疫人员要专业化和专职化，同时还要抓好基层检疫网络建设，开展原产地检疫，使柑橘苗木产地检疫和调运检疫签证率普遍提高。

关键词　黄岩　柑橘苗木　调运检疫　做法

中图分类号　S41　**文献标识码**　B

黄岩是著名的“橘乡”，柑橘栽培历史达2000多年，品种资源丰富，品质优良，常年产量13万 t 左右。柑橘苗木培育经验尤为丰富，特别是党的十一届三中全会以来，随着改革开放，搞活经济方针的深入贯彻，大力调整农村产业结构，当时的“橘乡”出现了新的情况。一是农户培育柑橘苗木的积极性普遍高涨，据1985年统计，原黄岩县全县有6个区、47个乡(镇)、345个村，4 860户农户繁育柑橘类苗木，从1985年下半年到1986年春，共调出各类苗木2 040万株，育苗户增加至6 928户，到1987年春调出的各类苗木共1 266万株，收入366万元，由此可见，培育果苗已成为黄岩农村经济发展的一项重要门路。二是由于长江以南各地开发性生产的发展，特别是柑橘生产的发展更为迅速，因而慕名来“橘乡”调苗的批次多，数量剧增，据1981—1987年春统计，从黄岩调出的各类果苗共计2 550批次，5 032.45万株，而绝大部分是以橘苗为主。三是黄岩人多田少，劳动力大量过剩，劳务大量输出，遍布全国各地，人员流通渠道多，活动范围大，经常发现有未经检疫的种苗自外地引进或从本地调出，检疫性病虫的传播机率增加，对于植物检疫部门来说，任务繁重，难度很大。四是在当时黄岩南面距温州地区瓯江以南的柑橘黄龙病疫区仅150km，北面又离水稻细菌性条斑病疫区的新昌、嵊县亦不远，

柑橘苗圃

而黄岩又以粮、橘生产为主。因此，如何确保黄岩的粮食和柑橘生产安全，成为摆在植物检疫机构面前的重大任务。

为了适应改革开放的新形势，根据当时黄岩果树苗木(主要是柑橘苗木)调运的具体情况，黄岩植物检疫站针对当地特点，狠抓了以柑橘苗木调运检疫为重点，以产地检疫为基础，带动粮食及其他经济作物全面开展植物检疫工作，取得了较为显著的成绩，从未发生因植物检疫不严而造成重大的责任事故，植物检疫工作已经走向正轨，得到了当地政府的支持和广大群众的好评。同时也解决了植物检疫站自身因开展检疫业务所需的经费问题。据统计，1981—1984年4年共检疫签证554批次，检疫收费仅1.85万元；1985—1987年春仅2年共检疫签证1 576份，检疫规费收入达7.14万元，比前4年增加了3.85倍，检疫检验所需的仪器设备也已基本配齐，单位所有经费支出全部自给。还建立了正常的财务制度，有单独的银行账户。1987年依靠积累的苗木调运检疫规费，经批准，建造了550m^{2}的办公综合楼，办公条件与生活环境得到了一定的改善。

一、柑橘苗木调运检疫的具体做法

(一)开展产地检疫，掌握疫情分布

开展产地检疫，掌握疫情是检疫签证的重要依据。重视疫情的调查，除对当地作物开展全面普查外，在柑橘苗木生产上，组织群众在自查的基础上，采取以专职植物检疫员与兼职植物检疫员密切配合的办法进行产地调查，查清了当时在本地柑橘上发生的仅有一种检疫对象——柑橘溃疡病。从而避免了检疫签证的盲目性，既提高了本地柑橘苗木的信誉，又避免了调入地传入柑橘溃疡病的可能性。

柑橘苗木的疫情调查是以乡(镇)农科站为主，组织兼职植物检疫员和农技干部协助进行，对生产苗木乡(镇)，分村、分户、分品种、分田块逐丘调查，登记造册，建立柑橘苗木生产档案。第一次在每年7、8月柑橘苗木生长期进行，第二次在10、11月进行复查。调查中摸清育苗农户姓名、柑橘苗木数量、品种、分布(即苗圃座落地)，同时对柑橘溃疡病的发生情况分无、轻、中、重(轻：株病率在1%以下；中：株病率1%～5%；重：株病率5%以上)进行登记，对柑橘苗木的生产培育情况做到心中有数，有利于及时指导苗农防治病虫和栽培管理，提高橘苗素质，达到培育无检疫性病虫的健康壮苗的目的，为签发产地检疫合格证提供了可靠的根据。登记表册由植物检疫站统一印发，一式两份，一份留乡镇(农科站)，一份报县植物检疫站存查。由于把大量的工作做在苗圃、做到育苗户，外调的柑橘苗木品种、产地、数量、疫情及调往地点清楚，即使发生差错或责任事故，便于追查，有效防止了外地带柑橘溃疡病苗木夹带从黄岩签证出运。

(二)严格实行调运前复检，把好检疫签证关

调运复检是签发植物检疫证书时最后一个环节，也是验证产地检疫是否准确、苗木与产地是否相符，把关是否严格的具体体现，集中到一点就是为了对调入方负责。为了防止逃检、漏检和少数苗农在运输途中夹带病苗出运，在兼职植物检疫员产地检查的基础上，严格把好出运前的复检关很有必要。植检站在复检时应做好以下几项工作：一是凭检疫要求书。

先审核调入单位所在地县级以上植物检疫机构出具的“植物检疫要求书”，根据检疫要求进行复检。二是审核产地检疫证。乡（镇）兼职植物检疫员签出的产地检疫合格证是否真实有效。三是核查上报表册与检疫要求是否相符。对产地乡（镇）上报的橘苗产地登记表册，看苗户、品种、数量、苗圃的产地检疫结果与调入单位的检疫要求是否相符。四是登车取样复检。所取样品每件打开，一般抽取总苗数的10%进行检查。复检结果符合调入方所提的检疫要求的，植检站方可签发“调运植物检疫证书”；不符要求的，拒不签证，不准出运。复检手续的进行无疑增大了县站的工作量，但对改变过去橘苗来源不清，调往去向不明，苗证不符，病苗到处流动，检疫签证盲目应付的局面收到了明显的效果，也减少了苗农与苗木推销人员之间产生的不必要纠纷，即使发生纠纷，也有据可查，使检疫签证工作由被动转为主动。1987年县植物检疫站更进一步采取了橘苗挂牌出运的措施，凡调往外地的柑橘苗木均由产地乡（镇）兼职检疫员签名填写，每捆橘苗挂上统一印制的检疫标签，注明育苗户姓名、产地，品种，调往地点及单位，从而杜绝了橘苗调运中经常发生的货主少报多运，夹带病苗、劣苗的不法行为。

（三）设卡检查，杜绝逃检漏检现象

在交通要道设卡检查的目的在于强化植物检疫法规的贯彻执行，打击违法调运种苗事件，保护农业生产安全。黄岩从1983年开始，经县政府同意在橘苗调运旺季，与交通公路部门配合，在北城长塘设立了季节性的植物检疫检查站，配备检查人员6名，对过往承运苗木的车辆进行昼夜检查。1984—1987年共检查承运各类苗木的车辆1 608车次，计7 399.22万株苗木，其中查到违法调运的有262车次，苗木数为934.26万株，占16.29%，罚款金额达6.482万元。设卡检疫检查影响面广，收效明显，对种苗调出数量大的县级植检站来说已是一项必要的工作手段。在北城长塘设卡检查以来，从未发生或收到转来告发检查站工作人员违法乱纪的事件，原因是注重自身建设，加强廉政教育，十分注意提高检查人员的思想政治和业务素质，除对检查人员加强思想教育，制订工作守则，纪律严明，奖罚分明外，还抓了法规和有关文件的学习，使上路检查人员熟悉业务，明确检查目的与任务，检查的范围等。上路检查人员分三班日夜值勤，查扣违章与罚款分班记录。县植检站根据检查人员工作好差，在每一季检查工作结束之后，统一进行评比，对工作认真负责，成绩显著的给予奖励，奖励经费从每年的罚款中提取。这样既提高了检查人员的责任心和积极性，也保证了检查工作任务的完成，维护了黄岩苗木外调的信誉。

公路检查站检查

二、柑橘苗木调运检疫的成绩

黄岩开展柑橘苗木产地检疫、调运复检、设卡检查以来，植物检疫工作取得了很大进展。一是法规观念普遍提高。在当时，由于大力开展检疫宣传，教育苗农自觉遵守检疫法规和有关规定，指导苗农按照橘苗产地检疫规程培育橘苗，无论是干部或群众来县植检站为调运橘苗说情的人大大减少，自觉报检却大大增加，提高了办证率。1985年冬到1986年春统计，各类苗木调运办证率为91.76%，橘苗调运的办证率达到94.86%。二是生产苗木的经济效益明显提高。绝大多数育苗户接受县植物检疫站技术指导，砧木、接穗采自无病区，加强苗木生长期间的培育管理和开展治虫防病，橘苗的质量、价格都有所提高，产地检疫合格的苗木数量增多，扩大了橘苗销售，经济收入也大大增加，有的成为万元户（这在20世纪80年代是很了不起的事情）。例如：头陀镇前陈村支部书记陈仙友，1986年销售苗木的收入即达1.7万元；还有院桥镇唐家桥村江再富以及秀岭乡（现改为院桥镇镇西办事处）西合村陆才康、陆于魁等人都从橘苗的生产和推销中得到了实惠。他们除了建新楼房外，还添置了高档家用电器，生活水平得到了很大的提高。因此开展橘苗产地检疫工作深得广大苗农的支持和配合，橘苗柑橘溃疡病也得到了有效控制。例如：高桥乡凉棚村育苗户张岩友，由于接受县植检站技术指导，加强橘苗培育管理，及时治虫防病，1986年培育的5万株橘苗，在全省柑橘苗产地检疫现场会期间，经与会的各市（地）、县专职植物检疫员的联合检查中在苗圃查不到1张柑橘溃疡病叶片。县植物检疫站在头陀镇前陈村建立的无病苗木试验基地，经现场检查1987年春可以出圃的120万株橘苗也未发现病叶，得到了省站和各市（地）、县同行的好评。这样县植检站的工作压力反而比之前轻了，育苗户自觉听从技术指导，苗木质量有了保证，客户愿意高价购买，经济收益提高，还减少了所在乡（镇）政府因处理苗木销售引起的纠纷，植物检疫工作得到了当地政府领导的理解与支持。同时乡（镇）农科站通过产地检疫技术服务可以获得适当的报酬，增强了农科站的经济实力。为规范收费，县政府召集有关单位共同协商决定，可以收取产地检疫技术服务费，收费标准确定为每百株橘苗收费0.8元，主要用于宣传培训、产地调查、雇工补贴和表彰奖励等。县植检站又根据工作任务轻重按比例返还给有关乡（镇），这样极大地调动了乡（镇）农科站协助做好检疫工作的积极性。

三、柑橘苗木调运检疫的体会

（一）争取领导的重视与支持，切实解决检疫机构问题

恢复国内植物检疫工作以来，在省植物检疫站的具体指导下，经过整顿结束了“文革”期间乱签检疫证的混乱状况，但植检机构的设置仍沿用“文革”以前隶属于植保机构之下的那种形式。1983年国务院正式颁布了《植物检疫条例》，省农业厅在贯彻《植物检疫条例》时提出建立各级植物检疫站，当时还只提植检、植保两块牌子、一套人马。随着商品经济的发展，种植业结构的大调整，各地大力发展水果产业，柑橘苗木需求量很大，在当时以柑橘苗木调运检疫为主的植物检疫任务加重，原来的植检与植保合二为一形式越来越不适应形势的发展。1985年，原黄岩县农业局领导审时度势，决定增加内设机构，报请县政府批准单独建立植物检疫站，改变了机构设置，与植保站分开，并且明确了县植检站是一个相对独立行使检疫职能、代表国家执行《植物检疫条例》的行政执法机构（这样的机构一直延续至今）。机构明确以后，专职从事植物检疫的干部也由原来的1人增加到3人，任命了1位站长，还聘用

了1位工作人员帮助建立产地检疫档案和处理日常事务，同时还建立了银行账户，配有会计、出纳。由于解决了机构、人员和经费问题，检疫工作开展比较顺利。

（二）抓好基层检疫网络的建设，把调运检疫基础工作落实到产地

国家制定的法规需要相应的机构去贯彻执行，但客观上由于种种原因要配备更多的专职检疫干部是不现实的。特别是县级植物检疫站的绝大部份具体工作都要落实在农村，即使再增加人员同样也会存在无法应付的局面，只能是在基层把兼职检疫员队伍网络建设抓起来，建立一支兼职检疫员队伍，这是保证检疫工作顺利开展的基础。黄岩以乡(镇)农科站植保员为骨干，组织区农技干部参加，按照省植物检疫站规定由区、乡推荐，农业局批准，报省站备案，由省站统一发给兼职检疫员聘书，全县共聘请兼职检疫员48名，分布于各区、乡(镇)，他们活跃在生产第一线，能够及时掌握种苗流通的动态，承担疫情调查、报告疫情、产地检疫和指导病虫防治技术任务，及时发现违法调运案件，并协助共同查处。总之，抓好基层检疫网络建设，处理好有关经济政策，县植检站各项工作能顺利进行。据1984—1987年4年的统计，县内发现并处理的违法调运案件共14起，教育和震慑了广大苗木贩运户，至此黄岩的植物检疫工作已打开局面，为今后植检事业发展奠定了基础。

柑橘苗木产地检疫

黄岩对聘请的兼职植物检疫员管理，主要抓了以下几项工作：一是坚持聘用兼职检疫员的条件。受聘的兼职检疫员必须工作认真负责，能坚持原则，秉公办事，不弄虚作假，不营私舞弊，有一定群众工作基础的乡(镇)农科员。二是每年举办1次或2次培训班，帮助兼职检疫员提高其业务技术水平和有关法规意识。三是帮助兼职检疫员解决产地调查经费和落实经济报酬。四是帮助并支持兼职检疫员处理好种苗调运中发生的纠纷，提高他们在群众中的威信。五是每年召开一次年终评比会，总结经验，表彰先进，提高工作水平。

另外，在开展柑橘苗木调运检疫工作中还体会到，执行检疫法规必须统一认识，统一标准尺度，改变省与省之间、县与县之间种苗调运把关宽严不一的局面。我们发现有的地方调进严，调出宽；有的地方提出的检疫要求，既不是国家统一规定的检疫对象，又不是所在省补充检疫对象，这样无疑会增加种苗调运检疫的难度，又给群众办证增加不必要的麻烦，影响种苗的正常流通。

收录于《植物疫情阻截与防控实践》，中国农业出版社，2009年10月出版。

注：1988年全省柑橘苗木产地检疫现场会典型发言材料，余继华整理时略有修改。

论文七：当前县级植物检疫工作存在的问题与建议

余继华

（浙江省台州市黄岩区植物检疫站）

摘　要　本文分析当前县级植物检疫工作的现状和主要问题，提出了要建立统一规范的县级植物检疫机构、统一的监管机制和疫情监测网络，疫情防控与执法监管并重、行业自律与源头管理并重等措施，还提出修改现行检疫法规和专职检疫员的准入制度等建议。

关键词　县级植物检疫　工作现状　建议

中图分类号　S41　**文献标识码**　B

开展植物检疫是为了防止为害植物的危险性病、虫、杂草传播蔓延，保护农业生产安全的重要措施。近年，由于农产品物流体系的不断发展，农产品远距离流通与频繁交换，外来有害生物不断传入与扩散，给植物检疫工作带来极大困难的同时，也给农业生产造成了极为严重的损失。县一级植物检疫机构面对复杂多样的植物疫情形势，因法规不完善和体制等诸多因素的影响，阻碍了植物检疫工作的正常开展。笔者长期在县级植物检疫部门工作，对县级植物检疫工作现状与存在的问题进行了认真思考，现针对存在的问题谈几点初浅的想法。

一、县级植物检疫工作存在的问题

（一）县级检疫机构名称不统一、不规范

全国没有统一规范的植物检疫机构名称。有的是植物检疫站，一个完整法人单位，力量比较强，能独立行使植物检疫职权，但是，这样的机构在全国却少之又少；有的是植保植检站，只有1～2个人从事植物检疫工作，这样的形式在全国县级植物检疫机构中占绝大多数；有的是植物保护检疫站；有的虽然是植物检疫站，但大多在县级农业行政执法大队内（浙江省一些县级机构大多是这样的），专职植物检疫员兼顾农药执法、种子管理等诸多工作。专职检疫员专业不专职，工作重心偏移，难以保证完成植检任务。植物检疫体制不顺，难以实实在在地发挥植物检疫的公共管理职能。

植物检疫站业务学习

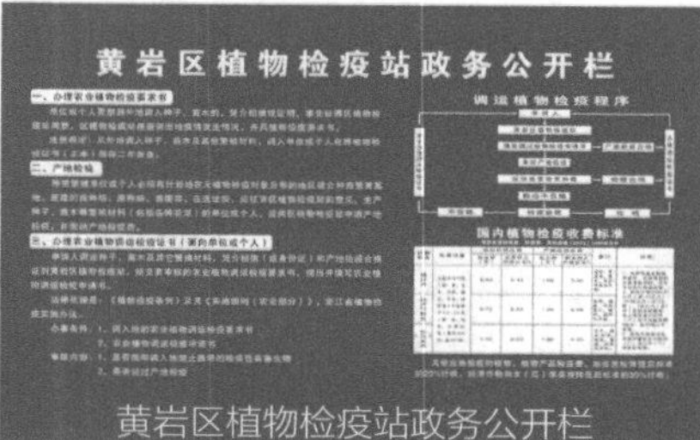

黄岩区植物检疫站政务公开栏

植物检疫站科技管理制度

（二）植物疫情形势严峻

在沿海经济发达地区，国际、国内贸易活动十分频繁，尤其是国内鲜活农产品大流通大交换的背景下，有害生物传播扩散的风险与机会大大增加，外来植物疫情入侵状况十分严重。目前，由国内传入黄岩的外来有害生物10来种，其中比较严重的有柑橘黄龙病、梨细菌性病害、加拿大一枝黄花等。这些外来有害生物传入后，造成粮食、果蔬减产、旅游景观资源和生态系统受损，严重威胁农业生产安全。如：柑橘黄龙病发生后，使闻名中外的黄岩蜜橘、玉环柚和温岭高橙，造成大面积毁园改种，产量锐减；加拿大一枝黄花传入后，侵占了土著植物的生存空间，影响生态平衡。另外，还面临红火蚁、葡萄根瘤蚜、扶桑绵粉蚧等外来有害生物入侵的威胁。

（三）调运单位和个人检疫法规意识淡薄

据统计：黄岩区2007年以来的鲜活农产品调运，因受“绿色通道”凭检疫证书免收过桥过路费政策的刺激，办证率比较高，2007—2009年年平均办证近1万份，数量达4.65万t；相对应的水果类苗木调运，2007年经检疫调往外地的有148.81万株，2008年却只有51.14万株，比上一年减少65.63%，2009年也只有54.22万株，这3年产地检疫调查生产的苗木数量基本相同，无证调运现象相当严重，而种苗的无证调运危险性更大。这与交通发达与承运人法制意识淡薄直接相关，对于承运人（物流企业、个体运输户、快递公司）违规承运在法律上没有严厉的处罚措施，因而在思想上轻视检疫法规。近几年，在浙江省新发现的柑橘黄龙病、柑橘小实蝇等是因为水果及苗木的违法调运而传入，加之在疫情初发时没有引起足够的重视，错失防控有利时机，导致严重为害。

（四）植物检疫水平有待提高，力量有待加强

县一级的专职检疫员调动比较频繁，有些专职检疫员刚熟悉检疫业务却又被调走，加上植检机构所接触的都是一些新传入的检疫性有害生物，需要不断学习业务技术。县级植检机构大多是2、3人在从事外来有害生物的监测与检疫防控及检疫签证工作，有的县级检疫机构虽然有专职植物检疫员2、3人，但是真正专职的却只有一人，甚至还是兼职的。技术力量薄弱，在工作中难以应付越来越多的检疫任务。

二、加强县级植物检疫工作的建议

（一）建立统一的植物检疫体制

突出植物检疫的社会管理和公共服务职能，实现机构、编制、人员、经费、装备到位。首先，要规范机构名称和确定人员性质。县级机构直接从事具体工作，在事业单位机构改革过程中，应将植物检疫机构列入监督管理类，参照公务员管理，经费足额拨款，解决后顾之忧。新进人员实行准入制度，按照专职检疫员条件综合考核，公开招聘，提高植物检疫机构社会地位。其次，要完善植检基础设施建设，争取上一级部门及县一级政府的支持，彻底改变一些县级检疫机构的现状，要实现对外有名称、牌子，有法人、编制和单独账户；对内有单独办公场所，有专职人员，达到机构规范化。再次，同级农业主管部门要保持植检队伍稳

定，使植检工作人员专业化、专职化。

（二）建立健全植物疫情监测预警网络

建立农业植物疫情监测与预警体系，国家农业植物检疫机构应与负责外检的进出境检验检疫机构协作，互通国内外植物疫情信息，由农业部植物检疫机构统一部署，在境内设立疫情监测网，进行实时监测，并通过网络专线及时上传，便于掌握全国的疫情动态，作出防控预警。县级植检机构负责当地的疫情监测与防控，同时应制订外来入侵有害生物灾害预警与防控应急预案，一旦有重大突发性外来生物灾害，植检部门及时发出预警，政府启动应急预案，争取在最短时间内有效控制其发生和蔓延。建立快捷、多渠道、协调的应急报告制度和及时、准确的信息发布机制，实现疫情信息资源共享。

（三）修订和完善植物检疫法规

随着社会经济的发展，现行的《植物检疫条例》是国务院于1992修订发布的已不适应变化了的形势，需要进行修改。如《植物检疫条例》第九条规定，必须检疫的植物和植物产品，交通运输部门和邮政部门一律凭植物检疫证书承运或收寄。但是，现在大部分私营的物流企业和快（速）递公司，都在从事该项业务，《植物检疫条例》却没有明确涵盖这些物流企业和快（速）递公司，对它们没有约束力，即使这些公司违反检疫法规，也没有相对应的罚则可以对其处罚。

（四）要重视植物检疫执法

近几年来，面临复杂多变的植物疫情形势，国内植检机构偏重于疫情普查、疫情监测、疫情阻截、疫情预防、疫情铲除，以及检疫性有害生物的科学研究工作。为进一步强化与规范种苗检疫管理，加快构建长效监管机制，切实履行法律赋予的行政强制与行政处罚的职责，做到有法可依，违法必究，执法必严。从2009年开始在台州市全面实施种苗检疫监管“3321”行动（即“三书”“三查”“二制度”“一台账”），相信经2～3年努力，使种苗检疫走上法制化、规范化轨道。

（五）提高植物检疫队伍素质与业务水平

将植检从业人员锻炼成既懂法律、又精业务；既原则性强，又政策水平高；既办事公正，又执法能力强的综合人才。专兼职植检员要加强自身学习，及时适应随时变化的植物检疫形势。面临国内外多样而复杂的外来有害生物入侵的危险，各级植检机构应经常组织专兼职检疫员，进行法律法规培训和行政处罚实例培训，举办知识竞赛，召开案例分析会，提高其法律水平和执法技能；以举办专题讲座、检疫技术培训、学术研讨会等形式更新知识，提高其技术水平。开展对专职检疫员的年度考核，对连续3年考核不称职的，将其调离植检岗位，这样可促使其自觉学习，积极工作，做一名有作为的植检人。

（六）强化调运检疫管理

加强源头管理，在种苗调运旺季，植检机构派出专职检疫员，穿着检疫制服，到种苗产地开展巡查，发现违法调运的给予行政处罚。发动民众举报，对举报者保密，并给予适当的经济奖励。大力提倡行业自律，对诚信经营，自觉遵守检疫法规的企业和大户，建议有关部门在企业登记、银行贷款等方面给予优待，植检机构可以提供上门服务等，促进种苗经营单位或个人自觉接受检疫管理。

（七）建立健全统一的监管机制

全国植物检疫网络化管理工作平台的开发和应用，实现了资源共享。各级植检机构通过网络平台，可以了解各种数据信息，如：各省补充的检疫性有害生物信息，疫情分布、疫情监测与普查工作信息，产地检疫与调运检疫信息等。既掌握了各地信息，又实现了对调入的植物和植物产品的追根溯源。同时，要完善网络化管理工作平台的功能，使其内容更丰富，上网查询更便捷。

原　载：《农业科技通讯》2011年第2期。

论文八：柑橘植保服务组织开展专业化服务探析

余继华　张敏荣　卢　璐　陶　健　杨　晓

（浙江省台州市黄岩区植物检疫站）

摘　要　本文对黄岩橘都柑橘植保服务专业合作社开展柑橘病虫害专业化防治的做法和所取得的成效进行了阐述，剖析了存在的问题，提出了建议。在实践过程中，植保服务组织通过土地流转方式流转橘园作为生产示范展示基地，把专业化防治服务与柑橘生产销售紧密结合，并注册商标，同时举办橘花节和柑橘采摘节，增加经济收入，为合作社注入活力，这种以农哺农、服务与经营相结合的新模式对各地有借鉴作用。

关键词　柑橘植保　服务组织　做法与成效　问题与建议

中图分类号　S436　**文献标识码**　B

对农作物病虫害开展专业化防治是适应新形势发展起来的新型植保服务组织，但是由于受农民素质、服务规模和缺少政府扶持等因素制约，大多数植保专业合作社，盈利低，难以发展壮大。笔者通过对黄岩橘都柑橘植保服务专业合作社的多次调研，认为只要创新服务模式，走以农哺农之路，植保服务组织就会有生命力。该合作社在开展柑橘统防统治和代防代治的同时，通过土地流转方式，流转橘园7.73hm^2，作为合作社的柑橘生产基地，把植保专业化防治服务与柑橘生产销售紧密结合，基地既是专业化防治效果的展示平台，又为自身发展增强了后劲。合作社注册了“奥味”牌黄岩蜜橘商标，拥有一支26人防治作业队伍，机动和担架式喷雾机22台，运输汽车一辆，经营办公场地200m^2。开展柑橘统防统治与代防代治

37hm²，示范辐射面积200hm²。对该合作社开展专业化服务方法进行探析，旨为柑橘植保服务组织更好地服务“三农”提供参考。

一、柑橘植保服务组织开展专业化服务的主要做法

（一）创建一种模式

柑橘植保服务专业合作社如果仅仅依靠统防统治和代防代治的收入是难以生存的。合作社为了求生存，谋发展，采取以农补农的方法，通过土地流转形式，把原来半失管和弃管的橘园7.73hm²流转到合作社名下。这样，合作社拥有了自己的柑橘生产基地，在生产基地上推广绿色防控技术，减少农药使用次数与使用量，提升橘果品质，注册的“奥味”牌黄岩蜜橘，定位于中高端产品，通过礼品与专卖店、超市渠道销售，提高了种橘的经济效益。这种融植保专业化防治服务与柑橘产销一体的新模式，既扩大了合作社的影响力，又为合作社增加了经济收益。另外，合作社位于黄岩澄江街道中国柑橘博物馆附近的柑橘观光园，介于国家级风景区天台山、雁荡山之间，凭借区位优势，通过举办“橘花节”“黄岩蜜橘采摘节”等农事节庆活动，每年接待上海、杭州等地游客在1万人次以上。这不仅弘扬了“橘文化”，还为合作社增加了经济收入。

（二）成立一个专业服务组织

开展柑橘病虫害专业化防治，技术要求高、风险大、劳动强度大。2008年，黄岩橘都农资物流配送中心发起创建了浙江省首家柑橘植保服务专业合作社，注册资金500万元，会员130户，主要由柑橘种植大户、农民技师、农资经营人员、防治作业人员等组成。合作社把植保技术平台和农资物流配送中心的农资连锁经营平台有机地结合起来，做到“技物结合”，所承担的统防统治和代防代治工作开展比较顺利，效果好，橘农满意度也高。

（三）组建一支作业队伍

植保作业队伍是做好专业化防治工作的关键。合作社成立初期，对防治队人员的选配，

省植保局领导调研专业化防治柑橘木虱　　柑橘植保专业队防治柑橘病虫害

注重整体素质，要求其热爱柑橘病虫害防治工作，责任心强，身体健康，吃苦耐劳，有一定文化知识和实践经验，年龄不超过60周岁。按照这一要求，组建了一支26人的防治队，为合作社开展柑橘专业化防治提供了可靠的保障。同时，合作社还重视防治作业人员的业务培训，请专家讲解柑橘病虫害防治知识和植保机械知识，以及如何科学、安全、合理使用农药等。

（四）突出一个展示平台

合作社在农技部门的指导下，发挥自身技术、植保器械和人员优势，防治队能在较短的时间内完成作业任务，真正做到统一时间、统一技术、统一药剂、统一行动，确保防治质量，提高防治效果。柑橘主要病虫害，尤其是柑橘检疫性病害——柑橘黄龙病一直处在零星发生状态。展示平台向广大橘农展示了专业化防治的效果，从而吸引了更多农民采用专业化防治。目前，合作社承担的专业化防治范围从凤洋村扩大到山头舟、仪江、星江等村，辐射面积达200hm^2。另外，合作社承担的黄岩区柑橘黄龙病防控示范区建设成效显著，2011年9月，台州市植物疫情防控示范区建设现场会在合作社专业化防治区召开；2012年10月全国农业技术服务中心植检处同志到柑橘黄龙病防控示范区考察，给予肯定。

（五）建立一本防治档案

合作社在开展服务前与农户签订服务协议，明确双方的责任和义务。要求作业队填写服务档案，对每次防治时间、防治对象、用药情况等详细记录，建立明细台账，对进出的农药进行登记造册，一旦发生药害和防效不好等问题，可以及时追溯到防治的各环节，便于采取补救措施。

（六）规范一个收费标准

根据测算，合作社对参加专业化防治橘园全生育期病虫害防治次数与用药量，包括部分叶面肥的使用，向农户预收农药费及工本费750～1 500元 / hm^2，或5元 / 株，实际费用在年终防治结束后统一结算，收取的经费用于支付农药、作业人员的报酬和植保机械的维修等。

二、柑橘植保服务组织开展专业化服务主要成效

（一）提高了防控效果

在专业化防治区，在科学用药与精准用药的同时，推广生物防治和物理防治等绿色防控技术。在橘园悬挂黄板，诱杀柑橘木虱和果蝇；挂捕食螨，实行以螨治螨；安装太阳能杀虫灯，诱杀趋光性害虫；使用高效、低毒、低残留农药。近几年来，在示范区很难查见柑橘木虱，柑橘黄龙病病株率一直控制在1%左右，没有发现柑橘溃疡病，柑橘黑点病、柑橘疮痂病、柑橘锈壁虱、红蜘蛛等病虫害发生都控制在经济允许水平以下。

（二）达到了农药“三减”

1. 减少了用药次数

据调查农户自行防治的橘园每年农药使用次数9次，专防区使用7次，较农民自防次数减少2次。

2. 减少了用药量

农民自防区平均农药成本7 800元/hm^2，专防区平均农药成本6 000元/hm^2，较农民自防区成本减少1 800元/hm^2，由于农药使用次数与使用量减少，从而降低了农药面源污染。

3. 减少了用药工本

农民自防橘园施药工本按平均750元/(hm^2、次)计算，则全年施药工本为6 750元/hm^2，专防区施药工本按实际用工平均463.05元/(hm^2、次)计算，全年施药工本费为 3 241.5元/hm^2，比农民自防用工节省3 508.5元/(hm^2、年)。

(三)增加了经济收益

合作社在柑橘观光园开展柑橘病虫害统防统治，对柑橘生产全程管理，通过增施有机质肥料，培育了理想树势，提高了产量，提升内在品质和外观品质，橘果商品性明显优于橘农自防区，价格也高于一般的橘果。据调查，合作社生产的橘果价格在10～20元/kg，还供不应求，而自防区价格在5～7元/kg，差价大，经济效益显著，同时还带动了周边橘农的种橘积极性。

(四)提高了社会效益

黄岩柑橘产区由于民间经济比较发达，大部分都是兼业橘农，白天在企业上班，一般利用早、晚空余时间进行病虫害防治。使用农药也有盲目性，农资店卖给什么药就喷什么药，农药不对口、使用超量的情况时有发生，柑橘病虫害得不到有效控制，同时还影响了柑橘园的生态环境。合作社根据病虫情报，开展统防统治，防治时间准确、部位精准、用药对口、效果好。这样既解决了兼业橘农防治病虫害的盲目性，又能使他们安心在企业上班，消除了后顾之忧。

三、柑橘植保服务组织开展专业化服务存在的问题

(一)土地流转缺乏保障

合作社在柑橘观光园通过土地流转的方式为政府承担着7.73hm^2景观橘林的全程管理，在流转之前这些橘园树势弱、产量低和品质劣。流转以后，合作社聘请柑橘生产专业技术人员，精心管理，使柑橘树势得以恢复，产量得以提高，品质得到提升，橘果价格提高，种橘效益明显。加上每年举办柑橘采摘节，大量外地游客买票进入柑橘观光园采摘，大大提高了种橘的经济效益。在经济利益驱使下，有些橘农不讲信用要求将原来被流转出去的橘树要回去；有些橘农甚至在柑橘采摘节设置路障，阻止车辆进入，严重影响了正常的柑橘生产管理和橘文化展示活动。

(二)缺少政策扶持

柑橘病虫害专业化统防统治关乎农产品质量安全和橘园生态环境，虽然专业化统防统治农药费用支出减少，但其他费用增加，如机动喷雾器、杀虫灯投入较大；运行中，维护维修费、燃油费、机手工资等费用，就合作社自身而言前期投入大，收益慢，效益低。另外，还承担黄岩农业植物疫情防控示范核心区的疫情防控工作。植物疫情防控对检疫性有害生物实

行零容忍，只要有发生就要进行防控，这样就增加了防治成本。

（三）缺乏专业化统防统治质量评估或仲裁机构

植保专业合作社对柑橘病虫害进行统防统治或代防代治，防治质量没有量化的评价标准，合作社与农户之间的矛盾与纠纷时有发生，一旦发生矛盾与纠纷又没有第三方机构调解与评估，导致矛盾激化，影响社会稳定。

四、柑橘植保服务组织开展专业化服务建议

（一）出台土地流转的相关政策与法规

在人多地少的沿海经济发达地区，兼业农户数量已经越来越多，农业的收入占农民总收入的比例越来越少，有大量农地闲置或粗放经营；加上目前土地制度下，土地分散到户，一家一户的分散经营，难以形成规模化生产，只有通过土地流转，把分散在一家一户的零星土地集中起来形成一定的规模，才会使农民有一定的经济收入。土地流转是一种新型的农地经营方式，因此，建议出台土地流转的相关政策，加快构建新型农业经营体系，鼓励承包土地经营权向新型经营主体流转，既要保障被流转农户的利益，也要保护流转组织的利益，督促被流转的农户信守流转合同。

（二）加大政策扶持力度

专业化统防统治是贯彻“公共植保，绿色植保”的有效载体，政府要从提高农产品质量安全水平，保护生态环境，支持农业发展，促进农民增收的角度出发，把统防统治与种粮补贴一样列入扶持内容。政府要加大对植保服务组织开办资金、统防统治补助政策、培训资金、植保机械、制订政策性保险等方面的支持力度，提高统防统治的补助标准和通过对购置植保机械全额补贴或贴息的方法，扶持专业化统防统治服务组织健康发展，推进植保现代化。

（三）建立监督和评估机构

农业行政主管部门依法成立专业化统防统治和监督与评估机构，依法对专业化统防统治服务组织实施检查，督导和惩戒，对服务组织的服务质量、服务能力等方面进行客观评估。对服务规范、信誉良好的专业化统防统治组织，应当向社会推荐并重点扶持；对服务不规范、信誉不好的予以批评教育、限期整改，情节严重的，取消相关扶持措施、收回扶持资金和设备，构成违法的，还应当依法追究法律责任。专业化统防统治服务组织与农户签订统防统治或代防代治合同时，要约定主要病虫害具体的控制指标，当合同双方发生纠纷时由第三方农业生产事故仲裁委员会作出仲裁结论，及时化解矛盾，维护双方的利益。

原　载：《农业灾害研究》2014年第1期。

论文九：日本现代农业和我国农业的发展思路

余继华

（浙江省黄岩植物检疫站）

摘　要　为探索我国沿海经济发达地区农业发展模式。本文以在日本研修期间的所见所闻和所搜集资料为主要素材，分析了日本现代农业具有规模农业、效益农业和组织化程度高等特点；同时对日本农业存在的农业劳动者老龄化严重、粮食自给率低和农药使用量高等问题进行了剖析。我国南方沿海地区经济比较发达，人多地少矛盾突出，与日本的农业发展有着相似之处。据此提出了农业机械化、科学化、产业化、集约化以及提高农业劳动者科技素质等是今后我国沿海经济发达地区农业发展的方向。

关键词　日本农业　沿海农区　发展思路

中图分类号　S-9　**文献标识码**　B

1992年5月，受中国农学会的派遣，赴日本国福岛县喜多方市作农业考察研究。喜多方市位于日本东北地区，只有37 000多人的小型城市，耕地面积4 230hm^2，其中水稻面积2 890hm^2，蔬菜面积387hm^2，耕地利用率达96.1% 。农业总产值为85.93亿日元，工业总产

余继华在日本研修时与当地农协成员合影

值为919.52 亿日元。接受我的农家是该市熊仓町农协理事，专业农户，经营农地规模，水稻和旱地共10hm^2。种植农作物主要有水稻、番茄、大麦等。1992年12月顺利结束在日本的研修任务，回到祖国。在日本期间工作在最基层，亲身体验农家生活，并注意收集整理农业方面的有关资料，现就日本规模农业的现状作如下综述。

一、日本规模农业的特点

(一)农业经营者有充分的自主经营权

日本的农家根据自己所掌握的栽培技术、市场的变化和农协指导性的计划，经营自己的农地。也就是说，农民在自己的耕地上，想种什么就种什么，不受国家指令性计划的限制。生产的农副产品却全由所在地的农协负责销售。

(二)多种经营和集约经营

在日本研修期间，接触了各种各样的农家，他们都根据市场的供求情况，种植多种作物。例如，以种植水稻为主的农家，同时还种有番茄、芦笋、黄瓜等两种或两种以上作物。根据作物生长季节充分地利用自然资源调节农事，当某一作物栽培管理进入农闲阶段时，另一作物却是栽管的忙季。在整个农作物生长期间，总要投入较大的资本和劳力，力争在单位面积上有好的收成。

(三)规模农业

随着第二、第三产业的发展，农业劳动力逐渐减少，势必要促使农业作业机械化以取代手工劳动。机械化的实现，劳动生产率随之提高。种植规模的扩大又提高机械利用率，单位面积生产费用降低，营农收入相应提高。以1hm^{2}为计算单位，不满0.3hm^{2}的劳动费用指数为100，1.5～2.0hm^{2}为61.6；5hm^{2}以上的为41.4，与0.3hm^{2}的相比不足1/2。农机具费用的指数不足0.3hm^{2}的为100，1.0～1.5hm^{2}的为80.6，5hm^{2}以上者却降至53.3。随着耕作规模增大，每公顷收入相应增加，经营0.3hm^{2}的收入为38万日元，3.0～5.0hm^{2}的为93万日元。1天的劳动所得，随着耕作规模的增大而增加，不足0.3hm^{2}的1天的劳动所得只有337日元，3.0～5.0hm^{2}的为12 505日元。所以，日本农户的经营规模一般都在3.0hm^{2}以上。农林水产省在1992年6月发表的农业发展目标当中，到2000年以种植水稻为主的农家，1户的经营规模朝10hm^{2}的目标发展。

余继华在日本作农业研修

（四）农业作业的高度机械化

随着工业和服务性行业的发展，农业人口不断减少，这样促进了农业机械的普及。一般农户都有农用拖拉机、插秧机、收割机、干燥机等各种农业机械。同时，国家采取低息贷款的方法，鼓励农民购买大型先进的农机具。据1989年统计，每100户农家拥有插秧机52.6台、收割机30台、干燥机33台以上。从育秧到本田翻耕平整、施肥插秧、农药撒布、收割及脱粒、稻谷干燥和加工等全都实现了机械作业。在此基础上，对于一些流行性的病虫害，还采用直升飞机空中喷药防治。

余继华在日本作农业研修时学开收割机

日本农业

（五）农业的高收入

农业机械的普及，生产效率的提高，种植规模的扩大，单位面积投入的劳动时间减少，农民收入增加。据资料，1990年1hm^{2}水稻投入的劳动时间为420h，与1950年相比减少1 822h。同时还因提高了农副产品的价格，使农民的收入高于一般的工人和商人。以种水稻为例：1hm^{2}能收6 000kg糙米，60kg的米价格为21 300日元，1hm^{2}的收入为213万日元，减去成本81.1万日元，这样一季的纯收入为131.9万日元。若种植10 hm^{2}单季水稻，就能获得1 319万日元的纯收入。

余继华在日本研修时在听课

（六）具有一支有文化懂技术的种田队伍

日本的农民基本上具有高中以上文化程度，他们自身就有学习和掌握先进农业技术的基础。当地农协还根据农作物生长季节，经常组织会员（农民）到外地进行有针对性的参观、考察，学习引进先进的栽培管理技术。

二、日本农业面临的问题

（一）农户数减少

根据日本农林水产省农业调查报告，农户数从1990年的383.5万户减少至1991年的378.8万户，仅1年就减少4.7万户。第一种兼业（以农业收入为主）农家也减少，1990年52.0万户，1991年48.3万户，减少3.7万户。本人在日本的研修地喜多方市总农家户数从1985年的2 604户减少到1990年的2 363户，5年间共减少241户，专业农户与第一兼业农户分别减少35户和255户，第二兼业（以其他收入为主）农家却增加了49户。

（二）稻米自由化的冲击

日本农业的支柱经济是稻谷生产，大额的贸易顺差，西方国家要求日本开放稻米市场。如果实行稻米贸易自由化，外国生产的廉价（只有日本国内粮价的1/5）稻米将不断涌入日本市场，日本国内生产的稻谷价格会急剧下降，将会严重损害农民的利益，农业将面临萎缩，同时也严重威胁着日本农业的发展。

（三）农业劳动者的老龄化和妇人化趋势严重

日本农业田间劳动的几乎全是老人和妇人，据1990年统计，全日本60岁以上的农业就业人口占全体农业就业者的41%，1991年全国农业就业人口538.9万人，其中妇女劳力就有318.3万人，占59.1%。如福岛县1980年农业田间劳动年轻者有33人，1992年却只有4人。

（四）农产品自给率低下

1990年日本全国谷物消费量为3 958万t，实际生产量只有1 182万t，自给率只有30%，面粉自给率为16%，大豆自给率却更低只有9%，这在发达国家当中自给率是属于相当低的。

（五）农药使用量过多

根据农药销售资料和各种作物栽培面积统计分析：1991年全日本水稻耕作面积为203万 hm^2，每公顷的农药使用量为135.5kg。1990年蔬菜种植面积为62万 hm^2，每公顷的农药使用量为161.3kg，果树种植面称为35万 hm^2，每公顷农药使用量为114.3kg。

三、我国农业的发展思路

（一）保持农业政策的长期稳定

农村实行承包责任制后，土地使用权已归农民所有。农民所担心的是农业政策的多变。因此，保证农业政策的长期稳定，解决农民后顾之忧，他们就会有长远的规划，对农业进行长期性的投资。如农田基本建设、购置农业机械、规模农业等。

（二）调整作物布局，对农产品实行优质高价

随着商品经济的发展，人们生活水平普遍提高，消费观念有所变化，食物结构亦随之而异。过去那种温饱型的农业，已不适应市场经济的发展，农作物品种应该朝优质、高产、高效方向发展，尤其是优质显得特别重要。而且优质品种的推广，应该实行市场调节，由消费者来确定，消费者不欢迎的农作物品种是没有推广价值的。

（三）鼓励农民搞规模农业

规模农业，不仅仅是扩大种植面积，而且应该提高劳动生产率，降低单位面积成本，提高经济收入。如果仍延续传统的手工劳动，其结果是规模扩大了，风险增大了，效益减少了。因此，在扩大规模的同时，逐步实现农地作业的机械化。国家应该扶持建立个体农场，并在资金上给予低息或无息货款的方式，鼓励农民购买先进的农业机械。同时，农业机械研究部门要研究开发谷物干燥机械，解决晒粮难问题。

（四）充分发挥农地经营自主权

这种经营自主权，不光局限在农产品买卖的自主权，更主要的是农民种植何种作物、什么品种、规模大小，应由农民自主决定，充分发挥市场经济的调节作用，提高农民的种田积极性。

（五）建立农业协作组织

这种组织不是以前曾实行过的田间劳动的协作，而应该扩大到生产、供应、销售、服务。建立一个民间机构，这个机构的决策者由农民组成，这样农协组织的命运，也就是他们自己的命运，不受行政干预。

（六）加强农业立法、实行以法治农

随着改革开放形势的发展，市场经济已经确立，过去长期以行政命令支配下的农村经济，已不能适应商品经济的发展，农业大国将面临着商品经济浪潮的冲击，农业形势十分严峻。因此，国家应以法律、法规的形式来保证农业的稳定发展，维护和保障农民的合法利益不受侵犯。

日本农业组织化程度很高，农协会员享有充分的自主经营权，所生产的农产品全部由农协负责销售；农民知识化水平比较高，种田实现全程机械化，通过扩大种植规模与高粮价提高专业农民收入。但是，日本农业受稻米自由化的冲击严重，农业老龄化和妇人化，以及粮食自给率低而导致的粮食安全问题突出。我国南方沿海经济发达地区，人多地少，农民种粮的比较效益低积极性下降，让职业农民通过土地流转扩大种植规模；增加农业机械补贴，鼓励职业农民购买农业机械，提高机械化水平；建立集生产、销售、供应和服务为一体的农村经济合作组织，提高组织化程度；提高农产品价格，让职业农民经济收入不低于公职人员，激发他们的种粮积极性，实现农业的可持续发展。

原　载：《浙江农业科学》1994年第3期。

论文十：黄岩农民收入影响因子及实现增收的对策与建议

余继华 钟硕红

（浙江省台州市黄岩区农业局）

摘 要 结合当地实际对影响黄岩地区农民收入的农业因素与非农业因素进行了剖析，提出了实现农村居民收入的有效措施，即发展特色品牌农业，不断提升产业层次；加大财政投入力度，发展农村社会事业；采取各种有效措施，有序转移剩余劳动力和扶持中小企业发展，增加农民就业机会等对策与建议。

关键词 农村居民收入 影响因素 实现增收 对策 黄岩

中图分类号 S-9 **文献标识码** B

影响农民收人的因素有很多，根据不同的划分办法可以划分为不同的类型。笔者在考察台州市黄岩区农民收入情况时，把影响农民收入的因素分为两个方面，即：内部因素（农业因素）和外部因素（非农业因素）。而增加农民收入则是一个长期而系统的工程，既要考虑当前，又要着眼长远。文章以“十二五”规划中“拓宽农民增收渠道”为基点，着重对影响农民收入的因子与实现农民增收的对策进行了研究，并提出实现农民增收的建议。

一、影响黄岩地区农民收入的因子

（一）内部因素

1. 农业产业化程度低，传统产业严重衰退

黄岩区农村耕地面积11 640hm^2，农民49.27万人，人均耕地只有200m^2，很难形成一定的生产规模。一是品种结构不尽合理。大路农产品较多，名、优、特品种较少，难以适应当前城乡居民多样化、高质量消费的社会需求。二是销售渠道不畅。现有的几家农副产品配送中心与合作社、生产大户的信息对接不够，销售配送面难以扩大。三是农业科技的发展相对滞后。农业科技人员缺乏，科技项目难以开花结果，成果转化率低。四是农业抗风险能力低。五是传统产业衰退严重。以柑橘为例，1978—2008年，全区柑橘产量从占全国总量的60%衰退到0.3%，而且品质也有所下降。

2. 农业生产成本增加，农产品价格波动大

农业生产成本与农产品价格因素是影响农民收入的重要因素之一。2011年种粮大户早稻直接生产成本合计约17 550元/hm^2（含田租3000元），按平均亩产350～400kg、订单收购价2.8元/kg计，总产值15 000～16 500元/hm^2，农民种早稻的纯收益是靠各级政府补贴获得的。柑橘喜获丰收，可价格却跌至农民寒心的地步，出现大量成熟的橘子挂在树上无人采摘，农

民增产不增收，同时造成大片橘园失管。上述情况一方面直接影响农民收入，加大了农民增收难度；另一方面影响农民生产积极性，影响将来的农产品供应。

3. 农村社会事业落后，农民增收难以为继

长期的投入欠债造成农村各项事业已越来越不适应经济发展的要求。农村教育的落后，使农民的科学文化素质很难提高，造成农民人力资本不足，难以有效参与市场竞争，提高收入；不合理消费、投资的盛行，特别是建房，在黄岩农村往往一代人要建几次房，贷款借债建房现象比较普遍，造成家庭负担加重，生活质量难以提高；农村医疗卫生落后，"因病致贫"等现象突出；道路交通状况较差、电力通讯落后等。这些都影响了农村经济和社会的进一步发展，阻碍着农民收入的提高。

4. 生产组织形式落后，难以形成规模效益

传统的农业生产组织经营分散，集约化程度低。家庭联产承包责任制虽解决了农民的温饱问题，但一家一户的分散生产，导致生产成本的增加，不易形成规模化生产和形成规模效益，难以获取社会平均利润率。由于人多地少，土地资源有限，这就决定了农业生产经营难以采用规模化、现代化的手段。由于生产单位小，投入能力差，技术落后，劳动生产率低，难以形成专业化经济。由于投人产出水平低的状况没有解决，农业一直没有走入自我发展壮大的良性循环中，此外，工农业产品"剪刀差"的再度扩大也成为影响农民增收的不可忽视的因素。

（二）外部因素

1. 剩余劳力转移困难，延缓农民增收脚步

随着经济的发展，农户家庭经营来源于非农产业的收入本应占有一定的比例。但从近几年态势看，城市就业压力增大，对农村剩余劳动力的吸纳能力在下降。黄岩农村大量剩余劳动力滞留在土地上，影响了农业劳动生产率的提高，加上受金融危机的影响，工资性收入很难再成为一个强增长点。如果农村家庭经营工业再不破冰而出，那么农民兄弟增收的脚步势必将被延缓。经过前几年农村劳动力大规模转移，目前农村劳动力转移基本上处于一个相对稳定、调整的阶段，进一步转移的困难较大。

2. 中小企业贡献减弱，农民增收空间缩小

中小企业（原称乡镇企业）的异军突起一度为黄岩农村经济的发展、农村剩余劳动力的转移和农民收入的提高做出过重大的贡献。但是从20世纪90年代中期以来，随着市场经济体制改革不断深化，经济增长方式转变，市场供求关系发生了根本性的变化。国内外市场竞争加剧，农民家门口的企业遇到了严峻的挑战，结构性矛盾在新的形势下再次明显暴露。主要表现为：产业层次与产品档次低，技术含量少；企业规模小，布局分散乱，产业结构趋同；发展激励机制缺少，发展动力不足；管理水平低，企业自身素质提高不快等。

3. 农村劳动力素质较低，影响农民收入增长

长期以来，农民的智力投资偏低，影响了农民素质的提高。而农民素质的高低和农民收入的高低直接相关，这一点在非农产业中表现得十分明显。近年来，由于黄岩二、三产业结构调整力度加大，大批新兴产业对劳动者素质的要求不断提高，机器换人已成为发展的趋

势，使原来许多可以在城市就业的低素质层次的农村劳动力难以适应新的需求。相对收益下降，甚至因无法找到工作而被迫返乡，影响了农民的非农收入。

二、促进黄岩地区农民增收的对策和建议

（一）发展特色品牌农业，不断提升产业层次

1. 继续发展传统创汇农业

黄岩蜜橘驰名中外，为世界柑橘始祖地之一，具有2000多年的悠久历史，在唐代便被列为朝廷贡品，现有180多个品种品系。从20世纪80年代主栽的5大品种（即早橘、槾橘、朱红、本地早、乳橘）发展到现在以本地早、温州蜜柑为主。出口柑橘罐头是黄岩区农业大宗创汇商品，始于20世纪50年代末，糖水橘片罐头主要出口日本、美国，少量出口到欧洲，创造了巨大的经济效益。1996年黄岩就被命名为“中国蜜橘之乡”，列为农业部全国优质柑橘生产基地，其中黄岩蜜橘连获1995年、1997年两届全国农业博览会金奖和多届中国国际农业博览会名牌产品。要充分发挥这些黄岩特有的“无形资产”和黄罐集团出口量为“全国第一罐”的优势，下大决心，努力扶持，继续发展这一传统特色创汇农业。

农民采摘黄岩蜜橘

2. 大力培育品牌营销农业

除了拥有驰名中外的特产黄岩蜜橘外，黄岩还盛产东魁杨梅、枇杷和荸荠等名特优农产品，已形成一定的区域优势和产业特色。应大力培育品牌农业，加强市场营销，并尽快把现有的品牌农产品打出去（如“晨阳牌”番茄、“红耘牌”西瓜、“九峰牌”柑橘和“东祖牌”杨梅等），由政府组织举办柑橘节、杨梅节、枇杷节和番茄节等，借力现代发达的物流，到大中城市设立优质农产品直销处，与各大中城市的大型超市联结，拓展上下游市场，进一步做大规模、做大产值、打响品牌，提高在市场中的知名度。整合现有资源优势，充分发挥现有农产品配送中心的作用，扩大配送涵盖面，将具有市场竞争力的品牌农产品，以最快速度、最大数量配送到各经营客户。

3. 提高产量和产品附加值

结合农业“两区”建设，积极创新农作制度，推广先进适用技术和高产高效的种植模式。积极发展农产品加工业，加强与高校科研机构合作，推进农产品加工业结构升级，支持农产品加工企业开展产品研发和技术改造，提高农产品精(深)加工水平，提高附加值。如台州快眠宝科技寝具有限公司，利用黄岩西部山区毛竹资源丰富，生产竹纤维家纺系列产品和竹丝凉席，既提高了毛竹的附加值又解决了山区农民就业问题，提高了农民收入。富有黄岩特色的本地早蜜橘通过分级加工，每千克价格从4元提高到10元以上，有的甚至更高达20元以上，橘农种橘效益显著增加。

(二)加大财力支持力度，发展农村社会事业

1. 加大各方财力支持，拓宽农民收入渠道

拓宽农民收入渠道、增加农民收入途径需要投入大量财力来启动，这是政府一项长期重要而艰巨的任务。一是要在做好农村建设规划、服务同时，吸引各方财力投入新农村建设。二是要增加种粮补贴(良种和种粮面积补贴)、农机具补贴和农资补贴、农业专业化生产组织补贴等。三是要鼓励工商资本和民间资本投入农业产业化发展。四是各级政府机关、国有企事业单位大力压缩行政支出，厉行节约，将剩余的财力用于农村建设。五是要适当控制城市建设项目，特别要制止耗资巨大的形象工程，以及与经济社会发展、与农村稳定不协调的项目。

2. 加强农村社会保障，发展农村社会事业

加快推进城乡医疗机构卫生资源优化配置，建立城乡医保一体化和城乡统一的公共卫生服务项目制度，让农民能够享受到与城市居民同等的医疗卫生服务，逐步解决农民“因病致贫”等社会问题。深入实施“低收入农户奔小康”工程，建立“一户一策一干部”帮扶机制。优化城乡教育布局，推进农村教育创强、学校上等级和标准化建设，促进优质教育均衡化。大力发展农村文化体育事业，进一步丰富农民的精神文化生活。以“十村示范、百村整治”

黄岩绿沃川农场蔬菜自动化生产工厂

工程为抓手，加强农村基础设施建设，加强对农村交通道路、水利设施、电力设施、标准农田等方面的建设，进一步改善农村的生产生活条件。

3. 完善农业保险机制，提高风险防范能力

建立和完善农业风险防御体系。一是必须充分认识黄岩地区农业现阶段的新情况、新动向，在制定政策上保持连续性、持久性，建立农业风险的预警系统。二是建立统一的风险基金和农业保护价格制度。当农产品丰收时，政府按保护价格把过剩产品收购起来，形成库存储备，使市场价格不至于下降得太低；而当出现农业歉收时，政府抛售库存储备，平抑市场价格过度上扬。三是积极发展农业商业保险。引导、帮助、组织农户参加农业生产的经营性保险，改变“谁种田谁承担风险”的局面，建立“谁享有农业利益，谁就有义务承担一部分风险”的新机制，实行全社会分担。四是适当发展农业的期货市场，以此确定农产品的“远期真实价格”

4. 推动农民合作创业，带动更多农民就业

鼓励和支持返乡农民、大中专毕业生、青年农民等通过联合和合作的方式开展创业。推广和完善股份合作制创业机制，通过大力发展农民专业合作社、土地流转合作社等方式开展联合创业与合作创业。政府在扶持农民合作创业时不妨参照日本农业协同组合(简称农协)的做法，使农民合作创业真正成为自主、自助、自治、法制化的经济组织，尤其要充分发挥返乡农民的作用，利用他们的资金积累、务工技术和见识开展创业，带动更多的农民就业。

(三)采取各种有效措施，有序转移剩余劳力

1. 积极推进城镇化

发展城镇化可促进城乡之间的要素流动，这体现在以下两点：一是可节约利用资源，尤其是土地资源。二是可降低农村工业化成本，从而为农民增收打好基础。加强区就业管理中心、乡镇街道劳动保障所和就业中介服务机构建设，大力延伸政府就业服务网络。扩大政府就业服务范围，拓宽劳务输出渠道，积极探索政府引导、市场配置、专业化培训、企业化运作、规范化经营、一体化服务的扩大农村劳动力转移就业新路。

2. 大力提高工资性收入

政府应加强政策扶持，把提高农民工资性收入作为增加农民纯收入的主要措施来抓。提高对“打工经济”的认识，建立劳务输出组织和劳务输出网络，把农村剩余劳动力合理有序地转移出去。同时规范劳务中介组织和管理机构，引导农村劳动力有序流动；创办各级各类培训基地，对欲外出务工人员进行有效的职业技能培训，把劳动力转移与小城镇建设结合起来，有计划有目的地组织一批有技术能力、善经营管理、愿意造福当地的外出打工人员回家投资办厂兴业，就地转移劳动力，提高农民工资性收人。

3. 构建统一的就业市场

产业结构的调整，必然吸引大批人口到工业部门就业，而产业结构和城市的发展密不可分，随着工业化的发展，城镇规模必然扩大。越来越多的农村人口将会进入城市，促使城市人口增加，从而引起城乡人口结构发生变化。因此，必须构造城乡统一的就业市场，实现城乡人口的自由流动。这就需要做到以下3点：第一，加快城市部门劳动就业制度的改革，提

高城市劳动力市场的发育程度，真正实现用人单位与劳动者之间的双向选择。第二，培育劳动力市场中介组织，提供服务信息，增强市场透明度，降低供需双方的交易成本。第三，实施较为宽松的户籍管理制度，尽量降低农业剩余劳动力定居城镇的成本，使他们享受到与城镇居民同等的待遇。

（四）扶持中小企业发展，增加农民就业机会

1. 扶持中小企业发展

进一步加强金融保障、帮扶企业解困、优化政府服务，重点支持成长型、配套型、科技型及农业龙头型中小企业，加快经济结构调整和发展方式转变，提升产业层次、开拓创业领域。要积极推动中小企业科技和管理方式创新，支持其引进先进技术、科技人才和管理经验，推动中小企业从数量优势向质量优势转变，使农民就业增收具有深厚的产业依托。

2. 强化农民就业服务

抓好农村劳动力素质培训。多渠道、多层次、多形式加强农村劳动力知识、技能培训。积极培育有文化、懂技术、会经营的新型农民，并鼓励土地向他们流转集中，使农村丰富的劳动力从有限的土地中解放出来，全面提升农民的自我发展能力，促进农民就业增收。以加快培育现代新型农民为着力点，抓好专业技能培训，提升农民增收的能力。农民生活质量和水平的提高离不开中央政策和各级政府的支持、关怀，更离不开自身的努力和素质的提高。

参考文献

[1] 王庆福 . 关于青海省农民增收问题的思考 [J]. 攀登，2008（3）：69-71.
[2] 杜强 . 淮安市农民收入增长问题及对策研究 [D]. 南京农业大学，2006（6）：22-25.
[3] 黄岩人民政府网 .
[4] 蔡晓蔚 . 南京市农民收入增长问题研究 [D]. 南京农业大学，2002，6：8-13.
[5] 陶长琪 . 我国农业经济结构调整的实证研究 [J]. 统计与信息论坛，2001（5）：50-55.
[6] 黄岩统计年鉴 .2005.
[7] 黄岩统计年鉴 .2006.
[8] 黄岩统计信息网 .
[9] 黄岩统计年鉴 .2008-2009.
[10] 刘汉全 . 中国农业剩余劳动力转移的收入效应分析 [J]. 江汉论坛，1996（5）：26-30.
[11] 赵立艳，段丽华 . 对农民增收问题的思考 [J]. 农业经济，2006（2）：58-59.
[12] 张平 . 中国农村居民区域间收入不平等与非农就业 [J]. 经济研究，1998（8）：59-66.
[13] 田野 . 农民收入增幅下降的负面影响、成因及对策思路 [J]. 开发研究，2003（6）：7-9.
[14] 李莉 . 当前农民增收的制约因素与对策分析 [J]. 安徽农业科学，2007（23）：7 306-7 308.

[15] 龚建文 . 在新的起点上实现农村改革发展的新突破 [N]. 江西日报，2008-10-20.

[16] 李芳 . 阻碍农民收入增长的三大制度因素及其变革设想 [J]. 财经理论与实践，2005（7）：93-97.

[17] 韦幼玲 . 新农村建设中制约农民增收的主要因素分析 [J]. 安徽农业科学，2008（14）：6 122-6 123.

原　载：《农业科技通讯》2012 年第6期。

第三篇

入侵黄岩的有害生物

RUQIN HUANGYAN DE YOUHAI SHENGWU

第一章　入侵的细菌类有害生物

第一节　水稻细菌性条斑病菌

一、发生史

1989年在原黄岩市的峰江乡谷岙村和苍西村及蓬街镇的徐三村首次发现水稻细菌性条斑病，当时发生面积4.63hm^2。发现细条病疫情后，原黄岩市人民政府专门下发了黄政〔1989〕239号通令，通令要求组织区、乡(镇)农技人员，发动群众，采取果断措施，对发病的稻草全部就地烧毁，稻谷就近加工，谷糠就地烧毁，仅峰江乡的谷岙村、苍西村两个村就焚烧病田稻草2.4万kg，集中加工稻谷2万kg，烧毁病谷糠0.65万kg，消除了隐患。同时对病区进行了以种子消毒和喷药保护为主的防病灭病综合治理措施，有效地延缓了水稻细菌性条斑病的扩散蔓延，取得了很好的效果，之后只在单季稻和连作晚稻上零星，间歇性发生。据1999年调查细菌性条斑病发生乡镇(街道)10个，面积331.4hm^2；2000年发生乡镇(街道)10个，发生面积694.2hm^2；2001年发生乡镇(街道)12个，发生面积81.22hm^2，发病水稻品种以协优914、协优46、汕优63为主；2002年，全区有9个乡镇(街道办事处)发生细条病，发生面积423.72hm^2；2006年8月，在院桥、沙埠、高桥和茅畲等地发生，发生面积252.8hm^2；2007年在院桥镇、沙埠镇和高桥街道发生面积101.33hm^2；2008年发生面积333.35m^2；2010年和2011年没有发现细条病；2012年发生面积为3.07hm^2；2013—2016年没有发现细条病。

二、病原与症状

(一)病原

薄壁细菌门(Gracmcutes)，假单胞菌科(Pseudomonaceae)，黄单胞菌属(*Xanthomonas*)。学名：*Xanthomonas oryzae* pv. *oryzicola* (Fang et al.) Swings et al。

1918年Reinking首先报道了菲律宾水稻上发生细菌性条斑病；1957年方中达等首次将广东发生的条斑病与白叶枯病区分开来，称为水稻细菌性条斑病。细条病菌除为害水稻外，茭白、李氏禾和许多野生稻等均可受侵染而发病。

（二）症状

水稻细菌性条斑病主要为害水稻叶片，幼龄叶片最易受害。病菌多从气孔侵入，还可由伤口侵入，病斑局限于叶脉间薄壁细胞，初为深绿色水渍状半透明小点，逐渐向上下扩展，成为淡黄色狭条斑，由于受叶脉限制，病斑不宽，但许多条斑可连成大块枯死斑。对光观察，病斑部半透明，水浸状，病部菌脓多，色深，不易脱落。水稻在孕穗期可见到典型病状。

水稻细菌性条斑病叶片症状　　水稻细菌性条斑病症状

三、发病规律与影响因子

（一）发病规律

病原菌多在种子和病草上越冬，成为来年的初侵染源，也是远距离传播的主要载体，新区的发病主要是由于带菌的种子。病田收获的种子、病残株带病菌，为下季初侵染的主要来源。病粒播种后，病菌侵害幼苗的芽鞘和叶梢，插秧时又将病秧带入本田，主要通过气孔和伤口侵染，在侵入的早期病菌仅侵害叶脉间气孔下的薄壁细胞，在细胞间繁殖。环境条件适宜时，从病菌入侵到发病并出现菌脓只需要5～7天时间。因此，水稻生长期间的暴风雨，成为病害在田间扩散蔓延的主要原因。在夜间潮湿条件下，病斑表面溢出菌脓，干燥后成小的黄色珠状物，可借风、雨、露水、泌水叶片接触、昆虫及农事操作等作近距离的蔓延传播。

（二）影响因子

1. 菌源基数

水稻细菌性条斑病在黄岩从初次入侵发病至今有近30年的发病历史了，病原细菌经长期的累积，在自然条件下，只要环境条件适宜，就足以引起病害发生，甚至流行。从1996—2000年细条病的发生情况看：一般首先在老病区发生，如果气候条件适宜，发生面积就大，气候条件不适宜，发生面积就少。例如：黄岩2000年细条病发生面积为694.2hm^2，而1998年发生面积只有38hm^2。但是在西部山区至今尚未发现细条病为害，这可能与自然环境、病原菌基数及栽培制度有关，在黄岩西部山区大多种植单季稻，拔节至孕穗期的气温超过了发病最适温度，相对湿度又比较低，不利细条病菌的侵染有关。

2. 温度与湿度

水稻细条病的发病条件是：最适温度为25～28℃，且必须有2～3天的高温或早晨有露方可引起侵染，在气温低于22℃时病斑即停止扩展，低于16℃时无新病斑出现。根据1996—2000年气象资料结合历年细条病发生情况综合分析（本书 P33表），以黄岩为例，细条病在田间初见期一般年份是8月中下旬，少数年份在8月上旬，病害扩展期在8月下旬至9月上旬。此时的气候条件是：8月下旬日平均气温在26.63～27.39℃，相对湿度除1998年83.84%外，其余年份相对湿度均在87.27～89.27%；9月上旬的日平均气温除1998年为24.23℃，其余年份均在25～26.87℃。从8月下旬至9月上旬温湿度与细条病的发生面积关系分析：1998年8月下旬相对湿度偏低，9月上旬日平均气温只有24.23℃，不适于细条病扩展。1996—2000年细条病的发生面积，1998年只有28hm^2，仅占晚稻面积的0.36%，而其他年份发生面积在328～694.7hm^2，占晚稻面积的3.07%～7.35%。

8月下旬至9月上旬晚稻正处于拔节孕穗期，是细条病的感病期，在有菌源基数的前提下，只要温、湿度适宜，病害就会扩展蔓延。另据温岭市植物检疫站历年观察，从1989—2000年，细条病初见期都在8月中下旬，而此时正好是高温天气，有利于细条病侵染，容易引起发病。

3. 种植感病品种

水稻细条病发生，糯稻比籼稻、粳稻容易感病，杂交稻又比常规稻容易感病。那时在温黄平原种植的杂交水稻品种如协优914、协优46、协优9308、Ⅱ优62—16、协优963、汕优10号等都是比较感病的。据1996—2000年调查：协优914叶发病率在8.75%～53.75%；协优46叶发病率在14.29～87.64%，病情指数高的田块达到49.94；协优9308叶发病率47.27%～90.0%，病情指数在17.50～51.85，发病程度年度之间差异较大。另据1996—1999年连续4年在杂交晚稻品试区调查，所有参试品种都感染了水稻细条病。

四、防控措施

（一）加强植物检疫

加强植物检疫法律宣传，提高广大农民的法律意识，不从病区引种或调种；需要从外地调入种子的，引种单位向所在地植物检疫机构提出申请，植物检疫机构出具植物检疫要求书，必要时可以派人到种子繁育基地进行原产地检疫；病田稻谷禁止留作种用，防止病害的人为传播。

（二）选用抗病良种

育种单位在选育水稻品种时应考虑选择能抗耐细菌性病害的种质资源，培育抗耐病良种，这是防治细菌性条斑病最经济有效的措施；在细条病区病田稻草不还田，病稻草栏肥须经高温沤制后施用，提高水稻生产安全性。

（三）健身栽培措施

结合土壤地力提升工程，增施有机肥，适当增施磷、钾肥，提高植株抗耐病能力。推行平衡施肥法，合理施用氮肥，防止过量、过迟施用氮肥，烤田要适度。在病区防止田水串灌、深灌、漫灌。

（四）种子消毒处理

可用强氯精浸种，强氯精不仅对细菌性条斑病有效，对水稻恶苗病也有较好的效果。方法是先将水稻种子用清水预浸，早稻24h，晚稻12h，经预浸的种子在87%的强氯精300～500倍稀释液中浸泡，早稻24h，晚稻12h，浸后用清水洗净再催芽。或用80%“402”2 000倍浸种24h。

（五）药剂防治

做好发病初期和秧田期的农药防治工作。在病区提倡带药下田，特别是晚稻秧田更要做到这一点，在3叶期及插秧前3～5天喷药保护。每亩用20%噻枯唑（叶青双）WP100～125g，或新植霉素1 000万单位；或用20%噻菌铜（龙克菌）SC 100mL；或用90%稻双净125g，或用1 000万单位农用链霉素10g，或用1%中生菌素AS 50mL，对水50kg喷细雾，隔7天喷一次，连喷2次或3次。

第二节　柑橘溃疡病菌

一、发生史

柑橘溃疡病是国内植物检疫性病害，黄岩于1955年从南方引入柑橘类苗木开始发病，但当时以栽培抗病的宽皮橘类为主，当时属于零星发生，发生面积很少，该病发生为害程度轻，故一直未引起生产和科研单位的重视。进入1980年代以来，大力发展玉环柚、四季柚、胡柚和甜橙类等名、特、优品种，这些品种极易感染溃疡病，特别是在苗圃，甜橙和其他的柑橘品种都可被侵染。在1980年代正是改革开放以来种植业结构大调整时期，也是黄岩柑橘类苗木调运鼎盛时期，大量柑橘类苗木调往湖南、湖北、广西、江西、四川和重庆等省区市。1984—1989年的6年间从黄岩调出去的水果类苗木总数达5 188.28万株，其中柑橘类苗木就有3 499.95万株，占水果类苗木总数的67.46%。柑橘溃疡病菌随柑橘苗木的调运作远距离传播，当时调运每一批次的橘苗在产地检疫的基础上，凭产地检疫合格证报检，报检后又要进行抽样复检，复检合格后才能签发调运检疫证书，因此检疫签证工作量大。进入

柑橘溃疡病叶片症状

21世纪以来随着种橘经济比较效益下降，感病品种面积缩减，柑橘溃疡病发病面积也逐渐减少，2002年发现柑橘黄龙病传入，从此禁止柑橘类苗木调往外地，加上没有柑橘鲜果出口贸易，柑橘溃疡病的检疫意义淡化。

二、病原与症状

(一)病原

薄壁细菌门(Gracilicutes)假单胞菌科(Pseudomonaceae)黄单胞菌属(*Xanthomonas*)。

学名：*Xanthomonas campestris* pv.*citri*(Hasse)Dye。

(二)症状

柑橘溃疡病菌侵染未老化的叶片、新枝梢、幼果，形成木栓化隆起的病斑，严重时，引起落叶、落果和枝梢枯死。

1. 叶片症状

叶片受害后，先在叶背面产生圆形、针头大小微突起的油浸状半透明斑点，通常为深绿色，病斑周围组织褪色呈现黄色晕环。后斑点逐渐隆起，呈圆形或近圆形米黄色。随病情的发展，病部表面出现开裂，呈海绵状，隆起更显著，开始木栓化，逐渐形成表面粗糙，灰白色或灰褐色，并现微细轮纹，中心凹陷的病斑。后期病斑中央凹陷明显，似“火山口”状开裂。病斑直径一般为3～5mm，有时病斑相连，形成不规则的大病斑。

2. 枝梢症状

嫩梢病斑与叶片类似，木栓化和隆起的程度，以及开裂或下陷比叶片上更为明显，但病斑周围无黄色晕圈。幼苗及嫩梢被害后，导致叶片脱落，严重时甚至枯死。

3. 果实症状

果实被害，症状与叶片上相似，火山口状开裂更突出，坚硬粗糙，一般无黄色晕圈，病斑较叶上大，一般直径为4～5mm，最大可达12mm。发病果实容易脱落。

柑橘溃疡病果实症状

三、发病规律与影响因子

(一)发生规律

柑橘溃疡病菌在叶片、枝梢及果实的病斑中越冬，在气温适宜、湿度大时，病菌从病部溢出，借助风、雨、昆虫和枝叶相互接触以及人和工具传播，由寄主的气孔、皮孔和伤口侵入。病菌潜育期3～10天，高温多雨时，病害流行。该病发生的最适温度为25～30℃，田间以夏梢发病最重，其次是秋梢、春梢。自4月上旬至10月下旬均可发生，5月中旬为春梢的发病高峰；6、7、8月为夏梢的发病高峰，9、10月为秋梢的发病高峰，6月至7月上旬为果实的发病高峰。带病苗木、接穗和果实是该病传播的载体，病原菌的远距离传播主要是通过人为的引种，鲜果的流通。同一果园里，通过雨露或水滴飞溅病菌是主要的传播途径。

（二）影响因子

1. 寄主

（1）品种。不同柑橘品种对柑橘溃疡病抗性有明显的差异。甜橙类、柚类、杂柑类品种如脐橙、雪柑、文旦、四季柚、胡柚等高度感病，柑类如椪柑、瓯柑、温州蜜柑、早橘、漫橘、本地早等较抗病，抗性最强的是金柑、朱红橘等。同一果园与感病品种混栽，由于不同品种抽梢期不一致，有利病害的发生与传染，降低防治效果；原来抗病的品种也因果园菌源多，抗病性逐渐减弱，病害也会严重。

（2）生育期。柑橘溃疡病只侵染一定发育阶段的柑橘幼嫩组织，对刚萌发的嫩芽、嫩梢及谢花后幼果等嫩组织，老熟的枝梢和叶一般不侵染或很少侵染。一般梢长3～7cm时叶片、嫩梢最易被侵染，叶片初革质化时最严重；幼果直径9～58mm时都可感病，以直径28～32mm时发病严重。

（3）树龄。柑橘不同树龄对溃疡病抗性不同。据资料报道：幼龄树发病重，病叶率43.8%，病指17.47；开始结果树病叶率28.9%，病指11.11；盛年树病叶率19.4%，病指7.1。

（4）病情严重度分5级。0级，整片（个）叶（果）无任何病斑；1级，整片（个）叶（果）有病斑1～3个；3级，整片（个）叶（果）有病斑4～10个；5级，整片（个）叶（果）有病斑11～20个；7级，有病斑20个以上。

2. 气象因子

高温有雨与感病的寄主细嫩组织配合是病害流行的重要条件。暴风雨及台风给寄主增加大量伤口，便于病菌侵入，有利于病菌的繁殖和传播蔓延，加剧病害发生。气温对春梢溃疡病始发和秋梢溃疡病稳定有明显的影响。春季平均气温在20℃左右时，春梢病害始发；9月20日后秋梢病情稳定。即气温20℃可作为柑橘春梢发病、秋梢病情稳定的临界温度。

3. 栽培管理

橘园和苗圃进行合理施肥、多施钾肥，减少新梢发生或加速新梢老化和冬季清园，可减轻发病。摘除夏梢、晚秋梢，剪病枝、枯枝的果园发病就轻；留夏梢的果园发病重。潜叶蛾等害虫为害引发寄主伤口，会加剧发病。防治潜叶蛾等害虫，减少害虫伤口，可减轻病害。

四、防控措施

（一）加强检疫

加强检疫管理，严格产地检疫，严格调运检疫签证把关，禁止疫情发生区柑橘类苗木和接穗外运。无病区，要定期普查溃疡病发生情况，一旦发现疫情，立即采取铲除措施予以扑灭。对外来有感病性芸香科植物，都要经过检疫、消毒和试种。

（二）建立无病苗圃、培育无病苗木

按《柑橘苗木产地检疫规程》的要求建立苗圃，生产无病苗木。砧木的种子应采自无病果实，接穗采自无病区或无病果园。种子、接穗要做好消毒处理。育苗期间发现有病株应及

时烧毁，并喷药保护附近的健苗。出圃的苗木确诊无病后，方可出圃。

（三）加强培育管理

冬季做好清园工作，收集落叶、落果和枯枝，加以烧毁。早春结合修剪，剪除病虫枝、徒长枝和弱枝等。根据溃疡病病菌在高温、高湿时有利病菌繁殖和夏梢易被侵染的特点，对夏梢发生多的柑橘树，进行摘梢或疏梢。对成年树要培育春梢和秋梢，防止夏梢抽生过多。在每次抽梢期应及时防治潜叶蛾、恶性叶虫等害虫；夏季有台风侵袭的地区，在橘园周围设置防风林带，新果园要避免不同品种的混栽。

（四）喷药保护

应按苗木、幼树和成年树等不同特征区别对待。苗木及幼树以保梢为主，成年树以保果为主，保梢为辅，台风过境后及时喷药保护幼果及嫩梢。春梢展叶后7天（4月上旬至中旬）、夏秋梢芽长1.5～3cm时开始第一次喷药，后每隔7天，春梢连喷2次，夏梢3次、秋梢2次，可选用20%噻菌铜SC 500倍、77%可杀得WP 500倍、30%农霉素2 000倍交替使用，保护三梢，在潜叶蛾、潜叶甲发生期，加兑杀虫剂兼防害虫。

第三节　柑橘黄龙病菌

一、发生史

柑橘黄龙病是世界柑橘生产上最具危险的一种传染性和毁灭性的病害。黄岩2002年首次发现柑橘黄龙病疫情，当年发现病树8 510株，2003—2005年病情处于快速增长期，病区范围不断扩大，发病株数急速增加，其为害程度逐年加重，2005年为发病高峰期，当年发病株数达356 384株，发病面积2 556.5hm^2，占柑橘种植总面积的42.21%，2006年开始发病株数逐年减少，直至2016年发病株数减少到21 208株。据统计，2002—2016年柑橘黄龙病普查总面积为79 296hm^2，黄龙病发生面积为16 851.97hm^2，发病株数为207.75万株。柑橘黄龙病疫情发现以后，黄岩区政府高度重视，每年都花费大量的人力、物力、财力做好柑橘黄龙病的防控工作，2003—2016年区财政累计投入防控补助专项经费983万元，砍挖病树207.75万株，防治传病媒介—柑橘木虱面积268 653.3hm^2。2004—2016年连续13年以柑橘黄龙病为主的重大农业植物疫情防控工作全省考核优秀。

柑橘黄龙病文旦病叶

本地早红鼻果　　温州蜜柑红鼻果症状

二、病原与症状

（一）病原

柑橘黄龙病病原研究经历了一个漫长而复杂的历史过程，随着科学技术进步，经过长期的研究与争论后，得到了统一的认识。柑橘黄龙病病原菌为韧皮部杆菌，原来称其为类细菌（BLO）。有3个种，在亚洲为害的是*Candidatus Liberibacter asiaticus*，在非洲为害的是*Ca.L.africanus*，在美洲为害的是*Ca.L.americanus*。通过电子显微镜观察传病柑橘木虱的唾液腺，可以看到圆形及椭圆形的菌体，大小为160～440nm。在感病的柑橘苗韧皮部筛管细胞的超薄切片中，也看到菌体，形态多样，有圆形、椭圆形及梭形，一般菌体大小为360～830nm。病原革兰氏阴性，对四环素族抗菌素和青霉素都敏感。黄龙病的病原体迄今无法分离、培养，但可以在昆虫木虱体内和柑橘树内增殖。

柑橘黄龙病的主要传染源是带菌柑橘木虱、田间病株、带病苗木和接穗。田间病株和带菌木虱是主要侵染源。田间近距离传播由带菌的木虱引起，木虱成虫和高龄（4～5龄）若虫均可传病，若虫传病力可跨期传递给由其羽化的成虫。单个成虫传病率达70%～80%。病原物在木虱成虫体内的循回期短的1～3天，长的26～27天。木虱一旦获得病原物后可终身传病。木虱成虫在病树取食，病原体从口器进入消化道滤室、中肠和后肠，经过血淋巴进入唾液腺后传染健树。

（二）症状

柑橘各生长期均可感病，苗期及十几年以上的成年树发病较少，4～6年生开始结果的树发病较多。病害全年都可发生，以夏梢、秋梢发病最多，其次是春梢。新梢的症状是叶片表现黄化和黄绿相间的斑驳。叶片黄化有3种类型。

1. 均匀黄化

嫩叶不转绿而呈均匀黄化。蕉柑和椪柑夏秋梢期开始发病的较多出现这种症状。

2. 斑驳型黄化

叶片转绿后从叶片基部和叶脉附近开始黄化，形成黄绿相间的斑驳，最后可以全叶黄化。植株开始发病时，大多呈现这种症状，春梢期开始发病的，几乎全部呈现这种症状。从病枝上萌发的新梢生长较强的，也出现这种症状。

3. 缺素型黄化

叶脉附近绿色，而叶肉黄化，类似于缺锌、缺锰症状。

以上3种黄化类型中，叶片的斑驳型黄化是最具有特征性的。病树开花早，花多，畸形花比例大，落花落果严重。

病树所结果实小而畸形，着色时黄绿不均匀，椪柑、温州蜜柑等宽皮柑橘常在果蒂附近先着色，其余部分青绿色，俗称“红鼻果”。在营养条件好的温州蜜柑病树，先出现“红鼻果”，叶片症状却不明显。病树极少长新根，根部症状一般要待树冠叶片严重脱落后表现，开始须根、细根腐烂，皮层脱离，木质部外露；后期则主侧根腐烂，皮层开裂，木质部变黑。

三、发病规律与影响因子

柑橘黄龙病菌为害柑橘所有种类（品种）的实生植株和嫁接植株。病害发生和流行与侵染源(病株)的数量、传病木虱的多少和活动性以及果园生态环境等有关。

（一）病原菌数量

病株率高的果园及其相邻果园，柑橘木虱虫量高的情况下，病害蔓延迅速。病株数量大的情况下，果园内积累的菌源也多，因病树落叶后会抽发新梢，有利木虱大量繁殖，也加速了病害的扩散。柑橘木虱虫株率与柑橘黄龙病株发病率呈极显著正相关关系；木虱带菌率与果园黄龙病株发病率也呈极显著正相关性。

（二）果园生态环境

病害在高海拔、高纬度山地和山谷的柑橘园蔓延速度比平原橘园慢，主要与这些地区气温偏低、湿度较大，没有柑橘木虱分布，即使有少量病株，也不会蔓延而致柑橘黄龙病大发生。在较高山岭的山沟果园，比较遮阴冷凉不利柑橘木虱发生，不会造成病害大流行。

（三）树龄

高龄树抗病力比低龄树强，病害的传染和发展也较慢。所以在发病较严重的老果园种植幼树，或在这些果园中补种幼树，因低龄树生长旺盛抽梢比高龄树多，有利木虱繁殖；另外低龄树树冠比高龄树小，病原菌在树体内传输较快，故新种的低龄树往往比高龄树死得更快。高龄树的树冠大，病原菌在树体内传输较慢，引致全株发病所需的时间也比低龄树长。

（四）高接换种

柑橘高接换种技术是指将柑橘理想品种一段枝或一个芽，嫁接到另一淘汰植株的枝干，使其长成理想品种的新植株，由此完成品种的更换。但据调查，相同果园相同树龄高接树与非高接树，高接树果园平均株发病率和病情指数分别为27.23%和12.33，而非高接树果园平均株发病率为5.78%，平均病情指数为2.48，两者差异显著。通过嫁接换种的大树龄果园发病比没有进行嫁接换种的果园发病重。

（五）品种抗病性

在现有种植的柑橘品种中，都不同程度地感染黄龙病，其中最感病的是蕉柑、椪柑、福橘、茶枝橘、甜橙和年橘等，抗耐病较强的为温州蜜柑、柚和柠檬等。枳的抗病性很强在田间不表现症状。据黄岩调查6个乡镇25个果园（3个本地早果园、4个槾橘果园、14个温州蜜柑果园、4个椪柑果园）数据表明，不同品种的果园病情轻重有一定的差异，槾橘、本地早、温州蜜柑和椪柑平均病株率分别为18.99%、25.63%、31.09%和39.55%。4个品种发病严重度为椪柑大于温州蜜柑大于本地早大于槾橘。

（六）栽培管理

水肥管理好，防虫及时的果园，病害传染和蔓延的可能性就少。通过柑橘健身栽培，能使果实品质和优质果率提高，降低发病率和减轻病害症状，延长橘树经济寿命。据黄岩院桥调查，实施柑橘健身栽培的果园病株率4.3%，对照区病株率却达16.3%。另据玉环调查，失管文旦园平均株发病率15%，而管理精细文旦园平均株发病率却只有5%。

四、防控措施

（一）严格实施植物检疫

执行植物检疫制度，禁止病区的接穗和苗木进入新区和无病区，保护无病区和新种植橘区。

（二）建立无病苗圃，培育健康苗木

1. 苗圃选择

应选择在无柑橘木虱发生的无病区，并应尽可能远离有病柑橘园，至少相距2km以上，最好有高山大海等自然屏障阻隔。

2. 砧木种子消毒

用50～52℃热水预浸5min，再用55～56℃温汤处理50min，然后播种育苗。

3. 采集无病接穗

一是从优良品种的健康老树上采种，经55～56℃热水处理后隔离种植，培育无病的实生树采穗。二是在非病区或病区中隔离的无病老果园中，须选择无病树作母树采穗，接穗用1 000单位盐酸土霉素或盐酸四环素浸泡2～5h。接穗也可用湿热空气47～49℃处理50min。

（三）挖除病株及防治柑橘木虱

在每年的10月至翌年2月，根据果园典型症状搞好疫情调查工作，做上记号，并及时挖除病树，集中销毁，以消除传染源，在此同时要结合冬季清园，做好越冬代木虱成虫喷药防治工作。消灭传染中心和虫媒是控制柑橘黄龙病发生流行的关键措施之一。因此，对于初发病和发病较轻的柑橘园内的病株，一经发现应立即整株挖除；发病较重的柑橘园内重病树应全面铲除。应抓紧在冬季和春芽期或各次抽梢期及时喷药杀虫，治虫防病的重点应放在防治木虱若虫上（农药配方参照柑橘木虱防控措施）。

（四）加强健身栽培

柑橘健身栽培主要包括健苗培植、矮化修剪、均衡结果、配方施肥、有机肥应用和病虫害综合防治等。在柑橘黄龙病发生区，除了实施严格的检疫防控措施外，实行健身栽培也可以有效降低柑橘黄龙病的发病率和减轻发病症状，延长橘树生产年限。

通过管理改变橘园生态环境，不利木虱发生、繁殖和传播，而有利于柑橘树的生长，可减轻黄龙病的发生为害。有条件的果园，四周栽植防护林，减少日照和保持橘园有较高的湿度，这对木虱的迁飞有阻挡作用。

第四节　甘薯茎腐病菌

一、发生史

甘薯茎腐病菌是我国新发现的进境检疫性有害生物，2016年被列入浙江省补充植物检疫性有害生物。黄岩在2015年9月对上垟、上郑、北洋和沙埠等地甘薯种植园普查时发现可疑病株，后经浙江大学谢关林教授鉴定确认为甘薯茎腐病，这是黄岩首次报道。发病田块缺株断垅，病株率普遍在10%～20%，严重的田块高达90%以上而导致绝收，发病的植株基本上无产量。但据西部山区甘薯种植户和农技人员回忆，该病始发年限应该在10年以上，因为当初发生时为害不严重，没有引起重视。目前，该病在福建、广东、江西、广西、重庆、河北、河南等地都有发生为害；在省内萧山、临安、桐庐、乐清、临海和温岭等16个县市区也有发生为害。

二、病原与症状

甘薯茎腐病是细菌性病害，对病原菌的鉴定经历了一个过程。国际上最早报道的是Schaad & Brenner于1974年首先确认了甘薯茎腐病由菊欧文氏菌（*Erwinia chrysanthemi*）引起，该病于1974年在美国的乔治亚州首次暴发流行，给该州的甘薯产业造成了严重的影响。

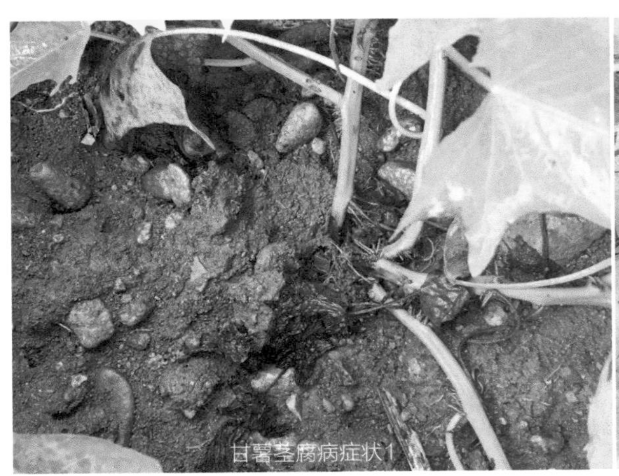
甘薯茎腐病症状1

甘薯茎腐病症状2

该病菌寄主范围广泛，除为害甘薯外，还可侵染菊花、雏菊、烟草、番茄、马铃薯、茄子、卷心菜、大豆、矮牵牛等多种植物。1989年，Clark等研究发现甘薯茎腐病的发病率与病原菌的侵染浓度、甘薯的品种抗性以及甘薯受侵染的部位有关。甘薯茎腐病在国内最早于1990年在福建地区暴发流行，据其症状特点初步被鉴定为*Erwinia* sp。2014年黄立飞等报道了该病在我国广东惠州、湛江、增城和河源等主要甘薯产区普遍发生，并根据病原菌的形态特征、培养性状、生理生化及16S rDNA序列分析，以及最新的分类系统将其鉴定为达旦提狄克氏菌(*D. dadantii*)。

甘薯茎腐病在发病初期，病株生长较为迟缓，在与土壤接触的茎基部出现水渍状的灰褐色斑点，后逐渐向上延伸，病斑变成深褐至黑色，病部无菌脓，挖开土壤能看见地下的茎已经腐烂，最后软化分离，导致枝条末端部分枯死。此外，根茎维管束组织有明显的黑色条纹、并伴有恶臭。薯块在田间受到感染时，病薯表面有黑色凹陷病斑，或者外部表现无症状，但是内部已经腐烂，组织呈水浸状，并有恶臭味。部分发病植株叶片发黄，但由于在病斑部位上端有不定根提供营养并未使整株枯死，可收获时病株地上部“无症状”的植株，薯块腐烂变黑。

三、发病规律与影响因子

(一)发病规律

国内对甘薯茎腐病的发病机理、影响发病的因子、抗病基因和防控措施等鲜有报道。综合有关文献资料：病原细菌主要经由伤口侵入至寄主体内；病原菌不能长期在土壤中存活，但可附着在植物残体、杂草或其他寄主植物的根际存活，故初侵染源是甘薯病蔓、病薯、受污染物和灌溉水；甘薯茎腐病发病较轻的植株能结薯，但如果用该植株茎蔓插扦和种薯育苗可使病害扩散蔓延。

(二)影响因子

一是甘薯茎腐病在田间的发病率与病原菌的侵染浓度、温暖潮湿的气候、甘薯茎蔓和叶片被侵染的部位有关。当气温低于27℃时病菌为潜伏感染，气温30℃以上时加速发病；发病的最佳条件是病菌浓度108CFU/mL、温度30℃和相对温度90%以上。

二是带菌种薯、病蔓的调运。从传入黄岩的甘薯茎腐病原因分析，带病种薯的调入是初侵染源。因此，带病种薯与种苗是远距离传播的主要途径，通过带病薯蔓、病薯周围的土壤和病残体以及其他寄主中存活的病菌是近距离传播的途径，从而使发病面积进一步扩大。

三是农事操作。在病区，甘薯种植户在农事操作过程中，因农具对带病甘薯造成伤口，又在健康的甘薯上进行操作，这样就加快了病健株之间的传播速度。

四、防控措施

(一)严格植物检疫

无病区用无病薯留种育苗，严控病薯病苗调入；有病区加强种薯、薯苗的产地检疫，严格按照《甘薯种苗产地检疫规程》要求，严禁病田种薯留作种用。强化调运检疫，防止通过带菌种薯、薯苗进行传播扩散。对从外地调入的种薯、薯苗，必须经过检疫，确保不带此类病菌，并对种植区加强病害监测，一旦发现疫情，及时向所在地植物检疫机构报告。对新发生的零星疫点，挖除病株并将挖除的病株就地烧毁或深埋，并用生石灰对发病点土壤进行消毒处理。

(二)农业防治

1. 合理轮作

根据病原菌不能长期在土壤中单独存活的特点，实行轮作是预防甘薯茎腐病最有效的措施之一。通过改变耕作方式，与甘薯茎腐病非寄主作物进行轮作，减少病源；水旱轮作，同样可以减少病源的发生。

2. 选择地势高的田块种植

针对甘薯茎腐病高温高湿有利于病菌生长的特点，在选田块时，选那些地势较高、有利于排灌、地下水位低、通透性好的地块种植。

3. 培育无病壮苗

在病区必须选择无病的田块作为育苗场地，并选择健康无病的种薯作为育苗材料，从源头上减少甘薯茎腐病发生的风险。

4. 科学管理

在施肥种类上，少施氮肥，适当增施磷钾肥，补施微量元素，有利于提高植株的抗病能力；同时采取高畦栽培方式，防止田间积水，避免漫灌导致交叉感染；农事操作时减少伤口。

5. 选育抗病品种

据报道，目前栽培的甘薯品种中还没有发现完全免疫的，但品种间抗病耐病性有差异。因此，通过筛选抗病基因培育抗病品种是今后防治甘薯茎腐病的研究方向，也是从根本上防治甘薯茎腐病的终极目标。

(三)化学防治

1. 药剂浸种

对要播种的种薯和插扦用的薯苗，在使用前用农用链霉素或噻菌铜浸泡种薯和薯苗杀菌。

2. 药剂防治

在发病初期用中生菌素进行喷雾或农用链霉素、噻菌铜等药剂淋根、泼浇或者喷雾；如果发病比较重，每隔7天用药1次，连续喷药2次或3次；台风暴雨过后需及时补治，并对发病周边的甘薯地也要喷药1次或2次，预防疫情扩散。

第二章 入侵的病毒类有害生物

黄瓜绿斑驳花叶病毒病菌

一、发生史

黄瓜绿斑驳花叶病毒病是温台地区西瓜发生的一种新病害，浙江省2011年首次确诊。该病具有高致病性、传播速度快、难以防治等特点，对温台地区西瓜生产构成了严重威胁。2011年5—6月，乐清市虹桥镇等3个镇41农户和温岭市箬横镇等2个镇19个瓜农反映：西瓜果肉有明显的黄色纤维，成熟瓜果肉全部变成暗红色，内有大量空洞，呈丝瓜瓤状，味苦不能食用，面积约70.3hm^2，染病瓜地经济损失30%以上。将发病叶片分别送中国农业科学院郑州果树研究所和中国检科院植检所检测，确认为黄瓜绿斑驳花叶病毒。2012年4月23日组织西瓜种植面积相对较大的乡镇（街道）兼职检疫员去路桥，在台州柑橘场召开黄瓜绿斑驳花叶病毒病现场会，并部署全区黄瓜绿斑驳花叶病毒病的普查工作。会后全区各地积极行动，通过走访西瓜种植大户与组织技术人员普查相结合，开展了黄瓜绿斑驳花叶病毒病的疫情普查工作。据统计全区共普查西瓜面积231.67hm^2，仅在南城街道吉岙村发现黄瓜绿斑驳花叶病毒病，发生面积0.73hm^2，株发病率19%～28%，平均25.5%，发病田块均为嫁接苗，西瓜苗来自台州柑橘场。该病在我区是首次发生，疫病发生后，及时提出扑疫措施，将病园西瓜藤全部拔除，作集中销毁处理，使病害得到了有效控制，至2016年春季没有再发现疫情，取得了当年发现当年扑灭的效果。

二、病原与症状

黄瓜绿斑驳花叶病毒病（*Cucumber green mottle mosaic virus*），是正单链RNA病毒。CGMMV长杆状，长300nm，直径18nm；超薄切片观察，细胞中病毒粒子排列成结晶形内含体；10min致死温度80～90℃，稀释终点10^{-6}，体外保毒期为240天以上（20℃），是一种很稳定的病毒。CGMMV侵染植株产生的症状因寄主、环境条件及株系的不同而有差异。

（一）西瓜症状

幼苗和成株期都可发病。塑料大棚和小拱棚栽培从4月中下旬，露地栽培从5月下旬至6月上旬开始发病。早期受侵染的西瓜植株生长缓慢，出现不规则的褪色或淡黄色花叶，绿色部分隆起，叶面凹凸不平，叶缘上卷，叶片略微变小，其后出现浓绿凹凸斑，病蔓生长停滞并萎蔫，随叶片老化症状减轻；为害严重时，呈黄绿色花叶症状，凹凸不平，明显硬化。重症植株整株黄变，易于分辨。果梗部常出现褐色坏死条纹，果实表面有不明显的浓绿圆斑，有时长出不太明显的深绿色瘤疱。与健果相比，病果有弹性，拍击时，声音发钝。果肉周边接近果皮部呈黄色水渍状，内出现块状黄色纤维，果肉纤维化，种子周围的果肉变紫红色或暗红色水渍状，成熟时变为暗褐色并出现空洞，呈丝瓜瓤状，俗称“血果肉”，严重时，变色部位软化溶解，呈脱落状，味苦不能食用，丧失经济价值。

黄瓜绿斑驳花叶病毒病叶片症状

黄瓜绿斑驳花叶病毒病果实症状

（二）黄瓜症状

新叶出现黄色小斑点，后出现花叶并带有浓绿色瘤状突起，叶片上引起色斑、水泡及变形，叶脉间褪色呈绿带状，植株矮化、结果延时。果实在病轻时只发生圆形淡黄色小斑点，病重时出现浓绿色瘤状突起，使果实变成畸形，减产15%，严重时可导致绝产。

（三）甜瓜症状

茎端新叶出现黄斑，但随叶片老化症状减轻；瓠瓜上主要表现为叶片出现花叶，有绿色突起，脉间黄化呈叶脉绿带状。

在其他作物上主要表现为花叶、绉缩、畸形、局部坏死等症状。使产量减少，品质下降，一般损失15%～30%，严重的造成绝收。

三、发病特点与影响因子

（一）发病特点

1. 发病早

田间观察，西瓜苗期和成株期都可发病，且苗期发病的比成株期发病更为严重，倒瓤率更高、植株死亡更早。大棚西瓜3—4月开始发病，6月发病最为严重，7月病情略有缓解。另外还发现，叶片发病症状越明显，果实发病症状就越严重；坐瓜后20天果实就可出现病症，成熟度越高的果实症状越重。

2. 传播蔓延快

西瓜一旦感染了黄瓜绿斑驳花叶病毒，由于嫁接、整枝、摘心、授粉、摘果等农事操作，就会引发田间病情迅速蔓延，健康植株接触到病株汁液可在7～12天后表现症状。据明珂等2013年报道，黄瓜绿斑驳花叶病毒病初见日4月6日开花期，病株率17.97%，到5月7日膨果期病株率已达100%。由此可见，黄瓜绿斑驳花叶病毒病在适宜的温湿度条件下，病情发展速度相当快。

3. 为害损失大

发病西瓜地损失率一般为15%～30%，严重的达100%。由于黄瓜绿斑驳花叶病毒病难防治，至今尚无有效的化学药剂可以控制，所以一些瓜农因西瓜发生黄瓜绿斑驳花叶病毒病连生产成本也收不回来，损失惨重。

（二）影响因子

1. 带毒种子是病害发生的主导因素

在台州，西瓜及其嫁接所用的砧木种子都是从外地调入的，2011年以前从未报道有黄瓜绿斑驳花叶病毒病发生，据此推断是因为带毒的西瓜或砧木种子调入后才引起发病。2012—2013年温岭市检测西瓜种子19个样品和砧木种子18个样品，结果是接穗品种均为阴性，18个砧木样品中9个样品为阳性。

2. 不当农事操作会加速病害传播扩散

病毒容易通过手、刀子、衣物、病株污染的土壤及病毒汁液借风雨传播。因此，在发病瓜园，如果操作不当，病毒会进行多次再侵染，加重病害发生。

3. 高湿、雨后暴晴是病害发生的诱因

根据林燚研究分析：6月是温岭西瓜第2批结果期，该月月平均相对湿度80%，其中18天日平均相对湿度在80%～92%，10天日平均相对湿度在85%以上，且此月常有雨后暴晴、气温急升的情况，病害发生严重，一般发病瓜田病果率30%～40%，重的达50%～80%。7月是温岭西瓜第3批结果期，月平均相对湿度80%以上的4天，最高也只有84%，病果率仅为10%～30%。可见，高湿和雨后高温的气候条件是黄瓜绿斑驳花叶病毒病重发的诱因。

四、防控措施

（一）严格植物检疫

黄瓜绿斑驳花叶病毒是随种子调运传入台州地区后而扩散蔓延的。因此，西瓜、甜瓜和黄瓜等葫芦科种子、种苗、砧木等繁殖材料，在调运之前必须办理植物检疫手续。种苗繁育单位从外地调入的种子需经过干热处理，并应严格执行植物检疫制度不得在病害发生区繁育种苗，选择无病区使用无毒种子，生产无毒种苗。有条件的种苗繁育单位，在种苗出圃前抽样用 PCR 方法检测，确保无病毒苗进入大田。

（二）农业防治

对发病田块，实行轮作倒茬，3年内不得种植瓜类植物。在嫁接、移栽等过程中，要用脱脂奶粉．磷酸三钠或肥皂水对手及工具进行消毒，防止人为交叉感染。嫁接时无论是砧木或接穗，都要选择无斑驳、花叶的健株。整枝、摘心、授粉、摘果等农事操作注意减少植株碰撞。及时清除田间病残体，带出田外集中进行深埋或焚烧处理。

（三）化学农药预防

使用溴甲烷、生石灰、氯化苦等对育苗地和已发病的地块进行土壤消毒处理。育苗棚用溴甲烷作土壤消毒处理，用药量为30～40g/m^2，棚室密封熏蒸48～72h，通风2～3天后，揭开薄膜14天以上，再播种或移栽定植；高温闷棚，应在7—8月高温强光照时进行，用麦秸7 500～15 000kg/hm^2，切成4～6cm 长撒于地面，再均匀撒上生石灰1 500～3 000kg/hm^2，深翻、铺膜、灌水、密封15～20天，再播种或移栽瓜苗。

定植后苗期喷施抗病毒药剂进行预防。发病初期喷洒5% 菌毒清 WP300倍液、7.5% 菌毒•吗啉胍 AS700～800倍液、30% 盐酸吗啉胍•铜 WP500倍液、NS-83耐病毒诱导剂100倍液，或植物病毒钝化剂912，每亩用75g加1kg开水浸泡12h，充分搅匀，晾凉后加清水15kg喷洒。

第三章 入侵的昆虫类有害生物

第一节 稻水象甲

一、发生史

1996年5月，黄岩区江口首次发现稻水象甲，区政府十分重视，区农业局加强了检疫和防治措施。1997年5月，在黄岩南部边缘沿线的院桥、沙埠、茅畲3个镇(乡)又发现稻水象甲疫情，当年发生范围有5个乡镇、18个村稻水象甲发生面积366.13hm^2，波及面积4 562.13hm^2；1998年，有5个乡镇20个村，稻水象甲发生面积4 25.73hm^2，涉及面积仍为4 562.13hm^2，第一代百丛平均成虫量为0.036头，达到基本扑灭标准，通过省级验收。1999年有6个乡镇28个村，发生面积593.33hm^2，涉及面积5 097.8hm^2；2001年有8个乡镇(街道)30个村，发生面积289.47hm^2，涉及面积2 127.2hm^2；2002年在原发生区未发现稻水象甲。2006年发生面积39hm^2。2007年发生面积32hm^2。2008年发生面积14.67hm^2。2010年发生面积2.87hm^2。2011—2016年没有发现稻水象甲。

二、分类与形态特征

分类：鞘翅目(Coleoptera)象虫科(Curculionidae)。

学名：*Lissorhoptrus oryzophilus* Kuschel。

成虫：体长2.6～3.8mm，体壁褐色，密布相互连接的灰色鳞片。前胸背板和鞘翅的中区无鳞片，呈暗褐色斑。喙端部和腹面、触角沟两侧、头和前胸背板基部、眼四周、前、中、后足基节基部、腹部三四节的腹面及腹部的末端被黄色圆形鳞片。喙和前胸背板约等长，有些弯曲，近于扁圆筒形。触角红褐色着生于喙中间之前，柄节棒形，触角棒呈倒卵形成长椭圆形，分为3节，第1节光亮无毛。前胸背板宽大于长，两侧边近于直，只前端略收缩。鞘翅明显具肩，肩斜，翅端平截或稍凹陷，行纹细不明显，每行间被至少3行鳞片，在中间之后，行间1、3、5、7上有瘤突。腿节棒形，不具齿。胫节细长弯曲，中足胫节两侧各有1排长的游泳毛。雄虫后足胫节无前锐突。锐突短而粗，深裂呈两叉形。雌虫的锐突单个的长而尖，有前锐突。

稻水象甲成虫

卵：长约0.8mm，圆柱形，两端圆，略弯，珍珠白色。

幼虫：共4龄，老熟幼虫体长约10mm，白色，头部褐色，无足；体呈新月形。腹部2～7节背面有成对向前伸的钩状呼吸管，气门位于管中。

蛹：白色，大小、形状近似成虫，在似绿豆形的土茧内。

稻水象甲对水稻的为害主要是幼虫。低龄幼虫啃食稻根，造成断根，刮风时植株倾倒，形成浮秧，受损的根变黑并腐烂，影响生长发育，使植株变矮，成熟期推迟，是造成水稻减产的主要因素，为害引起的产量损失20%左右，严重的达50%左右。

稻水象甲幼虫与土茧

稻水象甲成虫为害状

三、发生规律与影响因子

（一）发生规律

1. 越冬场所

稻水象甲成虫耐寒性很强，最低温 −15℃仍能生存。成虫在山坡、林地、田埂、稻茬、稻田周围的草丛、枯枝落叶等各种栖息地，以滞育或休眠状态越冬。

2. 年生活史

稻水象甲年发生代数主要取决于当地的水稻栽培制度和气候条件。在北方单季稻区，1年发生1代，在南方双季稻区如浙江东南部等地，1年可发生2个完全世代，但相当一部分第一代成虫羽化后直接转移到山坡田边越夏和越冬。

3. 发生时间

越冬成虫在每年开春后，当日平均气温升到15℃以上，部分成虫开始少量取食于禾本科杂草的嫩叶，随着温度逐步上升，取食量相应增加。4月中旬至5月中旬，越冬成虫大量迁入早稻秧田和本田，插秧后5～7天是成虫迁入本田的高峰期，同期或稍后也是成虫产卵高峰期。成虫具两性生殖型和孤雌生殖型，但在我国全为孤雌生殖型。成虫产卵于水面以下的叶鞘中，且大部分产于第一叶鞘。幼虫孵化后在叶鞘内取食1～3天从鞘缘破孔而出，堕入水中，穿过泥土表层蛀食稻根，造成空根或断根，幼虫并有转株为害的习性，老熟幼虫在粗根上作土茧化蛹。

（二）影响因子

1. 水分和湿度

稻水象甲喜欢潮湿和有水的环境，无水不能完成世代繁育，即使在滞育状态下，干燥环境也难以使成虫长期存活。在稻水象甲发生区经多年调查发现，早稻旱育秧未发现成虫产卵，而水育秧苗上株为害率高，产卵普遍。越冬成虫有趋潮湿环境的倾向；翻晒稻谷和稻草堆的中上部成虫死亡率高。

2. 水稻品种

据台州稻水象甲发生规律与防控技术研究课题组盆栽试验和田间调查，表明稻水象甲对水稻品种有一定的选择性，在不同品种上取食为害，其种群增长存在一定差异，水稻品种之间耐虫性也有一定的差异。

3. 水稻移栽期

早稻田：早插田害虫发生量大于迟插田，据玉环调查，1995年5月1日移栽田迁入虫量高峰期时为0.54头／丛，而5月7日移栽田高峰期虫量仅0.36头／丛，与此相对应，第一代高峰期虫量分别为每丛8.37头和6.11头，早插田虫量高。晚稻田：早稻收割与晚稻插秧间隔时间越长，则迁出越多，第二代虫源越少。反之，收割后很快就整地插秧，大量第一代成虫将滞留田间成为第二代虫源。

4. 温度和降水

稻水象甲越冬成虫活动跟气温关系极为密切，当温度在15℃时进行迁飞，雨日和风力通过引起气温的下降而影响主迁峰的出现。夏季高温干旱促进第一代成虫的迁飞。

四、防控措施

（一）检疫控制

从稻水象甲发生区调运秧苗、稻草、稻谷和其他寄主植物及其制品必须经过检疫，防止用寄主植物做填充材料；种用稻谷一定要进仓熏蒸作灭虫处理后方可调运。

（二）农业防治

稻水象甲发生与水关系极为密切，无水不能完成世代发育。因此，对位于山谷间、坑口历年为害比较重的稻区，第一季可以改种蔬菜等其他旱地作物，然后再种单季晚稻，或让其休闲不种早稻，种植单季稻，避开越冬代成虫的迁飞繁殖期，可减轻为害。秋冬季铲除田埂、沟渠边等越冬场所杂草并烧毁，改变害虫生存环境，以减少越冬成虫，减轻为害。

（三）化学防治

采取“狠治越冬代成虫，兼治一代幼虫，挑治第一代成虫”的防治策略，采用专业队与群众防治相结合的方法，在关键时期组织专业队进行统一时间、统一药剂、统一防治，搞好重发生区的药剂防治、轻发区的控制和零星发生区的扑灭工作。根据该虫为害早稻秧田和本田初期的特点和目前生产上大多药剂防治成虫比防治幼虫效果好，抓住越冬代成虫防治这一关键，做好药剂防治。

（四）生物防治

保护和利用捕食性天敌，如稻田、沼泽地栖息鸟类、青蛙、淡水鱼类、螳螂、蜻蜓等可猎食各虫态稻水象甲，可减轻水稻为害。

第二节　四纹豆象

一、发生史

1996年9月在杭州一居民的进口绿豆上查获到四纹豆象，这是浙江省首次报道。1997年5月，在开展仓储害虫普查时，天台县植物检疫站从天台县医药公司中药材仓库的赤豆中发现有大量的四纹豆象。之后，在温岭、黄岩、仙居等县(市、区)的农产品市场(仓库)、中药材仓库及农户(居民)家中储存的豆类上相继发现四纹豆象。寄主有豇豆、赤豆、绿豆、扁豆、大豆等多种豆科作物的籽粒，以赤豆、绿豆、黑豇豆、白扁豆为害最重，主要在室内繁殖为害，以幼虫蛀害豆粒。

四纹豆象为害

二、分类与形态特征

分类：鞘翅目(Coleoptera)豆象科(Bmchidae)中文异名，豆点豆象。

学名：*Callosobruchus maculates* (Fabricius)。

四纹豆象以幼虫在田间及仓库内为害各类豆粒，把豆粒蛀成空壳，不能食用和种用，使豆粒失去了商品价值。

成虫：体长2.5～4mm，体宽1.4～1.6mm，赤褐色或黑褐色。头黑色，被黄褐色毛。复眼深凹，凹入处着生白色毛；触角着生于复眼凹缘开口处，11节，第4节向后呈锯齿状。前胸背板亚圆锥形，密生刻点，被浅黄色毛；后缘中央有瘤突1对，上面密被白色毛，形成三角形或桃形的白毛斑。小盾片方形，着生白色毛。鞘翅长稍大于两翅的总宽，肩胛明显；表皮褐色，着生黄褐色及白色毛；每一鞘翅上通常有3个黑斑，近肩部的黑斑极小，中部和端部的黑斑大。四纹豆象鞘翅斑纹在两性之间以及在飞翔型和非飞翔型两型个体之间变异很大。臀板倾斜，侧缘弧形。雄虫臀板仅在边缘及中线处黑色，其余部分褐色，被黄褐色毛；雌虫臀板黄褐色，有白色中纵纹；后足腿节腹面有2条脊，外缘脊上的端齿大而钝，内缘脊端齿长而尖。雄性外生殖器的阳基侧突顶端着生刚毛40根左右；内阳茎端部骨化部分前方明显凹入，中部大量的骨化刺聚合成2个穗状体，囊区有2个骨化板或无骨化板。

四纹豆象幼虫

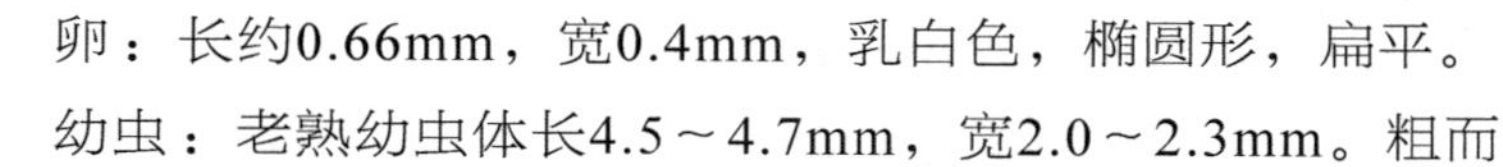

卵：长约0.66mm，宽0.4mm，乳白色，椭圆形，扁平。

幼虫：老熟幼虫体长4.5～4.7mm，宽2.0～2.3mm。粗而弯，黄色或淡黄白色。头圆而光滑，头部有小眼1对；额区每侧有刚毛4根，弧形排列；唇基有侧刚毛1对，无感觉窝。上唇卵圆形，横宽，基部骨化，前缘有多数小刺，近前缘有4根刚毛，近基部每侧有1根刚毛，在基部每根刚毛附近各有1个感觉窝。上内唇有4根长而弯曲的缘刚毛，中部有2对短刚毛。触角2节，端部1节骨化，端刚毛长几乎为末端感觉乳突长的2倍。后颏仅前侧缘骨化，其余部分膜质，着生2对前侧刚毛及1对中刚毛；唇舌部有2对刚毛。前、中、后胸节上的环纹数分别为3、2、2。足3节。1～8腹节各有环纹2条，9、10腹节单环纹。气门环形。

蛹：体长3.0～5.0mm，椭圆形，淡黄色或乳白色，体被细毛。

三、发生规律与影响因子

（一）发生规律

在台州，四纹豆象以幼虫、蛹、成虫在蛀豆粒内越冬。每年5月上旬平均温度达20℃以上时，发现第一代成虫，1年可见7～8代成虫。各世代历期与温度密切相关，在平均温度21～33℃范围内，温度愈高，完成1个世代所需日数愈短，反之，愈长；当日平均温度高于33℃，世代历时略有延长，如在绿豆中的第三代各日平均气温32.5℃，平均历时20天，第四代各日平均气温33.4℃，需历时23天。四纹豆象最适的发育温度为30℃左右。

（二）影响因子

1. 寄主种类

四纹豆象取食绿豆、赤豆、白扁豆、豌豆、大豆和蚕豆等6种豆品种都能正常生长发育，但发育速度因豆的种类不同而有所差异。取食最喜食的绿豆、赤豆发育周期短，分别为25天和27天；而在大豆、蚕豆则发育周期分别为38天、45天。据报道，四纹豆象在小麦、玉米、米仁、莲子、大米中能产卵，但孵化为幼虫后很快在籽粒表面死去；四纹豆象在嗜好寄主丰富时，很少为害大豆，基本上不为害蚕豆和豌豆。

2. 温度

温度是影响四纹豆象生长发育的主要因素，各虫态的历期随温度提高而缩短。据顾云琴等报道，在温度24℃时，平均卵历期8天，幼虫历期18.51天，蛹历期13.48天。随着温度的上升，在温度33℃时卵历期4天，幼虫历期10.46天，蛹历期6.1天。但温度过高，会造成发育迟滞，历期反而延长，平均温度33.4℃时的世代历期比平均温度32.5℃时的世代历期要长3天左右。从实际情况看，6—9月是1年中温度最高的4个月，这期间正是四纹豆象的盛发期，世代历时最短，羽化成虫也最多。12月至翌年3月温度最低，四纹豆象处于滞育状态，生长发育十分缓慢。

3. 豆类含水量

豆类在储藏的安全含水率范围内，不影响四纹豆象的产卵量，但含水量高低会影响其存活率和为害程度。如在蚕豆中，含水率高的有部分能完成生活史，并造成一定的重量损失（2%左右），而在含水率低（干燥）时所产卵不能完成世代发育。

四、防控措施

（一）严格植物检疫

加强农产品和中药材的检疫，严禁带虫的豆类产品调运，严格控制人为传播是防止四纹豆象扩散蔓延的最有效措施。

（二）磷化铝熏蒸

用磷化铝3g/m^{3}熏蒸，密闭3天，各虫态的死亡率都达100%。值得注意的是磷化铝毒性较大，使用时一定要格外小心，须在密封的储粮容器中进行；熏蒸完毕须启封散气3～7天，方可食用，以免残毒。薰蒸后药包须深埋防止发生意外中毒。

（三）高温灭虫

四纹豆象的卵、幼虫、蛹和成虫不耐高温。因此，在夏秋高温季节的晴天（太阳直射地面温度可高达50℃左右），将有虫豆类薄摊在晒场上，日光暴晒2h，每隔半小时翻动一次，能起到明显的杀虫效果；药用豆类可通过高温炒、焙等方法将虫杀死。

（四）植物油防虫

赤豆、绿豆用市售的菜油或麻油按1kg/5mL比例进行拌种，可有效地抑制四纹豆象卵的孵化，使幼虫窒息死亡，使豆类免受为害，持效期可达250天。

第三节 柑橘木虱

一、发生史

1982年春秋两季，浙江省开展了大范围的柑橘黄龙病与柑橘木虱疫情普查，普查结果发现温州瓯海、近郊区、瑞安、文成、平阳、苍南等6个县（市、区），25个公社、54个大队发生柑橘黄龙病；温州、丽水和台州等3个地（市）15个县发生柑橘木虱，黄岩属于柑橘木虱发生区。柑橘木虱作为柑橘黄龙病的传毒虫媒，做好柑橘木虱的防除工作，不仅是减少虫子对柑橘为害的需要，而且也是综合防治柑橘黄龙病，控制病害蔓延扩散的重要环节。2002年以来，坚持在柑橘黄龙病发生区设立柑橘木虱监测点，并根据木虱虫情监测结果，对木虱发生趋势及时作出预警，发布木虱发生防治情报，重点抓好春、夏、秋三梢抽发期木虱的防治工作。2002—2016年柑橘木虱累计发生面积27 756hm^2，累计防控面积为268 713.3hm^2。

二、分类与形态特征

分类：半翅目(Hemiptera)、胸喙亚目(Stenorrhyncha)、木虱总科(Psyllidae)、木虱科(Psyllidae)。

学名：*Diaphorina citri* kuwayama。

柑橘木虱成虫

成虫：体长约3mm，宽约1mm，体表青灰色有褐色斑纹，头部前方两个颊锥凸出明显如剪刀状，中后胸较宽，整个虫子近菱形。足腿节黑褐色，胫节黄褐色，跗节褐色，爪黑色；后足胫节黄色，无基刺，端刺内外各3个，基跗节有一对端刺。前翅半透明，散布褐色斑纹，此带纹在顶角处间断，近外缘边有5个透明斑，后翅无色透明。成虫静止时与附着物成45°角。

卵：长约0.3mm，宽约0.2mm，呈芒果形，橘黄色，表面光滑，顶端尖削，另一端有一短柄。卵散生或成排、成堆。

若虫：初乳白色至淡黄色，后期转青绿色，扁椭圆形，背面略隆起。共5龄，具翅芽，各龄若虫腹部周缘分泌有白色短蜡丝。

三、发生规律与影响因子

（一）发生规律

在浙江南部，柑橘木虱1年发生7代，以成虫在叶片背面越冬，世代重叠，成虫有趋黄性。3月中下旬越冬代成虫开始产卵，4月下旬开始孵化，5月上旬第一代成虫开始出现。产卵盛期分别为4月中、6月上、7月上、8月上、8月下、9月中下、10月初，其中8月下旬和9月中旬是木虱全年卵量最高峰期；卵高峰后7～8天即出现若虫盛期，8月底和9月底是若虫的最高峰期；成虫则无明显高峰期。木虱卵、若虫的发生盛期与柑橘抽梢期相吻合，亦即柑橘春、夏、秋梢的主要抽发期，一般以秋梢上的虫口数量最多，为害最严重。橘树每次嫩梢长至3～6cm时，虫口密度最大，卵量在每次梢发芽5mm时最大。

（二）影响因子

1. 寄主和食料

柑橘木虱一般对柑橘属为害最重，九里香和枳属次之，其他属较轻。柑橘属中枸橼类

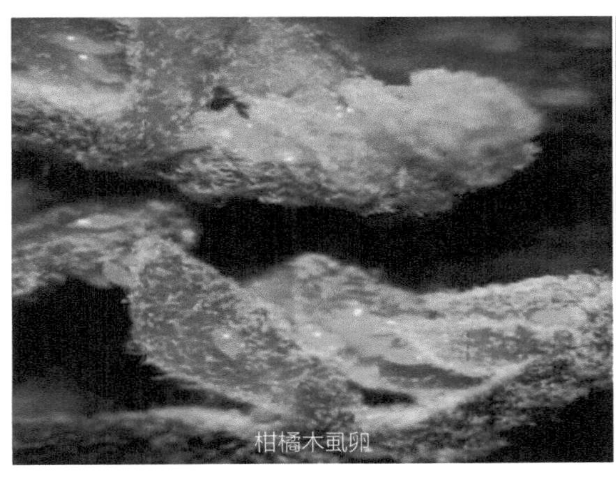
柑橘木虱卵

柑橘木虱若虫

受害最重，甜橙类次之，宽皮橘类最轻。柑橘木虱与物候关系密切，木虱若虫须在嫩梢上取食，没有嫩芽，木虱就不能产卵，不能完成世代繁衍。

2. 气候因素

柑橘木虱是喜温性昆虫，据邓铁军等报道，0℃以下2个星期以上的地区，柑橘木虱的死亡率达100%；0℃以下持续10天的地区，死亡率超90%；持续1个星期的地区，死亡率80%～90%。这种持续0℃以下气温加上持续的冰雨，导致柑橘木虱死亡率会进一步增加。0℃以下天数少或没有的地区，柑橘木虱的死亡率相对较低。在浙江南部橘区历史上越冬成虫死亡率最高达到95%～100%。但是，近年来冬季气温变暖，使木虱发生纬度北移，发生范围扩大、越冬基数提高。长期阴雨对木虱繁殖活动不利，虫口明显下降。

3. 栽培管理

栽培管理粗放和长期失管，且很少用药的橘园，或者房前屋后零星橘树，则木虱虫口密度高。通常衰弱树和黄龙病树上虫口密度远较健树上的为高，其差别可高达10多倍，这是因为弱树和病树树冠枝叶稀疏，抽梢不整齐，从而有利于木虱的产卵繁殖。

4. 天敌的影响

跳小蜂、瓢虫、草蛉、花蝽、蓟马、螳螂、食蚜蝇、螨类、蜘蛛和蚂蚁等天敌对木虱有一定的抑制作用。

四、防控措施

(一)严格植物检疫

对柑橘木虱的检疫主要是因为它传播柑橘黄龙病，因此应禁止将疫情发生区柑橘苗木及其他芸香科寄主植物运到无虫区栽种，还要对九里香等花卉寄主植物的检疫，防止木虱随花卉植物调运而传播。

(二)加强栽培管理

科学合理施肥，保持橘树生长健壮。坚持抹芽放梢(盛果期果园可全部去除夏梢)，去零留整秋梢，抹除晚秋梢，促进柑橘整齐放梢，减少夏秋期间木虱生活繁殖和越冬木虱早期食料、产卵繁殖场所。

（三）药剂防治

抓住春梢、夏梢、秋梢等新芽萌发至展叶时进行喷药。药剂可选用5% 锐劲特 SC 1 500倍、10% 吡虫啉 WP 2 000倍、1.8% 阿维菌素 EC 2 500倍、25% 噻虫嗪 WG 5 000倍、20% 吡虫啉 SL 4 000倍等农药交替使用，施药间隔期为7～10天。要注重越冬期成虫的防治，在冬季清园时，结合其他病虫害全面喷药1次，降低越冬基数。

第四节　美洲斑潜蝇

一、发生史

1993年我国在海南省三亚市的反季节瓜菜作物上首次发现，1995年黄岩首先在南城、北城等蔬菜上发现，以后发生范围逐步扩大，发生面积逐年增加，黄岩全境均有美洲斑潜蝇发生为害。据2003年调查蔬菜、瓜类、豆类作物面积1 918.6hm^2，发生面积874.3hm^2，占调查面积45.57%，其中重发面积52hm^2，占调查面积的2.7%，中发面积233.7hm^{2}占调查面积的12.18%，轻发面积588.5hm^{2}占调查面积的30.68%。此后因在全国普遍发生，将美洲斑潜蝇不再列为全国农业检疫性有害生物名单，对其发生为害情况未作详细调查记载。

二、分类与形态特征

分类：双翅目（Diptera）潜蝇科（Agromyzidae）斑潜蝇属（*Liriomyza*）。

学名：*Liriomyza sativae* Blanchard。

美洲斑潜蝇以幼虫为害叶片而影响作物商品价值。幼虫取食正面叶肉，形成先细后宽的蛇形虫道，破坏叶内的叶绿体细胞，降低光合作用。植株幼苗期为害可使植株发育推迟，影响作物产量，严重时使植株枯死，影响花卉等观赏植物的经济价值。

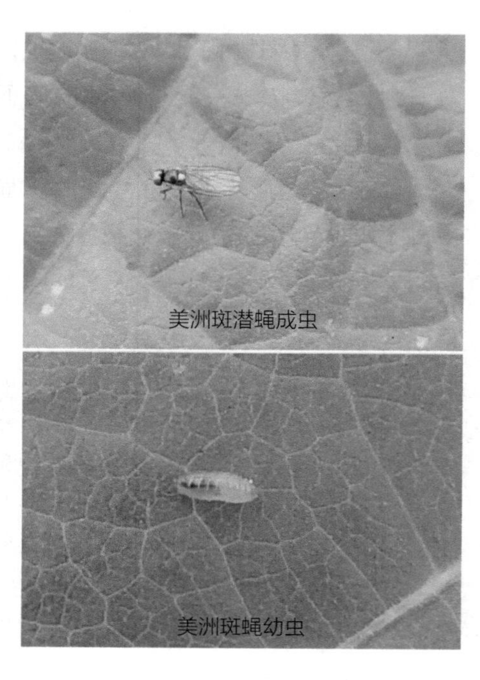
美洲斑潜蝇成虫
美洲斑蝇幼虫

成虫：体形较小，雌虫体长2.5mm，雄虫1.8mm，翅长1.8～2.2mm。额宽为眼宽的1.5倍，稍突出于眼眶，上眶鬃2对，下眶鬃2对。胸背板亮黑色，外顶鬃常着生在黑色区上，内顶鬃着生在黄色区或黑色区上。中胸背板黑色有光泽，小盾片黄色。足基节、腿节黄色，胫节、跗节暗褐色。前翅中室较小，M_{3+4}末段长为次末段的3～4倍。腹部可见7节，各节背板黑褐色，有宽窄不等的黄色边缘；腹板黄色，中央常暗褐色，有的呈橙黄色。

卵：米色，半透明，将孵化时呈浅黄色，卵大小为（0.2～0.3）mm×（0.1～0.15）mm。

幼虫：蛆状，初孵时半透明，共有3个龄期，初孵幼虫体长0.5mm，老熟幼虫体长3mm，幼虫随着龄期的增加，逐渐变成淡黄色，幼虫后气门呈圆锥状突起，顶端三分叉，各具1开口。

蛹：椭园形，橙黄色，腹面稍扁平，后期变深，后气门3孔，与幼虫相似。体长1.3～2.3mm。

三、发生规律与影响因子

（一）发生规律

美洲斑潜蝇番茄后期为害状

美洲斑潜蝇在温州地区年发生13～14代，在杭州地区年发生10～12代。一般雄虫较雌虫先出现，成虫羽化后24h便可交尾产卵，1次交尾可使1头雌虫所有的卵受精。雄虫和雌虫在实验室条件下均可食稀释的蜂蜜，在野外则可取食花蜜。产卵的数量随温度和寄主植物而异，在25℃下雌虫1生平均可产卵164.5粒，卵期2～5天。卵期随温度的升高而明显地缩短，当温度从19℃升到34℃时，卵期则从4.7天缩短至1.7天，在30℃时卵期一般为1～2天。幼虫发育历期一般为4～7天，在25℃时幼虫历期为3.8天。幼虫老熟后，多数在叶背面化蛹，叶正面较少，也可由叶面落入地面化蛹。老熟幼虫爬出叶片后一般几小时内完成化蛹。蛹期为7～14天，在28℃下，蛹历期为8～10天。完成1个世代在15～26℃条件下，需要16～20天，在25～35℃时需要12～14天。每年在田间的发生为害程度是不同的，在5月份以前温室大棚中为害较轻，5月以后逐渐进入为害盛期。在大田中，6月后才开始严重为害，7、8、9月间是造成为害的主要时期。

（二）影响因子

美洲斑潜蝇幼虫和卵可随蔬菜、瓜果及铺垫的寄主植物传播，蛹可随盆栽植物、土壤、交通工具等作远距离传播，另外还能依靠自身的迁移扩散和飞行能力传播。

温度是影响该虫发生为害主要因素。据山西李俊林1998年报道，在21～32℃，美洲斑潜蝇的种群发生随温度升高而增长。1997年调查田间第一代历期为23天（4月27日至5月19日）平均气温为23.1℃。第五代发生历期为14天（7月16—29日）平均气温为30.9℃。

降水量也是影响该虫种群变动的因素之一。美洲斑潜蝇虫体小，抗暴风雨能力差，当遇到暴雨或连续降雨时易受冲刷，自然死亡率高。据报道，当5—8月日均温24.6℃，降雨43次（10mm以上降雨11次），降水量为334.1mm，美洲斑潜蝇发生较轻。当5—9月日均温为27.5℃，降雨28次（10mm以上降雨3次），降水量为104.1mm，造成美洲斑潜蝇大发生。

土壤湿度也是影响该虫种群数量变动的因子之一。据报道，土壤湿度过大对蛹发育不利。土壤含水量为13%时，蛹羽化率为85%；土壤含水量为20%时，蛹羽化率为38%。

四、防治措施

（一）化学防治

在受害作物叶片有幼虫5头时，掌握在幼虫2龄前（虫道很小时），喷洒98%杀螟丹 TC 1 500～2 000倍或1.8%爱福丁 EC 3 000～4 000倍液、48%毒死蜱 EC 800～1 000倍液、25%杀虫双 AS 500倍液、98%杀虫单 SP 800倍液、50%蝇蛆净 DP 2 000倍液。防治时间掌握在成虫羽化高峰的8～11时效果好。

（二）农业防治

1. 轮作换茬与休闲减轻为害

在美洲斑潜蝇发生严重的地区最好实行轮作换荐，如瓜果、豆类与辣椒、葱蒜、玉米和水稻进行轮作换茬，减轻为害。

2. 种植异味蔬菜驱避成虫和喜好作物诱集成虫

据调查，很多有异味的蔬菜不受美洲斑潜蝇为害，因此在发生较严重的田块，如瓜类、豆类的菜田四周或间隔套种苦瓜、香菜（芫荽）、大蒜等有异味的蔬菜，可起到很明显驱避美洲斑潜蝇成虫的作用。在田边、地头种植牛皮菜，作为诱集作物来保护主栽商品蔬菜。

3. 深翻土壤，施药灭蛹

针对美洲斑潜蝇落地化蛹的特点，在播种或移苗前提倡深翻土壤，将掉在土壤表层的蛹翻到土下，使其不能羽化，并用3%氯唑磷 GR(22.5～30kg/hm^2) 作土壤处理，除能杀死美洲斑潜蝇的落地蛹外，还可杀死根结线虫及其他地下害虫。

4. 插黄牌挂黄条诱杀成虫

针对美洲斑潜蝇成虫的趋黄性，在成虫高峰期，在棚栽蔬菜内外和露地蔬菜四周或田中插黄牌挂黄条诱杀成虫。

黄牌制作方法：用长方形纸箱或纸板正反面都涂上一层机油做成黄牌，用竹木棍做支撑插在菜田四周或穿铁丝做成吊牌挂在棚内外或架材上。采用灭蝇纸诱杀成虫，在成虫始盛期至盛末期，每亩设置15个诱杀点，每个点放置1张诱蝇纸诱杀成虫，3～4天更换1次。

第五节　柑橘小实蝇

一、发生史

柑橘小实蝇曾经是全国植物检疫性有害生物。2006年以前浙江省没有柑橘小实蝇发生记录，2006年下半年只在浙江的个别地方发现，2007年通过性引诱剂监测，全省接近50个县（市区）有柑橘小实蝇发生，而且在部分地区造成了严重为害。2007年5月，柑橘小实蝇在台州市首次发现以来，其发生为害已遍布整个台州市，为害对象包括柑橘、梨、桃、葡萄、枣、枇杷等。黄岩区也于2007年在杨梅和柑橘园诱捕到橘小实蝇成虫，但该虫在黄岩所有寄主作物上未发现有明显的为害，2010年以后很难查见成虫。

二、分类与形态特征

分类：双翅目（Diptera），实蝇科（Tephritidae），寡鬃实蝇亚科（Dacinae），寡毛实蝇属（Dacini）。

学名：*Bactrocera dorsalis* (Hendel)。

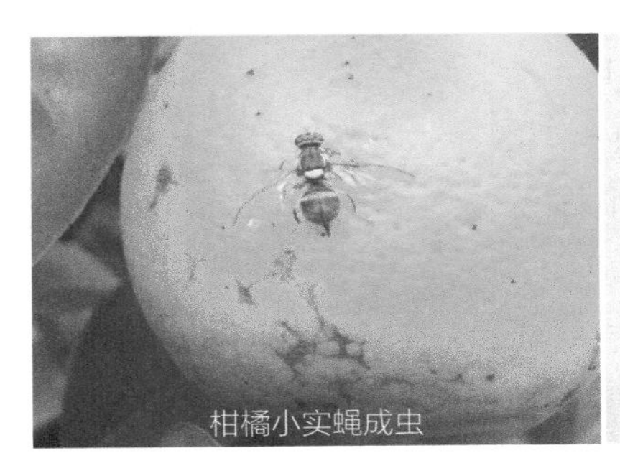
柑橘小实蝇成虫

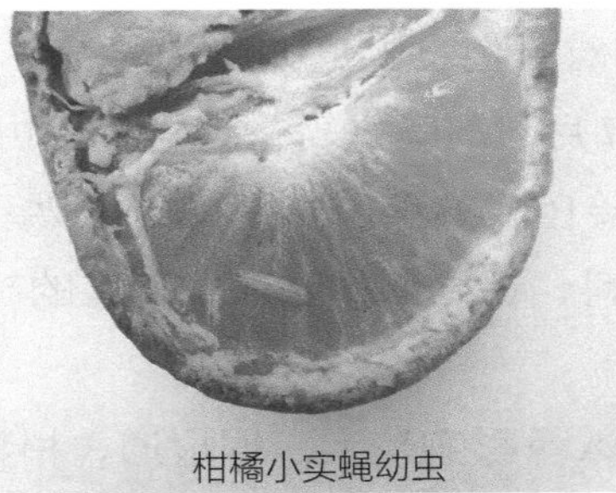
柑橘小实蝇幼虫

柑橘小实蝇为害

成虫：体长7～8mm，头黄色或黄褐色，中胸背板黑色，有2条黄色侧纵，上生黑色短毛，小盾片黄色，与2条黄色纵带连成“U”字形。前翅缘带暗褐色，伸达翅尖，较狭窄。腹部棕黄色到锈褐色，第三节背板具1黑色横带，1黑色中纵带始于第3节黑横带，终于第5节末端之前，组成“T”字形斑。后足胫节暗褐色。雄虫阳茎端膜状组织上具透明的刺状物，背针突前叶短，第五腹板后缘深，雌虫产卵管端部略圆。

卵：长1.0mm，白色两端尖，其中一端比另一端更尖，梭形。

幼虫：蛆形，黄白色，体长9～10mm；前气门有10～13个指突，后气门板1对，新月形，各有3个长椭圆形裂孔。肛门隆起明显，全部伸到侧区的下缘，形成1个长椭圆形的后端。

蛹：围蛹，椭圆形，长5.0～5.5mm；淡黄色。初化蛹时乳白色，逐渐变为淡黄色，羽化时呈棕黄色。

三、发生规律与影响因子

（一）发生规律

柑橘小实蝇以成虫或蛹越冬。根据张小亚等2011年报道，通过继代饲养观察，在台州黄岩地区柑橘小实蝇常温条件下，1年可发生6代，世代重叠严重。1—2月期间气温最低，柑橘小实蝇越冬虫态主要以成虫或蛹；随着气温上升，3月中旬开始第一代成虫；5—8月期间，由于气温偏高，柑橘小实蝇完成1世代所需时间缩短，第二至第四代相继出现且各世代重叠严重；9—12月期间，由于气温逐渐下降，第五至六代相继出现，并以第六代成虫或者蛹越冬。

（二）影响因子

1. 气候条件

柑橘小实蝇喜湿热，低温和干旱的气候不利于其生长和生存。空气温度、土壤温度和光刺激对柑橘小实蝇成虫繁殖起着重要作用，柑橘小实蝇生长发育的适宜温度为28～25℃，当高于33℃或低于15℃时，蛹、幼虫和卵的死亡率均显著增加；冬季寒潮连续多日低温，不利成虫越冬。降水量过多过少都不利柑橘小实蝇的发生，月平均降水量少于50mm，种群数量较低：月平均降水量在100～200mm时，种群数量处在增长阶段；月平均降水量250mm以上时，其种群数量会迅速下降。

2. 寄主植物

柑橘小实蝇嗜好寄主作物影响其种群数量变化。种群动态和寄主植物的成熟期关系密切，嗜好寄主植物的转色成熟期成为各果园柑橘小实蝇发生的高峰期；柑橘小实蝇成虫对绿色食物的取食趋性最强，雌成虫对黄色食物产卵趋性最强。1年之中橘小实蝇的嗜好寄主食物链中断，会影响其继代繁育。7月之前嗜好寄主食物少诱虫量也很少，8月开始诱虫量逐步上升，9—11月正值柑橘和文旦转色成熟期，且早熟、中熟和迟熟品种都有，挂果期和成熟期长为柑橘小实蝇提供了丰富食料，在局部橘园形成为害的高峰期。

3. 生态环境

生态环境对柑橘小实蝇种群数量影响较大。据报道，柑橘小实蝇山谷生境的种群数量明显高于山脊生境；沿河生境的种群数量要显著高于非沿河生境。山谷与沿河生境较山脊与非沿河生境相对湿度较高、昼夜温差小、小气候较稳定，适合柑橘小实蝇生存与活动；单一果园与混合果园相比，混合果园橘小实蝇发生期长，发生量大为害重。2007年柑橘小实蝇入侵台州橘区后，发生为害严重的生态环境都位于朝南的山谷里，气温相对较高，小气候稳定，适于当年入侵的柑橘小实蝇生存。

4. 土壤条件

柑橘小实蝇以老熟幼虫在土中化蛹才能完成生活史，因此土壤类型与土壤含水量对柑橘小实蝇的发生具有重要作用。柑橘小实蝇发生严重地区一般处于山地，土壤类型为壤土和砂土。据报道，柑橘小实蝇幼虫具自主选择或避让恶劣环境的行为选择，在遇到不适合化蛹场所时会选择有利化蛹的土壤环境；土壤含水量和土壤湿度对橘小实蝇蛹的存活率影响很大，当土壤含水量高于80%或低于40%时，老熟幼虫入土慢，死亡率高，同时蛹的羽化率也受到明显抑制。

四、防控措施

(一)检疫措施

柑橘小实蝇主要以幼虫随瓜果、蔬菜运输的形式来传播，虽然目前已不是国内检疫性有害生物，但对此虫在源头上控制传播很有必要。在瓜果、蔬菜调运过程中一旦发现虫果，须经有效的无害化处理后，方可调运。

(二)农业防治

1. 合理规划柑橘种植区

在同一区域内要集中连片种植同一熟期的柑橘品种，避免零星种植番石榴、桃、李、杨桃等易受橘小实蝇为害的果树，切断桥梁寄主，可以减轻主栽果树的为害。

2. 捡拾落地果

在为害的果园中，要每隔3天清除果园中的虫果、烂果、落果，将虫果、烂果、落果装入密封的塑料袋内将害虫窒息死亡，或掩埋在50cm以上深度的土坑中，用土覆盖严实；或者倒入水中浸泡8天以上；或用50% 灭蝇安 WP 7 500倍浸泡2天，经过处理后能很大程度上降低下一代的虫口密度。

3. 深翻土壤

在柑橘小实蝇越冬成虫羽化前深翻土壤，使之不能羽化。

4. 套袋防虫

对经济价值高的水果，在果实黄熟软化前套袋，套袋前进行一次病虫害的全面防治。

(三)性引诱剂、饵剂诱杀

1. 性引诱剂

利用甲基丁香酯散发出类似雌蝇激素的气味诱杀雄蝇，其对雄成虫具有很强的引诱作用。果园挂诱杀瓶45～75个/hm^2，挂放高度以树冠中部为佳，选取有利风向，避免受树叶直接遮蔽和阳光直射的地方。

2. 饵剂诱杀

当田间为害严重时，在果实膨大期至果实转色期喷施猎蝇，用药量1 500mL/hm^2，用2次稀释法稀释6～8倍，采用手持式压力喷雾器粗滴喷雾，每隔3m点喷，每点喷中下层树冠面积约碗口大小，每7天喷1次，采果前10天停药，如遇降雨，雨后需补喷。

(四)化学防治

1. 地面施药

每隔2个月，每亩用0.5kg 5% 辛硫磷 GR 撒施，或用45% 马拉硫磷 EC500～600倍或用48% 乐斯本 EC800～1 000倍在地面泼浇，以杀灭脱果入土的幼虫和出土的成虫。

2. 树体喷药

在果实转色期，柑橘小实蝇产卵盛期前的上午9—10时喷药，一般每隔15天喷1次，连续3次或4次，直到果实收获前10～15天停止。选用高效、低残留的有机磷、菊酯类农药，如用10% 氯氰菊酯 EC 2 000倍，或用30% 天王柏油 EC 800倍，或用48% 乐斯本 EC 3 000倍。

第六节　蔗扁蛾

一、发生史

2001年，在对黄岩城区花鸟市场、九峰公园花圃、黄岩城关实验农场花圃、黄岩园艺服务部以及院桥镇、高桥和南城街道办事处的主要花圃、绿化树苗圃共14家单位（花圃）中所有的巴西木、发财树、荷兰铁进行逐株检查，检查结果凡种有巴西木、发财树的花圃均发现蔗扁蛾。据发现蔗扁蛾的4个花圃（市场）调查统计：巴西木平均株为害率为37.3%，幅度为12.5%～41.7%；发财树平均株为害率为24.9%，幅度为12.3%～54.1%；荷兰铁平均株为害率为0.098%，幅度为0%～13.0%。蔗扁蛾是一种广谱性的钻蛀害虫，寄主植物范围很广，可为害28科87种植物。寄主有巴西木、荷兰铁、发财树、榕树、鹅掌柴、紫藤、杨柳树、天竺葵及棕榈类植物等，还有甘蔗、香蕉、番茄、玉米、茄子、马铃薯等农作物。蔗扁蛾随巴西木、发财树等花卉从南方调入而遭入侵的。

二、分类与形态特征

分类：鳞翅目（Lepidoptera）辉蛾科（Hieroxestidae）扁蛾属（Opogona）。

学名：*Opogona sacchari* Bojer。

成虫：体长8～10mm，翅展22～26mm。体黄褐色，前翅深棕色，中室和后缘各有1黑色斑。前翅后缘有毛束，停息时毛束翘起如鸡尾状。雌虫前翅基部有一黑色细线，可达翅中部。后翅黄褐色，后缘有长毛。腹部腹面有2排灰色点列。

蔗扁蛾成虫

卵：淡黄色，卵圆形，长0.5～0.7mm，直径0.3～0.4mm。卵多产在未展开的叶与茎上。

幼虫：体白色，透明。老龄幼虫体长20mm左右，充分伸长可达30mm，粗约3mm。头红褐色。体背有成排矩形斑，体侧有毛片。腹足5对，第三至第六节的腹足趾钩呈二横带，趾钩单序密集40余根，周围有许多小刺环绕。

茧：长14～20mm，宽约4mm，由白色丝织成，外表粘以木丝碎片和粪粒等杂物。

蛹：长约10mm，宽约4mm，亮褐色，背面暗红褐色而腹面淡褐色，首尾两端多呈黑色。

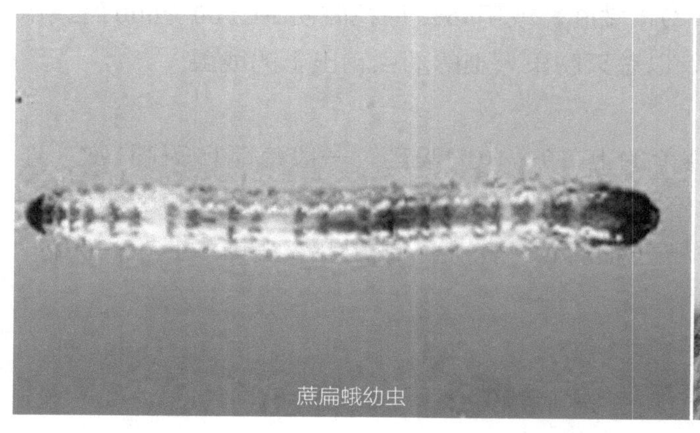
蔗扁蛾幼虫

蔗扁蛾为害和蛹

三、发生规律与影响因子

（一）发生规律

据吴蓉等研究报道，蔗扁蛾在浙江1年发生4代，在野外不能越冬，但在大棚和温室内以幼虫在土壤中越冬。第二年4月上旬至5月上旬越冬幼虫活动取食，越冬代蛹期在4月下旬至6月上旬，越冬代成虫5月上旬至6月中旬。第一代幼虫期5月中旬至8月中旬，第一代成虫期7月上旬至8月下旬。第二代幼虫取食期7月上旬至9月中旬，成虫期在8月中旬至10月上旬。第三代幼虫期在8月下旬至10月下旬，成虫期在10月下旬至11月下旬。第四代（越冬代）幼虫期在11月中旬至翌年3月。

（二）影响因子

1. 食料

蔗扁蛾食性复杂，属多食性的植食性害虫。但根据饲养观察，不同寄主植物对蔗扁蛾产卵量有明显影响，按顺序排列依次为：马铃薯604粒、甘薯361粒、发财树298粒、甘蔗171粒。

2. 温度

温度是蔗扁蛾生长发育的关键因子。据文献报道，该虫发育起点温度为9.27℃，有效积温为758.80日度（℃）。19～31℃是该虫生长发育适宜温度范围，温度大于34℃时几乎不能完成世代繁育。另据报道，蔗扁蛾耐寒能力较弱，幼虫过冷却点在－6.44～－4.36℃，在－2℃以下就能造成其很高的死亡率。因此，一般认为在温带及寒带大部分地区，蔗扁蛾在野外自然条件下不能越冬。

3. 湿度

湿度对蔗扁蛾生长发育及生存影响极大。据报道，相对湿度大于80%蔗扁蛾卵的孵化最适，相对湿度小于60%不利于卵的孵化，相对湿度小于45%卵的孵化受阻。浸水试验表明，卵浸水的时间小于20min不影响孵化，浸水时间大于1h后，卵的死亡率开始上升，浸水处理大于48h，卵的校正死亡率高达70%。空气湿度对幼虫的生存影响不大，外部环境中的相对湿度对卵的孵化有较大的影响。

四、防控措施

（一）检疫管理

检疫监管是防止蔗扁蛾进一步扩散的重要措施，在该虫发生区要重点做好产地检疫和调运检疫，采取必要的封锁与隔离措施，防止疫情的传出和扩散。未发现蔗扁蛾疫情的地区，重点抓好防范工作，从外地调入巴西木和发财树等园艺植物应执行调运检疫措施，发现虫害木桩应及时烧毁。

（二）加强栽培管理

在同一个温室内避免种植蔗扁蛾最嗜食的寄主植物，尽可能地避开寄主间的交叉为害。在巴西木的栽培过程中，一定要做好锯口的处理，封蜡要严实，封好后再刷一遍杀虫剂，预防成虫产卵。大棚或温室盆栽的巴西木换土时，如发现盆土有越冬幼虫、蛹，应及时喷药杀灭。

（三）化学防治

在各代幼虫期喷药1次或2次，夏季尤其是秋冬季至开春前，发现虫害时用20%喹硫磷EC 1 500倍、或用50%辛硫磷EC 1 000倍、或用50%杀螟松EC 1 000倍、或用80%敌敌畏EC 1 000倍，每隔7天喷1次，连续喷洒茎秆2次或3次。

在条件允许的情况下，可在密封的温室中对刚运回的巴西木、发财树用80%的敌敌畏EC 100倍液挂在室内熏蒸，3天1次，连续3次。冬季可用90%的敌百虫晶体配成1：200倍毒土，均匀撒在盆土表面，亦可杀死越冬潜土的蔗扁蛾。

第四章　入侵的杂草类有害生物

第一节　加拿大一枝黄花

一、发生史

2004年首先在院桥镇上春村和下春村一带发现加拿大一枝黄花入侵，主要是因为台州机场建设工程泥土运倒在这2个村而传入，当时发生面积不到667m²。2005年在院桥、江口、东城、高桥、沙埠和澄江等6个乡镇(街道)16个村发生加拿大一枝黄花，面积2.19hm²，除了院桥上春村、下春村和澄江桥头王村发生面积稍大外，其他13个村都属零星发生状态；2006年全区有7个乡(镇、街道)26个村发现加拿大一枝黄花，面积2.68hm²；2008年在院桥、沙埠、江口和高桥发生面积2.63hm²；2009年在院桥、沙埠、江口和高桥发生面积为1.43hm²；2010年发生面积1hm²；2011年发生面积0.93hm²；2012年发生面积2.47hm²；2013年发生面积3.2hm²。2014年发生面积3.97hm²；2015年发生面积4.13hm²。2006年发生面积4.2hm²。

二、分类与形态特征

加拿大一枝黄花(*Solidago canadensis* L．)为菊科一枝黄花属多年生草本植物。

成株：多年生草本植物。植株高1.5～3m，茎直立、杆粗壮，中下部直径可达2cm，下部一般无分枝，常成紫黑色，密生短的硬毛，地下具横走的根状茎。

根茎：植株地下有4～15条根状茎，以根颈为中心向四周呈辐射状伸展生长，最长近1m，其上长有2～3个或多个分枝，顶端有芽。

叶：叶披针形或线状披针形，互生，椭圆形、顶渐尖，基部楔形，近无柄。

花、果实：花果期10—11月。顶生蝎尾状圆锥花序，长10～50cm，具向外伸展的分支，分支上密生黄色头状花序。头状花序总苞片长3.5～4mm，舌状花雌性，花柱顶端两裂成丝状；管状花两性，花柱裂片长圆形，扁平。果实为连萼瘦果，长1mm，有细毛，冠毛呈白色，长3～4mm。

三、为害情况和生态学特性

加拿大一枝黄花的为害主要表现在对本地生态平衡的破坏和对本地生物多样性的威胁。这是由于加拿大一枝黄花有强大的竞争优势：一是繁殖能力强，无性有性结合，1株植株可形成2万多粒种子，高的达到3万粒，在自然条件下发芽率50%左右。二是传播能力强，远近结合，有随风或气流或动物携带作远距离传播。也能随土壤传播，在有加拿大一枝黄花生长的城乡荒地建房挖出的土壤运到哪里，加拿大一枝黄花就生长到哪里。三是生长期长，在其他秋季杂草枯萎或停止生长的时候，加拿大一枝黄花依然茂盛，花黄叶绿，而且地下根茎继续横走，不断蚕食其他杂草的领地，而此时其他杂草已无力与之竞争。四是竞争与化感作用，在生长密集的加拿大一枝黄花生长区，地下几乎找不到其他杂草。这4个特点使得它对所到之处本土物种产生了严重的威胁，易成为单一的加拿大一枝黄花生长区。

加拿大一枝黄花

四、防控措施

(一)农业防治

加拿大一枝黄花连片生长区其根系分布较浅，一般采用连根拔除之后焚烧的方式进行防控，但此法费时费力，成本高，效率低。在开花期剪去花枝，减少种子形成数量，此法相对简便但不彻底，无法清除地下繁殖器官。

加拿大一枝黄花种子小、发芽势差、顶土能力弱，在发生地进行土壤翻耕将其种子翻入土下5cm以下就无法发芽出土。因此可在冬季对一枝黄花主要落种区实施耕翻，覆盖种子，以减少春季出苗量。抛荒地上的加拿大一枝黄花，把植株连根(根状茎)挖除后，及时复耕复种，减少抛荒，压缩发生范围。

(二)化学防除

化学防除是控制加拿大一枝黄花最经济有效的方法。在苗期或成株期，用草甘膦等灭生性除草剂及其复配剂防除效果较好。

第二节　菟丝子

一、发生史

2002年在农业植物疫情普查时，在沙埠镇和北洋镇的柑橘园中发现菟丝子为害，其中沙埠镇有8株橘树、北洋镇有42株橘树遭受菟丝子的寄生为害。另外在北洋镇庭园绿化的冬青树上发现13株菟丝子寄生为害。

二、分类与形态特征

分类地位：旋花科（Convolvulaceae）菟丝子亚科（Cuscutoideae），该属约有170种。菟丝子是恶性寄生杂草，靠吸盘吸取寄主植物的营养。常寄生在豆科、菊科、蓼科、苋科、藜科和芸香科等多种植物上。菟丝子不仅吸取寄主营养还能缠绕覆盖在寄主植株上使植物死亡，菟丝子为一些病虫提供中间寄主，助长病虫害发生，具有顽强的适应性，一旦发生很难根除。

菟丝子为害状

菟丝子属植物是1年生寄生缠绕草本植物。无根、无叶或叶退化为小鳞片，茎线形，光滑，无毛。幼苗时淡绿色，寄生后，茎呈黄色、褐色或紫红色，大多为黄色。茎缠绕后长出吸器，借助吸器固着寄主，不仅吸收寄主的养料和水分，而且给寄主的输导组织造成机械性障碍。花小，白色或淡红色；无梗或有短梗；花序为穗状，总状或簇生呈球状团伞形花序；苞片小或无；花为5～4出数。花萼杯状，5裂，裂片三角形，中部以下连合；花冠管状、壶状或钟状，在花冠内面近基部雄蕊下方，着生5个边缘分裂或流苏的鳞片。雄蕊5枚，花丝短，着生在花冠裂片相邻或花冠喉部，通常略有伸出；雌蕊由2心皮组成，子房近球形，上位，2室，花柱1～2，柱头球形；蒴果近球形或卵形，周裂，附有宿存的花冠；种子1～4粒不等。种子无毛，没有胚根和子叶。

三、生物学特性

菟丝子主要以种子繁殖。在自然条件下，种子萌发、生长与寄主植物同步。种子具有休眠特性，当种子落入土中后每年仅有少量种子萌发，随着时间推移，休眠逐渐解除，一般在4～6年后达最大萌发率。种子在土中或干储时寿命最长，可保持寿命达10年以上。菟丝子种子萌发后，长出细长的茎缠绕寄主。一般自种子萌芽出土到缠绕上寄主需3天，与寄主建立起寄生关系需7天左右，此时下部即自行干枯而与土壤分离；从长出新苗到现蕾需30天以上，现蕾到开花约10天；自开花到果实成熟需20天左右。因此，菟丝子从出土到种子成熟需80～90天。从茎的下部向上陆续现蕾、开花、结果、成熟。因此，菟丝子具有连续结实性，且结果时间长，数量多，一株菟丝子能结数千粒种子。除此以外，菟丝子还可依靠很强的再生能力进行营养繁殖。

菟丝子主要以种子和断茎传播，种子多而小寿命又长，混杂在农作物、商品粮、种子或饲料中进行远距离传播。缠绕在寄主上的菟丝子片段也能随寄主远征扩散。还可随水流、农机具、鸟兽、人类活动等广泛传播。在新的生长区与寄主建立新的寄生关系，形成新的寄生群。

四、防控措施

(一)植物检疫

菟丝子以种子混杂在农作物种子、商品粮或饲料中进行远距离传播。因此，对农作物种子、商品粮、饲料或寄主植物植株应严格实施检疫，防止菟丝子随植物或植物产品调运传播。

(二)农业防治

在秋冬季节通过深翻土壤可以减少菟丝子种子萌发；田边、路边和荒地上菟丝子，在开花前人工铲除；对农作物地零星发生的菟丝子，可在现蕾开花前人工拔除；农作物种子在播种前用相应规格的筛清除混杂其中的菟丝子，将筛下物集中处理；合理轮作，玉米、高粱、谷子等谷类作物与大豆轮作效果好；在大豆出苗后，结合中耕除草，拔除烧毁被菟丝子缠绕的植株。

(三)化学防除

用除草剂地乐胺、拉索、毒草胺等对菟丝子有一定的效果，同时能防除大豆苗期其他杂草，消灭桥梁寄主。

参考文献

[1] 王守聪，钟天润．全国植物检疫性有害生物手册 [M]. 中国农业出版社，2006，7-200.

[2] 郎国良，徐南昌，童银林，等．水稻细菌性条斑病药剂防治试验 [J]. 植物检疫，1998(2)：92-93.

[3] 应德文．水稻细菌性条斑病综合防治技术 [J]. 福建农业，2004(4)：18.

[4] 李碧文，李建仁．水稻细菌性条斑病防治研究 [J]. 江西农业科技，1988(9)：20-22.

[5] 余继华，顾云琴，李云明．温黄平原水稻细菌性条斑病发生及综防措施．中国植物病理学会 2010 年学术年会论文集．

[6] 任建国，黄思良，李杨瑞，等．柑橘溃疡病的流行因子分析及其发生程度的预测 [J]. 广西农业科学，2007，36(3)：270-272.

[7] 夏建平，夏建美，夏建红，等．柑橘溃疡病综合治理技术探讨 [J]. 中国植保导刊，2006(8)：26-27.

[8] 叶志勇，叶峰，余继华，等．柑橘溃疡病的发生与综合防治技术 [J]. 浙江柑橘，2005(3)：28-29.

[9] 许美容，戴泽翰，孔维文，等．基于分子技术的柑橘黄龙病研究进展 [J]. 果树学报，2015，32(2)：322-334.

[10] 柯冲，林先沾，陈辉，等．柑橘黄龙病与类立克次体及线状病毒的研究初报 [J]. 科学通报，1979(10)：463-466.

[11] 余继华，汪恩国．柑橘黄龙病发生为害与防治指标研究 [J]. 浙江农业学报，2009，21(4)：370-374.

[12] 吴如健，柯冲．柑橘黄龙病治理试验及综合防治措施 [J]. 江西农业学报，2007，19(9)：69-71.

[13] 谢钟琛，李健，施清，等．福建省柑橘黄龙病为害及其流行规律研究 [J]. 中国农业科学，2009，42(11)：3 888-3 897.

[14] 林孔湘．柑桔黄梢（黄龙）病的进一步研究．植物保护学报，1963，2(3)：243-251.

[15] 孟幼青，董海涛，严铁．浙江不同品种柑橘黄龙病发生初报 [J]. 浙江农业科学，2006(5)：568-569.

[16] 黄立飞，罗忠霞，房伯平，等．甘薯茎腐病的研究进展 [J]. 植物保护学报，2014，41(1)：118-122.

[17] 秦素研，黄立飞，葛昌斌，等．河南省甘薯茎腐病的分离与鉴定．作物杂志，2013(6)：52-55.

[18] 黄立飞，罗忠霞，房伯平，等．我国甘薯新病害 - 茎腐病的研究初报．植物病理学报，2011，41(1)：18-23.

[19] 黄立飞，罗忠霞，邓铭光，等．甘薯新病害茎腐病的识别与防治．广东农业科学，2011(7)：95-96.

[20] 王荣洲 . 黄瓜绿斑驳花叶病毒病的发生、为害症状与防治对策 [J]. 新农村,2013(2):23-24.

[21] 李云明,顾云琴,项顺尧,等 . 黄瓜绿斑驳花叶病毒病为害西瓜特点及防治技术 [J]. 现代农业科技,2012(7):175.

[22] 黄超,苗广飞 . 黄瓜绿斑驳花叶病毒病的发生及为害防控措施 [J]. 安徽农学通报,2013,19(8):76-77.

[23] 明珂,李艳敏,施海萍,等 . 黄瓜绿斑驳花叶病毒病发生特点及防治措施 [J]. 现代农业科技,2013(13):144-145.

[24] 吴会杰,秦碧霞,陈红运,等 . 黄瓜绿斑驳花叶病毒西瓜、甜瓜种子的带毒率和传毒率 [J]. 中国农业科学,2011.44(7):1 527-1 532.

[25] 赵琳,林云彪 . 浙江省稻水象甲发生现状与防控 . 中国稻米,2008(6):70-71.

[26] 林云彪,商晗武,吕劳富,等 . 双季稻区稻水象甲的生物学特性研究 . 植物保护,1997,23(6):8-11.

[27] 余继华 . 黄岩地区稻水象甲发生上升原因及其防治对策 [J]. 植物保护,2000,26(6):39-40.

[28] 顾云琴,林云彪,李宝福,等 . 简化有效积温法预测稻水象甲发生期研究初报 [J]. 植物保护,2003,29(6):43-45.

[29] 李先南 . 稻水象在温岭市的发生规律及生活习性 [J]. 植物检疫,2000(5):282-283.

[30] 许渭根,赵琳,王建伟,等 . 四纹豆象发生规律和生活习性观察 [J]. 浙江农业科学,1999(5):222-224.

[31] 李先南 . 四纹豆象的为害性观察试验 [J]. 植物检疫,1999(1):27.

[32] 曹新民,豆威,邓永学,等 . 四纹豆象生物、生态学特性及防治方法研究进展 [J]. 植物检疫,2008(1):41-44.

[33] 张海燕,邓永学,王进军,等 . 植物精油防治储粮害虫的研究进展 [J]. 粮食储藏,2004(3):7-11.

[34] 汪善勤,肖云丽,张宏宇 . 我国柑橘木虱潜在适生区分布及趋势分析 [J]. 应用昆虫学报,2015,52(5):1140-1148.

[35] 许长藩,夏雨华,柯冲 . 柑桔木虱生物学特性及防治研究 . 植物保护学报,1994,21(1): 53-56.

[36] 邓铁军,王凯学,覃贵亮,等 . 冰冻灾害对柑橘木虱越冬的影响和灾后防治对策 [J]. 中国植保导刊,2008(8):23-25.

[37] 孟幼青,赵琳,林云彪,等 . 浙江柑橘木虱田间发生调查、带毒检测和药剂防治试验 [J]. 中国植保导刊,2005,25(1):20-21.

[38] 杜丹超,鹿连明,张利平,等 . 柑橘木虱的防治技术研究进展 [J]. 中国农学通报,2011,27(25):178-181.

[39] 阮传清,陈建利,刘波,等 . 柑橘木虱主要形态与成虫行为习性观察 [J]. 中国农学通报,2012,28(31):186-190.

[40] 张慧杰,李建社,张丽萍,等 . 美洲斑潜蝇的寄主植物种类、适合度及其为害性的评价 [J]. 生态学报,2000,20(1):134-138.

[41] 李俊林，覃贵亮．山西省美洲斑潜蝇发生规律及防治技术研究 [J]. 山西农业科学，1998，26(3)：81-84.

[42] 郝树广，康乐．温、湿度对美洲斑潜蝇发育、存活及食量的影响 [J]. 昆虫学报，2001，44(3)：332-336.

[43] 王存义．美洲斑潜蝇综合防治技术 [J]. 河北农业，2001(3)：37.

[44] 孔令斌，林伟，李志红，等．气候因子对橘小实蝇生长发育及地理分布的影响 [J]，昆虫知识，2008，45(4)：528-531.

[45] 顾云琴，李云明，项顺尧．温岭市柑橘小实蝇为害柑橘的特点及防控技术 [J]，植物检疫，2009，23(4)：54-55.

[46] 余继华，卢璐，张敏荣，等．黄岩地区柑橘小实蝇成虫监测结果初报 [J]，农业科技通讯，2010(11)：54-55，86.

[47] 张小亚，陈国庆，孟幼青，等．台州黄岩地区柑橘小实蝇的周年生活史 [J]. 浙江农业科学，2011(2)：374-376.

[48] 张小亚，陈国庆，孟幼青，等．橘小实蝇转主寄生的种群动态 [J]. 浙江农业科学，2011(3)：631-633.

[49] 吴蓉，林晓佳，陈友吾，等．浙江省蔗扁蛾生物学特性及防治研究 [J]. 浙江农业学报，2014，26(3)：736-741.

[50] 鞠瑞亭，杜予州，于淦军，等．蔗扁蛾生物学特性及幼虫耐寒性初步研究 [J]. 昆虫知识，2003，40(3)：255-258.

[51] 张古忍，古德祥，温瑞贞．新害虫蔗扁蛾的形态、寄主、食性、生物学及其生物防治 [J]. 广西植保，2000，13(4)：6-9.

[52] 杜予州，鞠瑞亭，郑福山，等．环境因子对蔗扁蛾生长发育及存活的影响．植物保护学报，2006，33(1)：11-16.

[53] 陈志伟，杨京平，王荣洲，等．浙江省加拿大一枝黄花的空间分布格局及其与人类活动的关系 [J]. 生态学报，2009，29(1)：120-129.

[54] 董梅，陆建忠，张文驹，等．加拿大一枝黄花：一种正在迅速扩张的外来入侵植物 [J]. 植物分类学报，2006，44(1)：72-85.

[55] 郭琼霞，陈颖，沈荔花，等．加拿大一枝黄花对豆类和蔬菜的化感作用研究 [J]. 检验检疫科学，2006(6)：10-12.

[56] 王开金，陈列忠，俞晓平．加拿大一枝黄花化感作用的初步研究 [J]. 浙江农业学报，2006，18(5)：299-303.

[57] 吴竞仑，王一专，李永丰，等．加拿大一枝黄花的治理 [J]. 江苏农业科学，2005(2)：51-53.

[58] 郭凤根，李扬汉，等．检疫性杂草菟丝子生物防治研究进展 [J]. 植物检疫，2000(1)：29-31.

[59] 岳仓锁．寄生植物菟丝子 [J]. 生物学教学，2014，39(5)：46-47.

[60] 乔亚丽．菟丝子发生与防治方法 [J]. 农村科技，2013(2)：16.